U0376470

# 现代化工 HSE 实用技术训练丛书
## 编审委员会

现代化工HSE实用技术训练丛书

# 现代化工HSE
# 装置操作技术

XIANDAI HUAGONG HSE ZHUANGZHI CAOZUO JISHU

王德堂　刘睦利　主编
周立雪　金万祥　主审

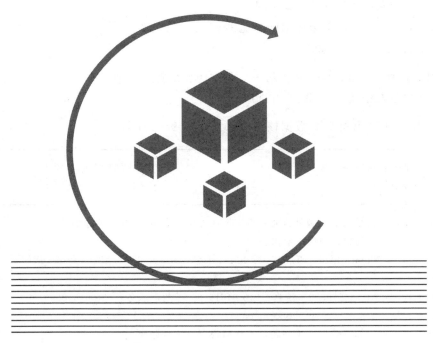

化学工业出版社

·北京·

本书按照 HSE 管理理念，组织现代化工安全生产技术、危险工艺及初期事故应急处置操作、个体防护与应急救援等相关内容，分现代化工 HSE、装置工艺与事故应急处置操作、应急救援器材及个体防护用品、职业危害及应急救护、电气及仪表自动化五个模块。本书简要介绍了化工安全生产操作方法、控制技术及初期事故的应急处置方法，列举了具体的应用实例，对化工生产过程中可能发生的事故提出了初期应急处置措施。本书通过较多的实例说明各类危险化工工艺生产装置的初期火灾、中毒、灼伤、机械伤害、电伤害等事故处置及救护方法，具有较强的实用性和可操作性。

本书可作为职业院校化工类、安全类、环保类、机电类等相关专业的教材，也可供企事业单位生产操作控制人员、安全环保从业人员、生产技术管理人员的学习和参考用书。

**图书在版编目（CIP）数据**

现代化工 HSE 装置操作技术/王德堂，刘睦利主编.
北京：化学工业出版社，2018.1
（现代化工 HSE 实用技术训练丛书）
ISBN 978-7-122-30969-3

Ⅰ.①现… Ⅱ.①王…②刘… Ⅲ.①化工企业-生产
事故-应急系统-操作 Ⅳ.①TQ086

中国版本图书馆 CIP 数据核字（2017）第 276601 号

---

责任编辑：张双进 提 岩　　　　　　　　文字编辑：谢蓉蓉
责任校对：王 静　　　　　　　　　　　　装帧设计：王晓宇

---

出版发行：化学工业出版社（北京市东城区青年湖南街 13 号　邮政编码 100011）
印　　装：三河市延风印装有限公司
710mm×1000mm　1/16　印张 17　字数 291 千字　2018 年 3 月北京第 1 版第 1 次印刷

---

购书咨询：010-64518888（传真：010-64519686）　售后服务：010-64518899
网　　址：http://www.cip.com.cn

定　　价：49.00 元　　　　　　　　　　　　　　　　版权所有　违者必究

# 序 PREFACE

　　HSE（health，safety，environmental protection）管理体系体现了健康、安全、环境三位一体的管理思想，必将成为社会发展的主流理念，如何将此理念转化成为人们的工作理念、学习理念、生活理念，需要有识之士为之研究、实践和推广。 在中国化工教育协会的领导下，全国石油和化工职业教育教学指导委员会高职化工安全及环保类专业委员会的同仁研究了 HSE 相关知识、原理、技术和实践经验，组织有关企业、院校共同开发了实践装置和相应的软件，并在全国一百多所高职院校中通过网络答题比赛、HSE 装置操作比赛和案例推演比赛等活动，激发了职业院校广大师生对 HSE 理念的理解和实践的热情，总结三年的 HSE 研究和实践，在相关院校教师和企业工程技术人员努力下，以 HSE 相关知识和技能、化工行业事故案例为基础编写了系列 HSE 实用技术训练丛书。

　　该丛书搜集了职业健康、安全生产、环境保护等 5000 多道应知应会题目，9 种危险化学品生产工艺装置的安全运行和 54 种安全事故应急处置技术，全国 10 类典型安全事故案例推演。 对职业院校学生学习安全技术管理和安全技能具有针对性很强的指导意义，对其他各类职业人员学习实践 HSE 也具有较高的参考价值。

　　在该丛书的编写过程中，得到了徐州工业职业技术学院、重庆化工职业学院、金华职业技术学院、兰州石化职业技术学院、杨凌职业技术学院、天津渤海职业技术学院、河北化工医药职业技术学院、贵州工业职业技术学院、河南化工技师学院、江苏省南京工程高等职业学校等近 50 所职业院校和浙江中控科教仪器设备有限公司、北京东方仿真软件技术有限公司相关人员的大力支持与帮助，编写过程中还参阅和引用了相关文献资料和著作，在此一并表示感谢。

**现代化工 HSE 实用技术训练丛书编审委员会**
**2017 年 7 月**

# 前 言 FOREWORD

"十三五"期间，国家提出了绿色发展理念，各行业十分注重 HSE 管理理念的研究与实践，迫切需要职业教育培养大批具有 HSE 理念、掌握 HSE 相关知识及技术与技能的专门人才。

本教材主要定位于职业院校化工类、安全及环保类、机电类等专业学生未来从事 HSE 相关管理工作。本教材按照现代化工 HSE 技术技能培养要求，依托自主开发集 9 种危险化学品工艺 54 个模拟典型事故为一体的 HSE 装置，侧重化工安全生产中事故预防、事故初期应急处理、个体防护及应急救援等，并在编写中注重问题引导、理实结合，使学生能较快地掌握现代化工安全生产控制技术、事故应急处置技术、个体防护及救护技术。

本教材主要内容包括现代化工 HSE、装置工艺与事故应急处置操作、应急救援器材及个体防护用品、职业危害及应急救护、电气及仪表自动化五个模块。现代化工 HSE 介绍了现代化工、危险有害因素、事故案例、HSE 发展与竞赛内容及流程；装置工艺与事故应急处置操作介绍了聚氯乙烯树脂、顺丁橡胶、丙烯酸树脂、氯甲烷、氯乙酸、氯乙烯、柴油加氢、甲醇、苯胺等产品生产工艺与事故应急处置；应急救援器材及个体防护介绍了消防器材、空气呼吸器、防毒呼吸器、防静电器材、心肺复苏仪、个体防护物资等；职业危害的预防与应急救援介绍了粉尘、工业毒物、噪声、辐射、泄漏、中毒窒息、化学烧伤等事故及应急救护。

本书由王德堂和刘睦利担任主编。徐州工业职业技术学院王德堂编写第一、第三和第四模块，浙江中控教学仪器设备有限公司刘睦利编写第一模块竞赛流程和第二模块，徐州工业职业技术学院刘晓静编写第三模块消防器材部分、王建华编写第五模块电器部分、查剑林编写第五模块仪表自动化部分，常州工程职业技术学院孙玉叶提供了第四模块基础资料。全书由王德堂统稿，周立雪、金万祥主审，中国化工教育协会任耀生主任、于红军秘书长、梅宇烨老师与全国石化教学指导委员会化工安全及环保类专业指导委员会委员及参加化工安全及环保类专业教学研讨会的有关院校的专业老师等对书稿进行了审阅，提出不少宝贵意见，在此深表谢意。 本书在编写过程中受到徐州工业职业技术学院周立雪教授、祝木伟研究员、金万祥教授，中国矿业大学朱国庆教授，徐州医科大学燕宪亮教授，重庆化工职业学院张荣教授，金华职业技术学院周福富副教授，浙江中控教学仪器设备有限公司杨正春总经理与朱胜利副总经理等的大力支持和帮助，在此一并表示感谢。

本书内容丰富、系统性强，理论与实践相结合，具有较强的实用性。 本书在编写过程中参考了有关文献资料，在此，向其作者表示感谢。 由于编者水平有限，书中存在不妥之处在所难免，敬请读者批评指正，不吝赐教。


编者
2017 年 7 月

# 目 录 CONTENTS

# 模块一　现代化工HSE概述

## 项目一　现代化学工业

中国近代化学工业是从 19 世纪初开始形成的，1949 年新中国在"一穷二白"薄弱基础上艰苦创业，逐步发展成为一个工业行业。"十二五"期间我国石化和化学工业继续维持较快增长态势，产值年均增长 9%，工业增加值年均增长 9.4%，2015 年行业实现主营业务收入 11.8 万亿元。我国已成为世界第一大化学品生产国，甲醇、化肥、农药、氯碱、轮胎、无机原料等重要大宗产品产量位居世界首位。主要产品保障能力逐步增强，乙烯、丙烯的当量自给率分别提高到 50% 和 72%，化工新材料自给率达到 63%。

化学工业广义指具有化学反应和产品加工过程的行业，化工企业大多生产装置庞大、占地面积多、投资大、建设周期长、产品附加值高。目前，生产装置基本实现规模化、密闭化、连续化、自动化、敞开化等形式，劳动安全与环境卫生及操作控制条件得到较大改善，化工生产操作控制见图 1-1。

化学工业是国家的支柱产业，生产总值约占国民经济的 1/3。在东部沿江沿海和西部经济开发区，建设了较多的化工园区，推动了地方经济发展。涉及的化工企业有石油化工厂、氯碱厂、染料厂、化肥厂、农药厂、涂料厂、气体厂等，物料介质有易燃易爆、有毒、腐蚀等危险性质，生产设备有泵、压缩机、反应釜、精馏塔、吸收塔、压力容器、压力管道等，生产过程具有高温、高压、低温、毒性、腐蚀性、燃烧性、爆炸性、电伤害、机械伤害等危险性，必须坚持"安全第一、预防为主、综合治理"的安全生产方针，以保障国民经济持续稳定快速增长。

(a) 化工生产现场

(b) 操作控制室概貌

(c) 化工生产装置

(d) 操作控制室现场

图 1-1　化工厂生产与控制

## 一、现代化学工业及分类

中国化学工业一般理解为包括石油化学工业在内的生产部门，有三种分类方法如表 1-1 所示，从中可以看出化学工业的产品包括酸碱、无机盐、基本有机原料、合成橡胶、塑料、合成纤维、农药、染料、涂料和颜料、试剂、感光材料橡胶制品、新型合成材料等，即称为"大化工"。

表 1-1　化工产品分类表

| 序号 | 按产品分类 | 按行业分类 | 统计部门的分类 |
| --- | --- | --- | --- |
| 1 | 化学矿 | 化学矿 | 基本化学原料制造业 |
| 2 | 无机化工原料 | 无机盐 | 化学肥料制造业 |
| 3 | 有机化工原料 | 有机化工原料 | 化学农药制造业 |
| 4 | 化学肥料 | 化学肥料 | 有机化学品制造业 |
| 5 | 农药 | 化学农药 | 合成材料制造业 |
| 6 | 高分子聚合物 | 合成纤维单体 | 日用化学产品制造业 |
| 7 | 涂料、颜料 | 涂料、颜料 | 其他化学工业 |

| 序号 | 按产品分类 | 按行业分类 | 统计部门的分类 |
|---|---|---|---|
| 8 | 染料 | 染料和中间体 | 医药工业 |
| 9 | 信息用化学品 | 感光和磁性材料 | 化学纤维工业 |
| 10 | 试剂 | 化学试剂 | 橡胶制品业 |
| 11 | 食品和饲料添加剂 | 石油化工 | 塑料制品业 |
| 12 | 合成药品 | 化学医药 | |
| 13 | 日用化学品 | 合成树脂和塑料 | |
| 14 | 黏合剂 | 酸、碱 | |
| 15 | 橡胶和橡塑制品 | 合成橡胶 | |
| 16 | 催化剂和助剂 | 催化剂、试剂和助剂 | |
| 17 | 火工产品 | 煤化工 | |
| 18 | 其他化学产品 | 橡胶制品 | |
| 19 | 化工机械 | 化工机械 | |
| 20 | | 化工新型材料 | |

# 二、化学工业的特点

化学工业在国民经济中起主导作用，生产过程中的工艺技术具有特殊性，具有许多不同于其他工业部门的特点：

① 装置型工业。

② 资金密集型工业。

③ 知识密集型工业。

④ 高能耗、资源密集型工业。

⑤ 多污染工业。

化工生产过程的中间产物多，副产物也多，可能导致的有害物质排放也相应增多。化工建设项目必须与相应的污染治理工程同步进行，才能获得批准和实施。防止和治理污染是化学工业面临的重要问题，也是化学工业可持续发展必须解决的重要课题。

# 三、化学工业的地位和作用

化学工业与国民经济各部门有着密切的联系，在国民经济中占有十分重要的地位。它的影响涉及农业、工业和国防，它的产品与人们的日常生活息息相关。为适应整个国民经济的发展，化学工业保持了较快的发展速度，按照科学发展观，认真研究和处理好化学工业中的安全环保问题，对化学工业乃至对整个社会的经济效益和发展都有重要的意义。

# 项目二　危险有害因素与事故的预防措施

在化工产品生产过程中，存在燃烧性、爆炸性、毒性、腐蚀性、高温高压等危险特点，在出现物料泄漏、设备或管路超温超压、火源、材料腐蚀、误操作等情况下，危险有害因素会引发事故。

## 一、危险性

危险化学品大量排放或泄漏后，可能引起火灾、爆炸、中毒事故，造成人员伤亡，会污染空气、水、地面和土壤或食物，同时可以经呼吸道、消化道、皮肤或黏膜进入人体，引起群体中毒甚至导致死亡事故发生。

（1）燃烧性　压缩气体和液化气体、易燃液体、易燃固体、自燃物品和遇湿易燃物品、氧化剂和有机过氧化物等均可能发生燃烧而导致火灾事故。

（2）爆炸危险　除了爆炸品之外，可燃性气体、压缩气体和液化气体、易燃液体、易燃固体、自燃物品、遇湿易燃物品、氧化剂和有机过氧化物等都有可能引发爆炸。

（3）毒性　许多危险化学品可通过一种或多种途径进入人的肌体，当其在人体达到一定量时，便会引起肌体损伤，破坏正常的生理功能，引起中毒。

（4）腐蚀性　强酸、强碱等物质接触人的皮肤、眼睛或肺部、食道等时，会引起表皮组织发生破坏作用而造成灼伤。内部器官被灼伤后可引起炎症，甚至会造成死亡。

（5）放射性　放射性危险化学品可阻碍和伤害人体细胞活动机能并导致细胞死亡。

（6）危险化学品理化性质

① 燃点　燃点是指可燃物质加温受热并点燃后，所放出的燃烧热能使该物质挥发足够量的可燃蒸气来维持燃烧的继续。此时加温该物质所需的最低温度即为该物质的"燃点"，也称"着火点"。物质的燃点越低，越容易燃烧。

② 闪点　闪点是指可燃液体挥发出来的蒸气与空气形成的混合物，遇火源能够发生闪燃的最低温度。

③ 自燃点　自燃点是指可燃物质达到某一温度时，与空气接触，无需引火即可剧烈氧化而自行燃烧，发生这种情况的最低温度。

④ 引燃温度　引燃温度是指按照标准试验，引燃爆炸性混合物的最低

温度。

⑤ 易燃物质　易燃物质指易燃气体、蒸气、液体和薄雾。

⑥ 易燃气体　指以一定比例与空气混合后形成的爆炸性气体混合物的气体。

⑦ 易燃或可燃液体　指在可预见的使用条件下能产生可燃蒸气或薄雾，闪点低于 45℃的液体称易燃液体；闪点大于或等于 45℃而低于 120℃的液体称可燃液体。

⑧ 易燃薄雾　指弥散在空气中的易燃液体的微滴。

## 二、危险有害因素

安全是指不会发生损失或伤害的一种状态；危险是指系统中存在导致发生不期望后果的可能性超过了人们的承受程度；事故是指人们在进行生产活动过程中，突然发生违背人们意愿，使生产活动暂时或永久性终止，同时造成人身伤亡或财产损失的意外事件。

危险因素是指能对人造成伤亡或对物造成突发性损坏的因素。主要强调突发性和瞬间作用。有害因素是指能影响人的身体健康，导致疾病，或对物造成慢性损坏的因素。危险、有害因素是指能对人造成伤亡或影响人的身体健康甚至导致疾病，对物造成突发性损害或慢性损害的因素。

危险有害因素是指可能造成人员伤害、职业病、财产损失、作业环境破坏等事件的因素。危险有害因素按 GB 13861—2009 共有六大类。

（1）物理性危害因素　包括设备设施缺陷、防护缺陷、电危害、噪声危害、振动危害、电磁辐射、运动物危害、明火、能造成灼伤的高温物质、粉尘与气溶胶、作业环境不良、信号缺陷、标志缺陷和其他物理性危险、有害因素。

（2）化学性危害因素　包括易燃易爆性物质、自燃性物质、有毒物质、腐蚀性物质和其他化学性危险、有害因素。

（3）生物性危害因素　包括致病微生物、传染病媒介物、致害动物、致害植物和其他生物性危险、有害因素。

（4）心理生理性危害因素　包括负荷超限、健康状况异常、从事禁忌作业、心理异常、辨别功能缺陷和其他心理、生理性危险、有害因素。

（5）行为性危害因素　包括指挥错误、操作错误、监护错误、其他错误和其他行为性危险、有害因素。

（6）其他危害因素　包括搬举重物、作业空间、工具不合适和标识不清等。

## 三、事故的预防措施

一般来说，人的不安全行为、物的不安全状态和管理上的缺陷所耦合形成"隐患"，可能直接导致死亡事故，甚至火灾爆炸等恶性事故的发生。因此，实现安全生产必须抓好人、机、物、管理和环境五个方面。根据伤亡致因理论及对大量事故分析结果显示，事故发生主要是设备或装置缺乏安全措施、管理缺陷和教育不够三方面造成的。事故预防必须采取一系列的综合措施。

### 1. 安全技术措施

危险化学品从业单位进行新建、改建、扩建和技术引进的工程项目时，其安全卫生设施必须与工程主体同时设计、同时施工、同时投入生产使用。对工程设计要进行安全、职业卫生预评价；对工程竣工后要进行安全、职业卫生的竣工验收。危险化学品的生产工艺应尽量采用新技术、新工艺，采用微机控制，隔离操作，消除作业人员直接接触危险化学品。生产装置尽量采用框架式，现场的泄漏物易于消散；生产厂房应加强全面通风和局部送风，使作业人员所在环境的空气一直处于新鲜状态。危险化学品的生产装置都要定期检修。检修时都要拆开设备，发生泄漏，容易发生事故。因此，检修前一定要制订检修方案，办理各种安全作业证，做好防护，专人监护，防止事故发生。主要安全技术措施如下：

① 减少潜在的危害因素。
② 降低潜在的危险程度。
③ 连锁。
④ 隔离或远程操作。
⑤ 设置薄弱环节。
⑥ 坚固或加强。
⑦ 警告或信号。
⑧ 封闭。

### 2. 安全管理措施

通过制定和监督实施有关安全法令、规程、规范、标准和规章制度等，规范人们在生产活动中的行为准则。危险化学品从业单位对我国的《中华人民共和国安全生产法》《中华人民共和国职业病防治法》《危险化学品安全管理条例》等一系列法律法规必须严格贯彻执行。

危险化学品从业单位应设置安全卫生管理机构或明确对危险化学品安全管理的部门，不能对危险化学品的安全管理形成空白。危险化学品从业单位在管理层应配备安全卫生管理人员，对危险化学品从业人员的安全健康进行管理。危险化学品从业单位必须制订安全卫生管理的规章制度，规范从业人员的安全行为和卫生习惯。

### 3. 安全教育措施

培训是最重要的教育措施。针对各级人员进行安全法规、条例、制度、标准、安全规程及安全技术理论进行培训。

### 4. 职业防护措施

危险化学品从业单位对作业人员都要进行上岗前、在岗期间、离岗时和应急的健康检查，并建立职业健康监护档案。不得安排有职业禁忌的劳动者从事其所禁忌的作业。危险化学品的作业环境空气中的危险化学品浓度要定期进行监测，监测结果要公布，并建立职业卫生档案，监测结果要存档。给有毒有害的作业工人要发放保健食品，如牛奶等，增强作业人员的体质和抗病能力。

企业按国家的规定要发给作业者合格、有效的个体防护用品，如工作服、呼吸防护器、防护手套等，并教会工人能正确使用。作业人员不佩戴好个体防护用品，不得上岗作业。管理人员应严格检查、严格执行。企业对防护用品应加强管理，放置固定地点，定期进行检查，及时进行维修，使其一直处于良好的状态。

# 项目三　化工生产事故案例

## 一、硝化装置火灾爆炸事故

2007 年 5 月 11 日，某集团化工厂甲苯二异氰酸酯（TDI）车间硝化装置开车，一硝基甲苯输送泵出口管线着火，系统停止投料，现场开始准备排料，一硝化系统中的静态分离器、一硝基甲苯储槽和废酸罐发生爆炸，并引发甲苯储罐起火爆炸。事故造成 5 人死亡、80 人受伤、14 人重伤以及数千人转移。

（1）事故的直接原因　这次爆炸事故的直接原因是一硝化系统在处理系统

异常时，酸置换操作使系统硝酸过量，甲苯投料后，导致一硝化系统发生过硝化反应，生成本应在二硝化系统生成的二硝基甲苯和不应产生的三硝基甲苯（TNT）。因一硝化静态分离器内无降温功能，过硝化反应放出大量的热无法移出，静态分离器温度升高后，失去正常的分离作用，有机相和无机相发生混料。混料流入一硝基甲苯储槽和废酸储罐，并在此继续反应，致使一硝化静态分离器和一硝基甲苯储槽温度快速上升，硝化物在高温下发生爆炸。

（2）事故的间接原因

① 生产、技术管理混乱，工艺参数控制不严，异常工况处理时没有严格执行工艺操作规程；在生产装置长时间处于异常状态、工艺参数出现明显异常的情况下，未能及时采取正确的技术措施，导致事故发生。

② 人员技术培训不够，技术人员不能对装置的异常现象综合分析，作出正确的判断；操作人员对异常工况处理缺乏经验。

③ 这次事故还暴露出工厂布局不合理、消防水泵设计不合理等问题。

## 二、炼油厂火灾事故

2004 年 10 月 10 日，某公司炼油厂 4#炉突然起火，两个工人找来了 4 只灭火器 2 大 2 小。2 只小的灭火器内，居然没有喷出一点泡沫。这时火焰已经有 10 余米高，2 名工人被吓得逃出了加工车间，急忙去报了"119"，而此时已经是起火后半小时了。14 时 9 分，接到报警的消防队员赶到火场，当时的火焰已经将 4#炉包围，火势很大，已经快接近其他的几个炼油炉了。由于是油料起火，消防人员用了 2t 泡沫灭火剂、15t 水才将火势控制住。15 时 29 分，炼油厂大火全部被扑灭，没有造成任何人员伤亡。这个面积约 400m² 的炼油厂，其中 1/4 都被大火摧毁，高约 10m 的厂房顶棚，已被烧得瓦穿梁塌，就连支撑用的金属支架也变了形。近 20t 的油料被大火吞噬。50 多名消防战士，冒着危险与大火搏斗 1.5h，在油料罐即将爆炸前，将大火扑灭。由于扑救及时，油罐未出现爆炸，大火没有造成人员伤亡，但直接经济损失达数十万元，而且芳烃物质在不充分燃烧下会产生大量有毒有害气体，造成严重的次生危害。

（1）事故原因

① 工人在清理炼油炉内的油渣时，由于操作不恰当，致使油渣飞溅遇明火而发生燃烧。

② 缺乏必要的消防安全意识和必备的灭火常识。本来初期火灾较小，只要处理得当，火势是可以控制的。

③ 在扑救过程中，工人缺乏灭火技能，加之灭火器材严重不足，因而火

势蔓延，造成了重大损失。

（2）预防措施

① 强化人的素质，提高从业人员的业务和操作技能。

② 强化管理，狠抓安全规章制度的落实。

③ 发现火灾应立即拨打"119"报警，正所谓"报警早，损失少"。

④ 在火灾初期阶段，用各种消防器材，抓紧时间扑救，切不可惊慌失措，延误时机。

⑤ 灭火器材充足，维护保养完好，随时处于备用状态。

## 三、化学灼伤事故

1990 年 5 月 31 日，某磷肥厂硫酸喷溅致重伤 1 人，轻伤 2 人，直接经济损失 3 万余元。事故发生过程为：厂组织人员安装酸泵，准备从运酸槽车上卸硫酸。5 月 30 日 10 时，他们将酸泵运至运输站。5 月 31 时 17 时，安装好电动机、电线与酸泵后进行空载试机 3 次，交流接触器都跳闸，酸泵密封处冒烟，不能使用。又派 3 人到现场修理。修理工用手扳动泵轴，认为没有问题。2 名工人用 14♯ 铁丝扎 2 圈接头，安装完毕后，4 人离开现场，2 人在槽车上。听到试泵命令"合"，电工合上电源开关，不到 30s，1 人从槽车上跳下，边走边用地面积水洗伤处。另 1 人也从槽车上跳下，其头部、面部、上肢、胸部、下肢等多处被出口管喷出的硫酸烧伤，造成烧伤面积 35%，深度 Ⅲ 度烧伤，双目失明。另外 2 名轻伤人员也送入医院治疗。

（1）事故原因

① 酸泵附件有缺陷，空载试机 3 次交流接触器都跳闸，仍然冒险动转。

② 酸泵出口铁管与软塑料管没有接好，致使软塑料管与铁管脱开，使硫酸喷到操作人员身上。

③ 操作人员没有穿戴耐酸的工作服、工作帽、防护靴、耐酸手套、防护眼镜，违章作业。

④ 工作环境恶劣，现场照明差，操作人员试泵时未远离现场。

⑤ 缺乏急救常识，没有用清水在现场先冲洗处理，使受伤人员伤势加重。

（2）预防措施　不穿戴齐全个人防护用品者，不准上岗。加强领导、车间主任、安全员的工作职责，杜绝违章指挥、违章作业，严禁设备带病、冒险运转。加强运酸槽车的管理，配备良好的酸泵和其他设备，输送酸之前，先用水试压无问题再打酸并配备安全意识好的人员进行操作和管理。电器、设备、闸刀、线路严格按照电器管理规程进行操作，不准随意拆除和更改。

# 项目四　现代化工 HSE 发展

## 一、 HSE 介绍

健康（health）是人生的第一财富，是一个人在身体、精神和社会上的完好状态。安全（safe）指物质的能量释放对人、机、环境的影响和破坏在允许的范围之内的状态。环境保护（environmental protection）涉及的范围广、综合性强，涉及自然科学和社会科学的许多领域，还有其独特的研究对象。

### 1. 健康 （health）

在《辞海》中健康的概念是"人体各器官系统发育良好、功能正常、体质健壮、精力充沛并具有良好劳动效能的状态"。根据世界卫生组织（WHO）的解释，健康不仅指一个人身体有没有出现疾病或虚弱现象，而是指一个人生理上、心理上和社会上的完好状态。包括躯体健康、心理健康、心灵健康、社会健康、智力健康、道德健康等。1978 年世界卫生组织给健康的正式定义/衡量健康的十项指标如下。

① 处世乐观，态度积极，乐于承担责任，不逃避、不挑剔；

② 良好的休息习惯，睡眠充足，味觉、嗅觉和听觉灵敏；

③ 应变能力强，能适应各种环境变化；

④ 对一般感冒和传染病有一定的免疫能力；

⑤ 体重适当、体态均匀、身体各部位比例协调；

⑥ 眼睛明亮、反应敏锐、眼睑不发炎；

⑦ 牙齿洁白、无缺损、无疼痛感，牙龈正常、无蛀牙；

⑧ 头发光洁、无头屑；

⑨ 肌肤有光泽、有弹性，走路轻松、有活力；

⑩ 足趾活动性好、足弓弹性好、肌肉平衡能力好，脚趾没有疼痛、没有拇外翻。

### 2. 安全 （safe）

安全是指不受威胁，没有危险、危害和损失；人类的整体与生存环境资源的和谐相处，互相不伤害，不存在危险的危害的隐患；是免除了不可接受的损害风险的状态。安全是在人类生产过程中，将系统的运行状态对人类的生命、财产、环境可能产生的损害控制在人类能接受水平以下的状态。

《现代汉语词典》中对"安"字的第 4 个释义是"平安；安全（跟"危"相对）"。对"安全"的解释是"没有危险；平安"。《辞海》中对"安"字的第一个释义就是"安全"，并在与国家安全相关的含义上举了《国策·齐策六》的一句话作为例证："今国已定，而社稷已安矣。"

当汉语的"安全"一词用来译指英文时，可以与其对应的主要有 safety 和 security 两个单词，意义上与中文"安全"相对应。与国家安全联系的"安全"一词，是 security。按照英文词典解释，security 也有多种含义，其中经常被研究国家安全的专家学者提到的含义有两方面，一方面是指安全的状态，即免于危险，没有恐惧；另一方面是指对安全的维护，指安全措施和安全机构。

### 3. 环境保护（environmental protection）

环境保护（简称环保）是在个人、组织或政府层面，为大自然和人类福祉而保护自然环境的行为，指人类为解决现实或潜在的环境问题，协调人类与环境的关系，保障经济社会的可持续发展而采取的各种行动的总称。

1962 年美国生物学家蕾切尔·卡逊出版了一本书，名为《寂静的春天》，书中阐释了农药杀虫剂对环境的污染和破坏作用，由于该书的警示作用，美国政府开始对剧毒杀虫剂进行调查，并于 1970 年成立了环境保护局。

1972 年 6 月 5 日至 16 日由联合国发起，在瑞典斯德哥尔摩召开"第一届联合国人类环境会议"，提出了著名的《人类环境宣言》，是环境保护事业正式引起世界各国政府重视的开端，中国政府也参加了这个会议。

中华人民共和国的环境保护事业也是从 1972 年开始起步的，1974 年成立国务院环境保护领导小组，1982 年组建城乡建设环境保护部，部内设环境保护局，1984 年改为由国务院直属的国家环境保护总局。在 2008 年"两会"后，国家环境保护总局升格为"环境保护部"，并对全国的环境保护实施统一的监督管理。设立环保举报热线 12369 和网上 12369 中心，接受群众举报环境污染事件。根据《中华人民共和国环境保护法》的规定，环境保护的内容包括保护自然环境和防治污染和其他公害两个方面。也就是说，要运用现代环境科学的理论和方法，在更好地利用资源的同时深入认识、掌握污染和破坏环境的根源和危害，有计划地保护环境，恢复生态，预防环境质量的恶化，控制环境污染，促进人类与环境的协调发展。

## 二、 HSE 国内外研究现状及趋势

HSE 指 H（健康）、S（安全）和 E（环境）管理体系。目前，国际上较为通行的 HSE 有壳牌模式、杜邦模式、BP 模式及美国石油学会 EHS 模式等。壳牌公司 HSE 方针是任何事故都是可以预防的，必须加强对雇员和承包商的 HSE 培训，并建立一整套 HSE 内部审查制度。BP 集团 HSE 的目标：每一个 BP 员工无论身处何地，都有责任做好 HSE 工作是事业成功的关键，并定期进行内部风险评估及外部评价。杜邦组织的安全原则是把安全放在经验战略的重要位置来考虑，它认为"安全是我们的传统""安全是个好职业""安全使我们放心"。菲利普斯（中国）有限公司把保护员工身体健康、安全保护、组织财产保护放在首要位置，不断提高 HSE 管理水平。各国对 HSE 管理非常重视，HSE 管理体系与质量管理体系一体化形成 QHSE 体系，并逐步走向 EHS 管理，向可持续发展的管理体系推进。

1993 年，中国石油天然气集团公司接触国际石油公司 HSE 管理理念和管理方式，1997 年 6 月 27 日正式颁布了中华人民共和国石油天然气行业标准《石油天然气工业健康、安全与环境管理体系》，现行标准为 SY/T 6276—2014 于 2015 年 3 月 1 日起实施。在国内大中型企业中逐步实施安全环保管理体系并建立相应管理机构，实施注册安全工程师、注册环境工程师制度。但是，企事业单位主要生产一线仍然缺乏大量专业管理人才，尤其是由于基层员工对安全、环境、健康意识不强，导致安全、环境等事故频发，严重危害员工健康和生命安全；在职业教育教学中由于没有设置专门课程和训练，缺少教学研究和学生安全环保职业技能训练的平台，制约了中长期发展规划的实施和"十三五"全面完成小康社会的建设任务，因此在职业教育中贯彻 HSE 理念十分迫切。

## 三、开展 HSE 研究及竞赛意义

化学工业是国民经济的支柱产业之一，化工产品广泛应用于工业、农业、军事及人民生活等领域。随着我国社会经济的持续发展，我国产业结构不断调整，化工生产技术不断更新，新产品、新工艺、新技术等不断涌现，以煤、石油、天然气等为加工原料的化工产业迅速发展，带动能源、交通、建材等行业的快速发展。

目前，化工行业中的安全生产事故已经成为制约我国经济发展的一个非常

严峻、迫切的问题，必须采取综合治理并从根本上加以解决。

"十三五"时期是我国全面建成小康社会的关键时期，要全面推进国家治理体系和治理能力现代化。实现绿色发展理念，需要全社会理解绿色发展理念，更需要职业教育为社会培养具有绿色发展理念的大批职业人才，现代化工HSE 理念率先在化工行业中推动产业结构的优化组合，减少或消除安全生产的风险，推动化学工业由大变强，保证可持续性科学健康发展。在职业教育中推行 HSE 理念，开展 HSE 职业教育教学和实现 HSE 研究，提升大学生安全职业素养，掌握 HSE 理论知识和技术技能，为企业单位培养和输送合格人才，对推动企业建立健康、安全、环境（HSE）三位一体的生产管理体系，建设安全、环保一体化风险管理的智慧工厂，具有重要的理论意义。

依据《国家中长期教育改革和发展规划纲要（2010—2020 年）》《国务院关于加快发展现代职业教育的决定》和化工行业规划，实现现代职业教育体系：中等职业教育在校生由 2015 年 2250 万人增加到 2020 年 2350 万人；高等职业教育在校生由 2015 年 1390 万人增加到 2020 年 1480 万人；继续教育参与人次由 2015 年 29000 万人增加到 2020 年 35000 万人。

我国要实现由人力资源大国向人力资源强国的根本转变，在职教育教学过程中，必须贯彻 HSE 理念，推进健康、安全、环保等法规、基础知识及专业技能在职业教育中的应用。因此，建立 HSE 竞赛平台，开展 HSE 科普知识教育和宣传及竞赛、开展 HSE 技能技术教育及竞赛，实现产教融合、学用结合，保障企业安全生产、环境优美、减少或消除职业危害，发展经济，促进社会和谐，具有重要的社会实践价值。

# 项目五　现代化工 HSE 竞赛内容

根据国家安全生产监督管理总局发布的重点监管的危险化工工艺、重点监管的危险化学品、危险化学品重大危险源等法规，结合近年来化工企业发生的真实事故案例和事故应急预案设计了化工生产安全技能竞赛类装置，现代化工HSE 技能竞赛装置见图 1-2。

该装置涵盖了聚合、加氢、氯化 3 种危险化学品工艺，每种危险化学品工艺包括 3 个典型的产品工艺，每个产品工艺中设置包含火灾、泄漏中毒、灼伤、超温超压、晃电等多种事故类型，全部为事故的初期阶段。现代化工HSE 技能竞赛装置产品工艺和事故考点见表 1-2～表 1-5。

图 1-2　现代化工 HSE 技能竞赛装置

**表 1-2　现代化工 HSE 技能竞赛装置化工工艺考核表**

| 序号 | 危险工艺 | 产品 1 | 产品 2 | 产品 3 | 备注 |
|---|---|---|---|---|---|
| 1 | 聚合工艺 | 聚氯乙烯树脂 | 顺丁橡胶 | 丙烯酸树脂 | |
| 2 | 氯化工艺 | 氯甲烷 | 氯乙酸 | 氯乙烯 | |
| 3 | 加氢工艺 | 柴油加氢 | 甲醇 | 苯胺 | |

**表 1-3　现代化工 HSE 技能竞赛装置聚合工艺事故考点表**

| 序号 | 聚氯乙烯树脂 | 顺丁橡胶 | 丙烯酸树脂 | 备注 |
|---|---|---|---|---|
| 1 | 氯乙烯泄漏着火 | 丁二烯泄漏着火 | 混合单体泄漏着火 | |
| 2 | 氯乙烯泄漏中毒 | 丁二烯储槽出料管泄漏 | 混合单体泄漏中毒 | |
| 3 | 进料泵泄漏中毒 | 丁二烯进料泵泄漏中毒 | 进料泵泄漏中毒 | |
| 4 | 中毒灼伤 | 碳六油中断 | 中毒灼伤 | |
| 5 | 氯乙烯爆聚 | 反应超温超压 | 反应超温 | |
| 6 | 突然断电 | 突然断电 | 突然断电 | |

**表 1-4　现代化工 HSE 技能竞赛装置氯化工艺事故考点表**

| 序号 | 氯甲烷 | 氯乙酸 | 氯乙烯 | 备注 |
|---|---|---|---|---|
| 1 | 甲醇泄漏着火 | 乙酸泄漏着火 | 氯乙烯泄漏着火 | |
| 2 | 甲醇泄漏中毒 | 氯气泄漏中毒 | 氯化氢泄漏中毒 | |
| 3 | 甲醇储槽出料管泄漏 | 乙酸储槽出料管泄漏 | 预热器泄漏 | |
| 4 | 催化剂中毒灼伤 | 氯乙酸中毒灼伤 | 预热器热水烫伤 | |
| 5 | 反应釜超压 | 反应釜超压 | 混合器超温 | |
| 6 | 突然断电 | 突然断电 | 转化器泄漏 | |

表 1-5　现代化工 HSE 技能竞赛装置加氢工艺事故考点表

| 序号 | 柴油加氢 | 甲醇 | 苯胺 | 备注 |
|---|---|---|---|---|
| 1 | 反应器出口物料泄漏着火 | 反应器出口物料泄漏着火 | 反应器出口物料泄漏着火 | |
| 2 | 硫化氢泄漏中毒 | 甲醇合成气泄漏中毒 | 苯胺合成气泄漏中毒 | |
| 3 | 进料泵泄漏 | $CO+H_2$ 泄漏中毒 | 硝基苯$+H_2$ 泄漏中毒烫伤 | |
| 4 | 循环氢中断 | 合成塔超温 | 苯胺合成塔超温 | |
| 5 | 高压分离器液位超高 | 甲醇分离器液位超高 | 苯胺分离器液位高高 | |
| 6 | 突然断电 | 产品泵泄漏 | 苯胺产品泵泄漏 | |

　　装置通过声、光、电等方式模拟事故场景，通过实景体验事故应急演练，可以掌握各类事故状态下的信息报送、报警、现场应急启动、事故处置、疏散逃生和现场自救、互救方法，可以培养团队合作意识和风险意识，提高团队的事故应急处理能力。

# 项目六　现代化工 HSE 技能竞赛流程

## 一、抽签

　　使用本装置的抽签软件确定参赛队要考核的试题。由参赛队领队或代表在赛前进行抽签确认，抽签确定试题后，由竞赛工作人员将各考点的评分表打印出来，装入信封密封，在信封封面注明参赛队编码，并由竞赛工作人员转交现场裁判。

　　启动抽签软件，输入队伍编号，点击"启动"按钮抽取试题，如图 1-3 所示。

图 1-3　抽取试题

注：竞赛过程涉及事故类型判断，抽签结束后不能告知参赛队员要比赛的事故考点。

## 二、参赛队员入场

参赛队 3 名选手进入竞赛场地，由裁判组确认参赛组别和组员信息后，1名内操进入，在学生操作站位置入座，2 名外操进入装置现场待命，等待裁判员的指令。

## 三、竞赛准备

### 1. 装置比赛状态就位

由竞赛服务人员开启本装置，确认装置可以投入比赛。

分别在学生站和教师站登录 DCS 实时监控画面后，进入"工艺选择"界面，如图 1-4 所示。

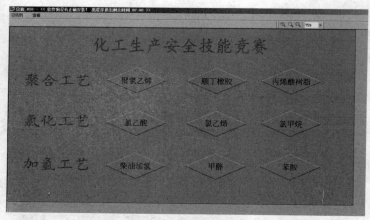

图 1-4 "工艺选择"界面

### 2. 工艺选择

裁判在教师站"工艺选择"界面选择要考核的产品工艺，进入该产品的"教师站"界面，如图 1-5 所示，同时使用"工艺铭牌显示控制器"切换现场要考核的产品工艺。

内操根据现场装置铭牌显示情况，在学生站"工艺选择"界面选择相应的产品工艺，进入该产品的"学生站"界面，如图 1-6 所示。

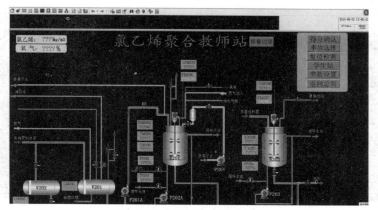

图 1-5 "教师站"界面

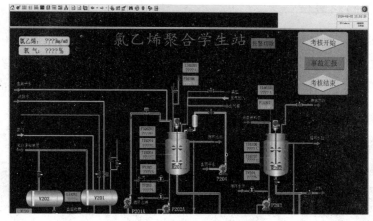

图 1-6 "学生站"界面

### 3. 清零复位

裁判点击"得分确认",进入"考核得分表"界面,依次点击"确认""清零""复位",待"复位"键变绿时进行下一步工作。

### 4. 悬挂重大危险源安全警示牌、危化品安全周知卡、物料标识

参赛队员根据要考核的产品工艺要求在装置上进行上述作业。

### 5. 事故考点选择

裁判点击"事故选择"按钮进入事故选择界面,如图 1-7 所示,选择要考

核的事故类型。

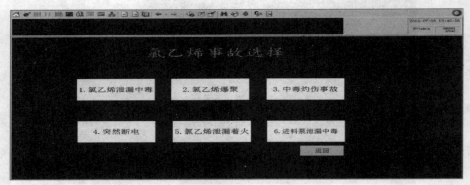

图 1-7 "事故选择"界面

### 6. 装置阀门复位

裁判点击"复位检测"按钮，参赛队员在现场进行手阀复位，由参赛队员在学生站上自行确认"复位状态表"中的手阀方框颜色显示全部为绿色。阀门复位完毕后，由参赛队员点击"复位完毕"按钮。装置阀门复位界面如图 1-8 所示。

图 1-8 装置阀门复位界面

### 7. 装置布景

若考核的是中毒事故，由裁判通知比赛服务人员将"模拟人"抬至装置区，将"模拟人"电源开关打开，将模拟人"心肺复苏考核监控设备"调至"考核"模式。

## 四、比赛

内操在"学生站"接到考核指令后，点击"考核开始"开始比赛，内操和外操根据事故现象点击"事故汇报"进行事故判定，事故汇报完成后进行事故处理，事故处理完成后，内操点击"考核结束"结束比赛。

## 五、成绩记录和统计

### 1. 电脑评分项成绩统计

裁判在"得分确认"页面点击"确认"按钮统计该事故处理的电脑评分项成绩，并记录在"化工生产安全技能竞赛装置评分表"中。考核得分界面如图 1-9 所示。

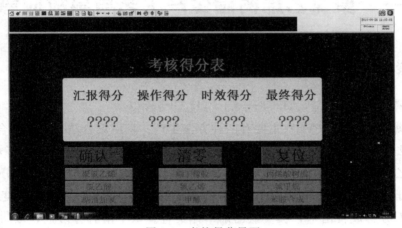

图 1-9　考核得分界面

### 2. 裁判评分项成绩统计

裁判根据该事故的"化工生产安全技能竞赛装置评分表"涉及的裁判评分项目逐一进行打分，成绩记录在"化工生产安全技能竞赛装置评分表"中。

### 3. 总成绩统计

按照电脑评分项成绩 70%、裁判评分项成绩 30% 的原则统计该事故处理的总成绩。裁判代表和参赛队代表分别在"化工生产安全技能竞赛装置评分表"上签字确认。

# 模块二　装置工艺流程及考点介绍

## 项目一　聚氯乙烯树脂生产工艺与事故应急处置

### 一、聚氯乙烯树脂生产工艺

主要化学反应：$n\mathrm{C_2H_3Cl} \longrightarrow \mathrm{\left[ C_2H_3Cl \right]_{\it n}} + Q$

聚氯乙烯树脂（PVC）主要有四种方法生产：悬浮聚合法、本体聚合法、乳液聚合法和微悬浮聚合法，其中悬浮法聚氯乙烯占聚氯乙烯总产量的 80% 左右。

氯乙烯悬浮法聚合是将液态氯乙烯单体（VCM）在搅拌作用下分散成液滴悬浮于水介质中的聚合过程。溶于单体中的引发剂，在聚合温度（45～65℃）下分解成自由基，引发氯乙烯单体聚合。水中溶有分散剂，以防聚合达到一定转化率后 PVC-VCM 溶胀粒子的黏并。

氯乙烯悬浮聚合过程大致如下：先将去离子水经泵加入聚合釜内，分散剂以稀溶液状态从计量槽加入釜内，其他助剂从人孔投料。关闭人孔盖充氮气试压，确认不泄漏后，抽真空去除釜内的氧气。氯乙烯单体由氯乙烯工段送来，经单体计量槽加入聚合釜。引发剂自釜顶加料罐加入聚合釜。加料完成后，先开动聚合釜搅拌进行冷搅，然后往聚合釜夹套通入热水将釜内物料升温至规定的反应温度。当氯乙烯开始聚合反应并释放出热量后，往釜夹套内通入冷却水，并借循环水泵维持冷却水在大流量低温差下操作，将聚合反应热及时移走，确保聚合反应温度的恒定，聚合釜的温控采用自动化控制。其生产工艺流程如图 2-1 所示。

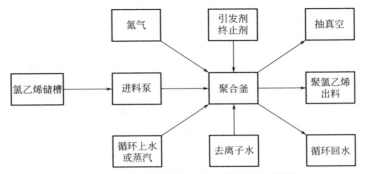

图 2-1　聚氯乙烯树脂生产工艺流程方框图

当釜内单体转化率达到 85% 以上时，釜内压力开始下降，根据聚氯乙烯生产型号对应不同的出料压力进行出料操作，釜内悬浮液借釜内余压压入出料槽，并往槽内通入蒸汽升温，脱除未聚合的氯乙烯单体，氯乙烯气体借槽内压力送氯乙烯气柜回收。经脱气后的浆料自出料槽底部排出，经树脂过滤器及浆料泵送入气体塔顶部，浆料与塔底进入的蒸汽逆流接触进行传热传质过程，PVC 树脂及水相中残留单体被上升的水蒸气气体带逸，气相中的水分于塔顶冷凝器冷凝回流入塔内，不冷凝的氯乙烯气体借水环泵抽出排至气柜回收。经气体后的浆料自塔底由浆料泵抽出送入混料槽，待离心干燥处理。

考点包括：①氯乙烯泄漏中毒；②氯乙烯爆聚；③中毒灼伤；④突然断电；⑤氯乙烯泄漏着火；⑥进料泵泄漏中毒。

## 二、聚氯乙烯树脂生产工艺事故应急处理操作卡

### 1. 氯乙烯泄漏中毒

（1）事故现象　从出料管与氯乙烯储槽结合处泄漏，可燃气体报警仪报警，现场有人晕倒。

（2）事故确认　外操确认有上述事故现象，通知内操。向相关部门进行事故汇报。

（3）事故处理

① 中毒人员救援　戴耐酸碱手套、穿防静电服、佩戴安全帽、佩戴空气呼吸器；静电消除；用担架将伤员运至安全地域；心肺复苏；现场隔离；蒸汽保护泄漏现场。

② 单体倒罐　开泄漏氯乙烯储槽 V201 出料阀 HV204；开备用氯乙烯储槽 V202 出料阀 HV6221；待两槽液位平衡后，关 V201 出料阀 HV204；关备

用氯乙烯储槽 V202 出料阀 HV6221；开泄漏氯乙烯储槽 V201 放水阀 HV203，将剩余氯乙烯压入回收槽。氯乙烯回收完毕，关泄漏单体储槽 V201 放水阀 HV203。开泄漏氯乙烯储槽 V201 回收阀 HV6219，回收气相氯乙烯至氯乙烯气柜。气相氯乙烯回收完毕，关回收阀 HV6219。

③ 氮气置换　开放空阀 HV223，氯乙烯储槽 V201 泄压至常压；关放空阀 HV223。开氮气阀 HV202，给氯乙烯储槽 V201 充压至 0.2MPa；关氮气阀 HV202。开放空阀 HV223，氯乙烯储槽 V201 泄压至常压。

**2. 氯乙烯爆聚**

（1）事故现象
① 聚合釜 R201 温度、聚合釜压力急剧上升。
② 聚合釜 R201 搅拌电流急剧上升。
（2）事故确认　内操确认有上述事故现象，通知外操。向相关部门进行事故汇报。
（3）事故处理　戴布手套、穿防静电服、佩戴安全帽；静电消除；现场隔离。
① 加入聚合反应终止剂　开启高压水泵 P204；开启高压水泵 P204 至终止剂罐 V203 阀门 HV6217；开启终止剂罐 V203 与聚合釜 R201 连接阀门 HV6224，开启 5～10s 后关闭；停高压水泵 P204；关高压水泵 P204 至终止剂罐 V203 间阀门 HV6217。
② 紧急降温　全开聚合釜 R201 反应温度调节阀 TV203。
③ 空釜平衡降压　开事故聚合釜 R201 出料阀 HV215；开备用聚合釜 R202 出料阀 HV6226；开备用聚合釜 R202 搅拌；开备用聚合釜 R202 循环水泵 P203；全开备用聚合釜 R202 反应温度调节阀 TV6204。
④ 单体回收　开启事故聚合釜 R201 单体回收阀 HV209；开启备用聚合釜 R202 单体回收阀 HV6225。当事故聚合釜 R201 釜单体回收完毕，关闭单体回收阀 HV209；当备用聚合釜 R202 釜单体回收完毕，关闭单体回收阀 HV6225。

**3. 中毒灼伤**

（1）事故现象
① 聚合釜 R201 出料管法兰垫片泄漏，氯乙烯单体喷出。
② 现场有员工吸入氯乙烯蒸气中毒昏迷，手臂被灼伤。
（2）事故确认　外操确认有上述事故现象，通知内操。向相关部门进行事故

汇报。

（3）事故处理

① 中毒人员救援　戴耐酸碱手套、穿防化服、佩戴安全帽、佩戴空气呼吸器；静电消除；用担架将伤员运至安全地域；心肺复苏；开洗眼器阀门冲洗受伤人员灼伤区域；现场隔离；蒸汽保护泄漏现场。

② 加入聚合反应终止剂　开启高压水泵 P204；开启高压水泵 P204 至终止剂罐 V203 阀门 HV6217；开启终止剂罐 V203 与聚合釜 R201 连接阀门 HV6224，开启 5～10s 后关闭。停高压水泵 P204；关高压水泵 P204 至终止剂罐 V203 间阀门 HV6217。

③ 紧急出料　打开聚合釜 R201 出料阀 HV215；打开聚合釜 R201 出料总管阀 HV6227；全开聚合釜 R201 反应温度调节阀 TV203 降温；出料完毕，停搅拌。关聚合釜 R201 出料阀 HV215。

④ 单体回收　开启聚合釜 R201 单体回收阀 HV209；当聚合釜 R201 釜单体回收完毕，关闭单体回收阀 HV209。

⑤ 系统置换　开启真空阀 HV6216，对聚合釜 R201 抽真空；当真空度到达 0.08MPa 时，关闭真空阀 HV6216。

⑥ 氮气置换　开氮气阀 HV210 给聚合釜 R201 充压至 0.2MPa；关氮气阀 HV210；开放空阀 HV218，聚合釜 R201 泄压至常压。

⑦ 盲板隔离　在聚合釜 R201 单体进料阀 HV207 处（聚合釜侧）进行盲板隔离。

## 4. 突然断电

（1）事故现象　聚合釜 R201 搅拌停、循环水泵 P202 停、聚合釜 R201 反应温度和压力上升。

（2）事故确认　内操确认有上述事故现象，通知外操。向相关部门进行事故汇报。

（3）事故处理　戴布手套、穿防静电服、佩戴安全帽；静电消除；现场隔离。

① 系统自动切备用电　开聚合釜 R201 搅拌；开循环水泵 P202；全开聚合釜 R201 反应温度调节阀 TV203。

② 加入聚合反应终止剂　开启高压水泵 P204；开启高压水泵 P204 至终止剂罐 V203 阀门 HV6217；开启终止剂罐 V203 与聚合釜 R201 连接阀门 HV6224，开启 5～10s 后关闭。停高压水泵 P204；关高压水泵 P204 至终止剂罐 V203 间阀门 HV6217。

③ 空釜平衡降压　开事故聚合釜 R201 出料阀 HV215；开备用聚合

R202 出料阀 HV6226；开备用聚合釜 R202 搅拌；开备用聚合釜 R202 循环水泵 P203；全开备用聚合釜 R202 反应温度调节阀 TV6204。

④ 单体回收　开启事故聚合釜 R201 单体回收阀 HV209；开启备用聚合釜 R202 单体回收阀 HV6225。当事故聚合釜 R201 釜单体回收完毕，关闭单体回收阀 HV209；当备用聚合釜 R202 釜单体回收完毕，关闭单体回收阀 HV6225。

### 5. 氯乙烯泄漏着火

（1）事故现象　聚合釜 R201 单体进料时，氯乙烯从进料泵 P201 出口法兰连接处喷出，静电引发着火。可燃气体报警仪报警。

（2）事故确认　外操确认有上述事故现象，通知内操。向相关部门进行事故汇报。

（3）事故处理　戴耐酸碱手套、穿防化服、佩戴安全帽、佩戴空气呼吸器；静电消除；现场隔离。

① 氯乙烯储槽罐体冷却　开氯乙烯储槽 V201 冷却水喷淋阀 XV203。

② 单体停止进料　停进料泵 P201，连锁关进料切断阀 XV201；关闭氯乙烯储槽 V201 出料阀 HV204；关闭聚合釜 R201 单体进料阀 HV207。

③ 现场事故处理　用泡沫灭火器灭火；蒸汽保护泄漏现场。

### 6. 进料泵泄漏中毒

（1）事故现象　聚合釜 R201 单体进料时，进料泵 P201 泄漏，现场有员工中毒昏迷，可燃气体报警仪报警。

（2）事故确认　外操确认有①②所述事故现象，通知内操。向相关部门进行事故汇报。

（3）事故处理

① 中毒人员救援　戴耐酸碱手套、穿防静电服、佩戴安全帽、佩戴空气呼吸器；静电消除；用担架将伤员运至安全地域；心肺复苏；现场隔离；蒸汽保护泄漏现场。

② 停止单体进料　停进料泵 P201（连锁关进料泵至聚合釜进料切断阀 XV201）；关氯乙烯储槽 V201 出料阀 HV204；关进料泵 P201 进口阀 HV205；关进料泵 P201 出口阀 HV206；关闭聚合釜 R201 单体进料阀 HV207。

聚氯乙烯生产工艺流程如图 2-2 所示，聚氯乙烯生产工艺物料标识如图 2-3～图 2-9 所示。

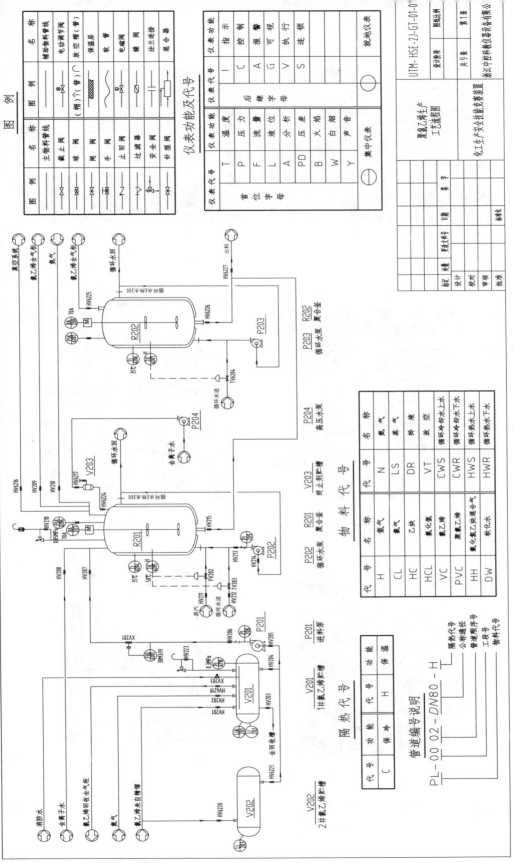

图 2-2 聚氯乙烯生产工艺流程图

图 2-3　聚氯乙烯生产工艺物料标识之一

图 2-4　聚氯乙烯生产工艺物料标识之二

图 2-5　聚氯乙烯生产工艺物料标识之三

图 2-6　聚氯乙烯生产工艺物料标识之四

图 2-7　聚氯乙烯生产工艺物料标识之五

图 2-8　聚氯乙烯生产工艺物料标识之六

图 2-9　聚氯乙烯生产工艺物料标识之七

# 项目二　顺丁橡胶生产工艺与事故应急处置

## 一、顺丁橡胶生产工艺

顺丁橡胶是顺式 1,4-聚丁二烯橡胶的简称，它是以丁二烯为单体，在溶剂存在和齐格-纳塔催化剂的作用下，经溶液聚合反应，制得的弹性均聚物。

顺丁橡胶生产装置按生产工序可分为：聚合单元、凝聚及后处理单元、回收单元，本套装置只涉及聚合单元。

聚合单元的任务是将丁二烯、催化剂、溶剂油在规定工艺条件下进行配位阴离子聚合，得到顺式含量大于 96% 的 1,4-聚丁二烯胶液，然后加入抗氧剂，经静态混合器送往胶液罐，供凝聚单元使用。

丁二烯聚合工艺为连续操作工艺，生产中采用多釜串联的方式，原料连续从第一釜底部加入，顶部出料，进入第二釜底部，依次类推经过其他釜，物料在每一釜内，在搅拌器作用下充分混合，使之达到较均匀的组成，所串釜数按其转化率要求及物料停留时间而定。

催化剂采用稀硼单加的加料方式。硼剂经计量泵送出，在文氏管内与一定量溶剂油混合后，由聚合釜下部进入聚合首釜。铝、镍催化剂自其计量罐经计量泵送出，在管道（静态混合器）中混合陈化，在丁油换热器出口处与丁油混合进聚合首釜。

丁二烯和溶剂油按一定比例在管道中混合，经换热器控制进料温度后进入聚合首釜，同催化剂混合进行聚合反应。聚合首釜中部温度一般控制在（65±5）℃，后续各釜温度主要通过充油量来控制。从聚合末釜出来的胶液与抗氧剂混合后进入胶液罐。

事故考点：①丁二烯储槽出料管泄漏；②丁二烯泄漏着火；③反应超温超压；④碳六油中断；⑤突然断电；⑥丁二烯进料泵泄漏中毒。

顺丁橡胶生产工艺流程如图 2-10 所示。

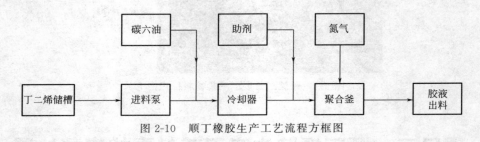

图 2-10　顺丁橡胶生产工艺流程方框图

## 二、顺丁橡胶生产工艺事故应急处理操作卡

### 1. 丁二烯储槽出料管泄漏

（1）事故现象　丁二烯从 V201 储槽出料管与储罐结合处泄漏，可燃气体报警仪报警，现场有人晕倒。

（2）事故确认　外操确认有上述事故现象，通知内操。向相关部门进行事故汇报。

（3）事故处理

① 中毒人员救援　带耐酸碱手套、穿防静电服和佩戴空气呼吸器；静电消除；用担架将伤员运至安全地域；心肺复苏；现场隔离；蒸汽保护泄漏现场。

② 丁二烯停止进料　关丁二烯进料泵出口阀 HV206；停丁二烯进料泵 P201；关丁二烯进料泵进口阀 HV205；全关丁二烯进料调节阀 FV3201。

③ 丁二烯倒罐　开事故水线阀门 HV3219；开 1♯丁二烯储槽收油阀 HV201；开 2♯丁二烯储槽收油阀 HV3217；当 2♯丁二烯储槽液位超过 60％ 时，关 2♯丁二烯储槽收油阀 HV3217；开 1♯丁二烯储槽脱水阀 HV203；关事故水线阀门 HV3219；关 1♯丁二烯储槽出料阀 HV204；当 1♯丁二烯储槽液位低于 100％ 时，关 1♯丁二烯储槽收油阀 HV201。当 1♯丁二烯储槽脱水完毕时，关 1♯丁二烯储槽脱水阀 HV203；开氮气阀 HV202 给 1♯丁二烯储槽 V201 充压至 0.2MPa；关氮气阀 HV202；开放空阀 HV223，1♯丁二烯储槽储槽 V201 泄压至常压。

④ 催化剂停止进料　停催化剂进料泵 P202；关催化剂入釜阀 HV208；关

催化剂进料泵进口阀 HV3209。

⑤ 聚合釜降温　全关聚合釜 R201 温度调节阀 TV3201；全开聚合釜 R202 釜顶充油调节阀 FV3203；当 R201 釜温降至 30℃ 以下时，关闭碳六油进料调节阀 FV3202；当 R202 釜温降至 30℃ 以下时，关闭 R202 釜顶充油调节阀 FV3203。

⑥ 釜内物料处理　开聚合釜 R201 事故出料阀 HV215；开聚合釜 R202 事故出料阀 HV3216；关聚合釜 R201 丁油入釜阀 HV207；关聚合釜 R201 丁油出釜阀 HV3211；关聚合釜 R202 丁油入釜阀 HV3212；关聚合釜 R202 丁油出釜阀 HV3214；开聚合釜 R201 氮气阀 HV210 进行压料；开聚合釜 R202 氮气阀 HV3213 进行压料；当聚合釜 R201 出料完毕时，停聚合釜搅拌。关闭聚合釜 R201 氮气阀 HV210；当聚合釜 R202 出料完毕时，停聚合釜搅拌。关闭聚合釜 R202 氮气阀 HV3213。

**2. 丁二烯泄漏着火**

（1）事故现象　聚合釜单体进料时，单体泵后从某法兰连接处喷出，静电引发着火，可燃气体报警仪报警。

（2）事故确认　外操确认有上述事故现象，通知内操。向相关部门进行事故汇报。

（3）事故处理　戴耐酸碱手套、穿防静电服和佩戴空气呼吸器；静电消除；现场隔离。

① 丁二烯储罐罐体冷却　开 V201 丁二烯储罐消防水喷淋。

② 丁二烯停止进料　停进料泵 P201；全关丁二烯进料调节阀 FV3201；关 1# 丁二烯储槽出料阀 HV204。

③ 催化剂停止进料　停催化剂进料泵 P202；关催化剂入釜阀 HV208；关催化剂进料泵进口阀 HV3209。

④ 现场事故处理　用泡沫灭火器灭火；火焰熄灭后，用蒸汽保护泄漏现场。

**3. 反应超温超压**

（1）事故现象　1# 聚合釜温度、压力、搅拌电流报警；2# 聚合釜温度、压力、搅拌电流报警。当系统压力升至 0.65MPa 时，泄压阀 PV202 开启泄压。

（2）事故确认　内操确认有上述事故现象，通知外操。向相关部门进行事故汇报。

（3）事故处理　戴布手套、穿防静电服、佩戴安全帽；静电消除；现场隔离。

① 丁二烯停止进料　关丁二烯进料泵出口阀 HV206；停丁二烯进料泵 P201；关丁二烯进料泵进口阀 HV205；全关丁二烯进料调节阀 FV201。

② 催化剂停止进料　停催化剂进料泵 P202；关催化剂入釜阀 HV208；关催化剂进料泵进口阀 HV3209。

③ 聚合釜降温　全关 1# 聚合釜 R201 温度调节阀 TV3201；全开碳六油进料调节阀 FV3202，加大 R201 碳六油进料量；全开 R202 釜顶充油调节阀 FV3203，加大 R202 碳六油进料量；当 R201 釜温降至 30℃ 以下时，关闭碳六油进料调节阀 FV3202；当 R202 釜温降至 30℃ 以下时，关闭 R202 釜顶充油调节阀 FV3203。

④ 釜内物料处理　开聚合釜 R201 事故出料阀 HV215；开聚合釜 R202 事故出料阀 HV3216；关聚合釜 R201 丁油入釜阀 HV207；关聚合釜 R201 丁油出釜阀 HV3211；关聚合釜 R202 丁油入釜阀 HV3212；关聚合釜 R202 丁油出釜阀 HV3214；开聚合釜 R201 氮气阀 HV210 进行压料；开聚合釜 R202 氮气阀 HV3213 进行压料；当聚合釜 R201 出料完毕时，停聚合釜搅拌。关闭聚合釜 R201 氮气阀 HV210；当聚合釜 R202 出料完毕时，停聚合釜搅拌。关闭聚合釜 R202 氮气阀 HV3213。

### 4. 碳六油中断

（1）事故现象　FV3202 和 FV3203 调节阀逐渐开大，但碳六油进料流量 FIC3202、釜顶充油流量 FIC3203 显示为 0，R201、R202 温度和压力快速上升。

（2）事故确认　内操确认有上述事故现象，通知外操。向相关部门进行事故汇报。

（3）事故处理　戴布手套、穿防静电服、佩戴安全帽；静电消除；现场隔离。

① 丁二烯停止进料　关丁二烯进料泵出口阀 HV206；停丁二烯进料泵 P201；关丁二烯进料泵进口阀 HV205；全关丁二烯进料调节阀 FV3201。

② 催化剂停止进料　停催化剂进料泵 P202；关催化剂入釜阀 HV208；关催化剂进料泵进口阀 HV3209。

③ 釜内物料处理　开聚合釜 R201 事故出料阀 HV215；开聚合釜 R202 事故出料阀 HV3216；关聚合釜 R201 丁油入釜阀 HV207；关聚合釜 R201 丁油出釜阀 HV3211；关聚合釜 R202 丁油入釜阀 HV3212；关聚合釜 R202 丁油出釜阀 HV3214；开聚合釜 R201 氮气阀 HV210 进行压料；开聚合釜 R202 氮气阀 HV3213 进行压料；当聚合釜 R201 出料完毕时，停聚合釜搅拌。关闭聚合釜 R201 氮气阀 HV210；当聚合釜 R202 出料完毕时，停聚合釜搅拌。关闭聚

合釜 R202 氮气阀 HV3213。

**5. 突然断电**

（1）事故现象　丁二烯进料泵、催化剂进料泵、聚合釜搅拌停运。

（2）事故确认　外操确认有上述事故现象，通知内操。向相关部门进行事故汇报。

（3）事故处理　戴布手套、穿防静电服、佩戴安全帽；静电消除；现场隔离。

① 丁二烯进料线处理　全关丁二烯进料调节阀 FV3201；关丁二烯进料泵出口阀 HV206；关丁二烯进料泵入口阀 HV205。

② 催化剂进料线处理　关催化剂入釜阀 HV208；关催化剂进料泵进口阀 HV3209。

③ 碳六油进料线处理　关碳六油进料调节阀 FV3202、R202 釜顶充油调节阀 FV3203。

④ 釜内物料处理　开聚合釜 R201 事故出料阀 HV215；开聚合釜 R202 事故出料阀 HV3216；关聚合釜 R201 丁油入釜阀 HV207；关聚合釜 R201 丁油出釜阀 HV3211；关聚合釜 R202 丁油入釜阀 HV3212；关聚合釜 R202 丁油出釜阀 HV3214；开聚合釜 R201 氮气阀 HV210 进行压料；开聚合釜 R202 氮气阀 HV3213 进行压料。

**6. 丁二烯进料泵泄漏**

（1）事故现象　丁二烯进料泵轴封泄漏，可燃气体报警仪报警，现场有人晕倒。

（2）事故确认　外操确认有上述事故现象，通知内操。向相关部门进行事故汇报。

（3）事故处理

① 中毒人员救援　戴耐酸碱手套、穿防静电服和佩戴空气呼吸器；静电消除；用担架将伤员运至安全地域；心肺复苏；现场隔离；蒸汽保护泄漏现场。

② 停泄漏进料泵　停丁二烯进料泵 P201A；关丁二烯进料泵 P201A 入口阀 HV205；关丁二烯进料泵 P201A 出口阀 HV206。

③ 启动备用进料泵　开备用丁二烯进料泵 P201B 入口阀 HV3220；开备用丁二烯进料泵 P201B；开备用丁二烯进料泵出口阀 HV3221。

顺丁橡胶生产工艺流程如图 2-11 所示，顺丁橡胶生产工艺物料标识如图 2-12～图 2-17 所示。

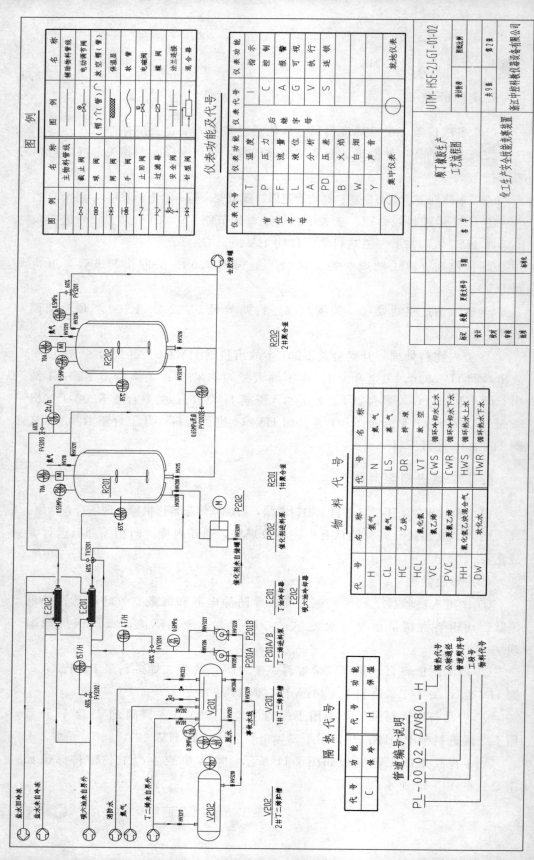

图 2-11 顺丁橡胶生产工艺流程图

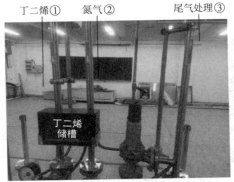

图 2-12　顺丁橡胶生产工艺物料标识之一

图 2-13　顺丁橡胶生产工艺物料标识之二

图 2-14　顺丁橡胶生产工艺物料标识之三

图 2-15　顺丁橡胶生产工艺物料标识之四

图 2-16　顺丁橡胶生产工艺物料标识之五

模块二　装置工艺流程及考点介绍

顺丁胶乳⑩

图 2-17　顺丁橡胶生产工艺物料标识之六

# 项目三　丙烯酸树脂生产工艺与事故应急处置

## 一、丙烯酸树脂生产工艺

　　丙烯酸树脂是由甲基丙烯酸甲酯、丙烯酸丁酯等单体在引发剂的作用下进行自由基聚合反应生成的。丙烯酸聚合反应是放热反应，反应初期与后期需要稍微加热，中间过程控制好反应自身放热基本就可以维持聚合物的合成。

　　丙烯酸树脂生产工艺流程如图 2-18 所示，具体过程如下：

　　按配方要求将部分单体、引发剂和溶剂投入聚合釜，开搅拌，开回流冷凝器冷却水，用蒸汽缓慢升温至 60～70℃，停蒸汽。

　　开聚合釜夹套冷却水，向聚合釜缓慢滴加剩余的混合单体，边搅拌边滴加。混合单体滴加完毕，升温至 80～90℃保温反应 1h 左右，向聚合釜继续滴加剩余的引发剂，引发剂滴加结束，取样分析黏度、酸值，达标后降温出料。

　　事故考点：①反应超温；②混合单体泄漏着火；③混合单体泄漏中毒；④突然断电；⑤中毒灼伤；⑥进料泵泄漏中毒。

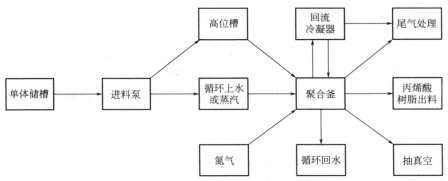

图 2-18 丙烯酸树脂生产工艺流程方框图

# 二、丙烯酸树脂生产工艺事故考点

## 1. 反应超温

（1）事故现象

① 反应釜温度报警；

② 回流冷凝器出口温度报警。

（2）事故确认 内操确认有①②所述事故现象，通知外操。向相关部门进行事故汇报。

（3）事故处理 戴布手套、穿防静电服、佩戴安全帽；静电消除；现场隔离；关闭混合单体进聚合釜阀 HV207；全开反应釜冷却水调节阀 TV203；全开回流冷凝器冷却水调节阀 FV7204。

## 2. 混合单体泄漏着火

（1）事故现象 混合单体经单体泵向高位槽进料时，单体从单体泵后法兰连接处喷出，静电引发着火，可燃气体报警仪报警。

（2）事故确认 外操确认有上述事故现象，通知内操。向相关部门进行事故汇报。

（3）事故处理 戴耐酸碱手套、穿防化服、佩戴护目镜和过滤式防毒面具（有机蒸气）；静电消除；现场隔离。

① 单体储槽罐体冷却 开单体储槽冷却水喷淋阀 XV203。

② 单体停止进料 停进料泵；关闭单体储槽出料阀 HV204；使用干粉灭火器灭火。

### 3. 混合单体泄漏中毒

（1）事故现象　从出料管与储罐结合处泄漏，可燃气体报警仪报警，现场有人晕倒。

（2）事故确认　外操确认有上述事故现象，通知内操。向相关部门进行事故汇报。

（3）事故处理

① 中毒人员救援　戴耐酸碱手套、穿防化服、佩戴护目镜和过滤式防毒面具（有机蒸气）；静电消除；用担架将伤员运至安全地域；心肺复苏；现场隔离；蒸汽保护泄漏现场。

② 单体倒罐　开 V201 单体储槽出料阀 HV204；关高位槽进料阀 HV7225；开进料泵 P201 入口阀 HV205；开进料泵 P201；开进料泵出口阀 HV206；开 V202 单体储槽回流阀 HV7219；V201 单体倒罐完毕时，关进料泵出口阀 HV206；停进料泵 P201；关进料泵 P201 入口阀 HV205；关 V201 单体储槽出料阀 HV204；关 V202 单体储槽回流阀 HV7219。

③ 氮气置换　开氮气阀 HV202 给 V201 单体储槽充压至 0.2MPa；关氮气阀 HV202；开放空阀 HV223，单体储槽泄压至常压；关放空阀 HV223。

### 4. 突然断电

（1）事故现象

① 反应釜搅拌停报警；

② 循环水泵停报警；

③ 反应釜温度报警；

④ 回流冷凝器出口温度报警。

（2）事故确认　外操与内操确认有上述事故现象。向相关部门进行事故汇报。

（3）事故处理

① 戴布手套、穿防静电服、佩戴安全帽；静电消除；现场隔离。

② 聚合釜降温。关闭聚合釜单体进口阀 HV207；全开循环水调节阀 TV203；全开回流冷凝器冷却水调节阀 FV7204。

### 5. 中毒灼伤事故

（1）事故现象

① 聚合釜出料管法兰垫片泄漏，混合单体及丙烯酸树脂喷出；

② 现场有员工吸入单体蒸气中毒昏迷，手臂被灼伤。

（2）事故确认　外操确认有上述事故现象，通知内操。向相关部门进行事故汇报。

（3）事故处理

① 中毒人员救援　戴耐酸碱手套、穿防化服、佩戴护目镜和过滤式防毒面具（有机蒸气）；静电消除；用担架将伤员运至安全地域；心肺复苏；开洗眼器阀门冲洗受伤人员灼伤区域；现场隔离；蒸汽保护泄漏现场。

② 紧急停车　关进料切断阀 XV7224；关闭聚合釜单体进口阀 HV207。

③ 紧急出料　打开聚合釜出料阀 HV215 出料；全开反应温度调节阀 TV203 降温；全开回流冷凝器冷却水调节阀 FV7204；当聚合釜出料完毕，停搅拌。关聚合釜出料阀 HV215；关回流冷凝器回流阀 HV7217。

④ 盲板隔离　在单体进口阀 HV208 处（聚合釜侧）进行盲板隔离作业；在回流冷凝器回流阀 HV7217 处（聚合釜侧）进行盲板隔离作业。

⑤ 系统置换

a. 氮气置换　开氮气阀 HV210 给聚合釜充压至 0.2MPa；关氮气阀 HV210；开放空阀 HV218 聚合釜泄压至常压；关放空阀 HV218。

b. 空气置换　开空气阀 HV7216 给聚合釜充压至 0.2MPa；关空气阀 HV7216；开放空阀 HV218，聚合釜泄压至常压。

## 6. 进料泵泄漏中毒

（1）事故现象　高位槽单体进料时，进料泵泄漏，现场有员工中毒昏迷，可燃气体报警仪报警。

（2）事故确认　外操确认有上述事故现象，通知内操。向相关部门进行事故汇报。

（3）事故处理

① 中毒人员救援　戴耐酸碱手套、穿防化服、佩戴护目镜和过滤式防毒面具（有机蒸气）；静电消除；用担架将伤员运至安全地域；心肺复苏；现场隔离；蒸汽保护泄漏现场。

② 停止单体进料　停进料泵 P201；关单体储槽出料阀 HV204；关进料泵前阀 HV205。

丙烯酸树脂生产工艺流程如图 2-19 所示，丙烯酸树脂生产工艺物料标识如图 2-20～图 2-26 所示。

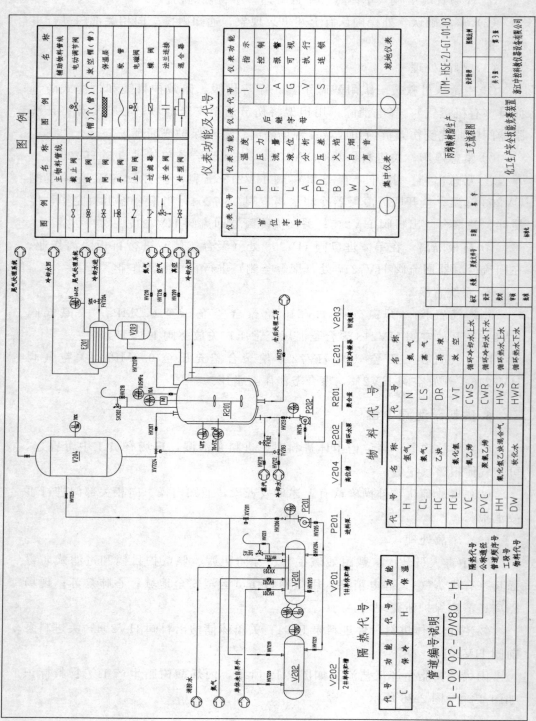

图 2-19 丙烯酸酯树脂生产工艺流程图

图 2-20　丙烯酸树脂生产工艺物料标识之一

图 2-21　丙烯酸树脂生产工艺物料标识之二

图 2-22　丙烯酸树脂生产工艺物料标识之三

图 2-23　丙烯酸树脂生产工艺物料标识之四

图 2-24　丙烯酸树脂生产工艺物料标识之五

图 2-25　丙烯酸树脂生产工艺物料标识之六

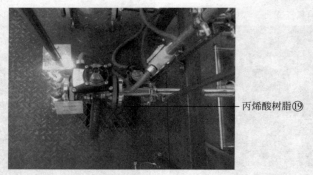

　　　　　　　　　　　　　　　　　　　　—丙烯酸树脂⑲

图 2-26　丙烯酸树脂生产工艺物料标识之七

# 项目四　氯甲烷生产工艺与事故应急处置

## 一、氯甲烷生产工艺

主要化学反应：$CH_3OH + HCl \longrightarrow CH_3Cl + H_2O + Q$

采用最常见的气液相催化法氯甲烷生产工艺流程。

氯甲烷生产装置按生产工序可分为：盐酸常压脱吸单元、氯甲烷合成单元、氯甲烷精制单元、氯甲烷压缩单元、甲醇回收单元、盐酸深度解吸单元，本套装置只涉及氯甲烷合成单元。

由甲醇储罐来的甲醇通过甲醇泵送至甲醇汽化器汽化，汽化后的甲醇进入氯化反应器，与来自盐酸常脱单元的氯化氢气体进行比例调节，在催化剂氯化锌的催化作用下反应生成氯甲烷混合气体。氯甲烷混合气体进入回流冷凝器冷却，一部分未反应的氯化氢和水蒸气被冷凝下来，进入气液分离罐进行气液相分离，分离出的气相经冷凝冷却器进一步冷却后送入氯甲烷精制单元，气液分离罐冷凝液作为氯化反应器温度调节。氯甲烷生产工艺流程如图 2-27 所示。

事故考点：①甲醇泄漏中毒；②催化剂中毒灼伤；③反应釜超压；④突然断电；⑤甲醇泄漏着火；⑥甲醇储槽出料管泄漏。

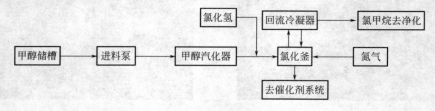

图 2-27　氯甲烷生产工艺流程方框图

# 二、氯甲烷生产工艺事故应急处理操作卡

## 1. 甲醇泄漏中毒

（1）事故现象

① 氯化釜 R201 甲醇进口管法兰处泄漏；

② 现场有人晕倒；

③ 有毒气体报警仪报警。

（2）事故确认　外操确认上述述事故现象，通知内操。向相关部门进行事故汇报。

（3）事故处理

① 中毒人员救援　戴耐酸碱手套、穿防化服、佩戴护目镜、佩戴安全帽、佩戴过滤式防毒面具（有机蒸气）；静电消除；用担架将伤员运至安全地域；心肺复苏；现场隔离；蒸汽保护泄漏现场。

② 紧急停车

a. 甲醇停止进料　停进料泵 P201；关甲醇汽化器 E201 液位调节阀 LV8201；关甲醇贮槽 V201 出料阀 HV204；关甲醇进氯化釜 R201 阀 HV207。

b. 停甲醇汽化器蒸汽　关甲醇汽化器 E201 蒸汽切断阀 XV8204；关甲醇汽化器 E201 出口压力调节阀 PV8201。

c. 氯化氢停止进料　关氯化氢进料切断阀 XV8202；关氯化氢进料流量调节阀 FV8202；关氯化氢进氯化釜 R201 阀 HV208。

d. 氯化釜降温　全开回流罐 V203 液位调节阀 LV8202；全开氯化釜 R201 液位调节阀 LV8203。

## 2. 催化剂中毒灼伤

（1）事故现象

① 氯化釜 R201 催化剂出料管法兰垫片泄漏，氯化锌催化剂喷出；

② 现场有员工吸入催化剂蒸气中毒昏迷，手臂催化剂被灼伤。

（2）事故确认　外操确认有①②所述事故现象，通知内操。向相关部门进行事故汇报。

（3）事故处理

① 中毒人员救援　戴耐酸碱手套、穿防化服、佩戴安全帽、佩戴空气呼吸器；静电消除；用担架将伤员运至安全地域；心肺复苏；开洗眼器阀门冲洗受伤人员灼伤区域；现场隔离。

② 紧急停车

a.甲醇停止进料　停进料泵 P201；关甲醇汽化器 E201 液位调节阀 LV8201；关甲醇储槽 V201 出料阀 HV204；关甲醇进氯化釜 R201 阀 HV207。

b.停甲醇汽化器蒸汽　关甲醇汽化器 E201 蒸汽切断阀 XV8204；关甲醇汽化器 E201 出口压力调节阀 PV8201。

c.氯化氢停止进料　关氯化氢进料切断阀 XV8202；关氯化氢进料流量调节阀 FV8202；关氯化氢进氯化釜 R201 阀 HV208。

d.催化剂紧急出料　打开氯化釜 R201 催化剂出料阀 HV215；启动催化剂泵 P202；全开回流罐 V203 液位调节阀 LV8202 降温；当氯化釜催化剂出料完毕，停搅拌。停催化剂泵 P202；关氯化釜 R201 催化剂出料阀 HV215；关回流冷凝器 E202 回流阀 HV8217；关氯化釜 R201 液位调节阀 LV8203。

e.盲板隔离　在氯化釜甲醇进料阀 HV207 处（氯化釜侧）进行盲板隔离。

f.氮气置换　开氮气阀 HV210 给氯化釜 R201 充压至 0.2MPa；关氮气阀 HV210；开放空阀 HV218，氯化釜 R201 泄压至常压；关放空阀 HV218。

g.空气置换　开空气阀 HV209 给氯化釜 R201 充压至 0.2MPa；关空气阀 HV209；开放空阀 HV218，氯化釜 R201 泄压至常压。

### 3. 反应釜超压

（1）事故现象　氯化釜 R201 压力持续升高并报警。

（2）事故确认　内操确认有上述事故现象，通知外操。向相关部门进行事故汇报。

（3）事故处理　戴布手套、穿防静电服、佩戴安全帽；静电消除；现场隔离。

① 紧急停车

a.甲醇停止进料　停进料泵 P201；关甲醇汽化器 E201 液位调节阀 LV8201；关甲醇储槽 V201 出料阀 HV204；关甲醇进氯化釜 R201 阀 HV207。

b.停甲醇汽化器蒸汽　关甲醇汽化器 E201 蒸汽切断阀 XV8204；关甲醇汽化器 E201 出口压力调节阀 PV8201。

c.氯化氢停止进料　关氯化氢进料切断阀 XV8202；关氯化氢进料流量调节阀 FV8202；关氯化氢进氯化釜 R201 阀 HV208。

② 氯化釜泄压　开氯化釜 R201 放空阀 HV218 泄压。

### 4. 突然断电

（1）事故现象

① 氯化釜 R201 搅拌停报警；

② 进料泵 P201 停报警；

③ 甲醇汽化器 E201 液位持续下降；

④ 甲醇汽化器 E201 液位调节阀逐渐开大至 100％。

（2）事故确认　内操确认有上述事故现象，请外操确认；外操确认有①②③④所述事故现象，通知内操；向相关部门进行事故汇报。

（3）事故处理　戴布手套、穿防静电服、佩戴安全帽；静电消除；现场隔离。

① 停甲醇汽化器蒸汽　关甲醇汽化器 E201 蒸汽切断阀 XV8204；关甲醇汽化器 E201 出口压力调节阀 PV8201。

② 氯化氢停止进料　关氯化氢进料切断阀 XV8202；关氯化氢进料流量调节阀 FV8202；关氯化氢进氯化釜 R201 阀 HV208。

③ 关闭甲醇管线相关阀门　关甲醇汽化器 E201 液位调节阀 LV8201；关甲醇储槽 V201 出料阀 HV204；关甲醇进氯化釜 R201 阀 HV207。

④ 氯化釜降温　全开回流罐 V203 液位调节阀 LV8202。

### 5. 甲醇泄漏着火

（1）事故现象　氯化釜 R201 甲醇进料时，甲醇从进料泵 P201 出口法兰连接处喷出，静电引发着火，可燃气体报警仪报警。

（2）事故确认　外操确认有上述事故现象，通知内操。向相关部门进行事故汇报。

（3）事故处理　戴耐酸碱手套、穿防化服、佩戴安全帽、佩戴空气呼吸器；静电消除；现场隔离。

① 甲醇储槽罐体冷却　开甲醇储槽 V201 消防水喷淋阀 XV203。

② 甲醇停止进料　停进料泵 P201；关甲醇汽化器 E201 液位调节阀 LV8201；关甲醇储槽 V201 出料阀 HV204；关甲醇进氯化釜 R201 阀 HV207。

③ 停甲醇汽化器蒸汽　关甲醇汽化器 E201 蒸汽切断阀 XV8204；关甲醇汽化器 E201 出口压力调节阀 PV8201。

④ 氯化氢停止进料　关氯化氢进料切断阀 XV8202；关氯化氢进料流量调节阀 FV8202；关氯化氢进氯化釜 R201 阀 HV208。

⑤ 现场事故处理　使用干粉灭火器灭火；火焰熄灭后，用蒸汽保护泄漏现场。

### 6. 甲醇储槽出料管泄漏中毒

（1）事故现象　甲醇从甲醇储槽 V201 出料管与储槽结合处泄漏，可燃气体报警仪报警，现场有人晕倒。

（2）事故确认　外操确认有上述事故现象，通知内操。向相关部门进行事故汇报。

（3）事故处理

① 中毒人员救援　戴耐酸碱手套、穿防化服、佩戴护目镜、佩戴安全帽、过滤式防毒面具（有机蒸气）；静电消除；用担架将伤员运至安全地域；心肺复苏；现场隔离；蒸汽保护泄漏现场。

② 甲醇倒罐　开甲醇储槽 V202 回流阀 HV8219。

③ 甲醇停止进料　关甲醇汽化器 E201 液位调节阀 LV8201；关甲醇进氯化釜 R201 阀 HV207。

④ 停甲醇汽化器蒸汽　关甲醇汽化器 E201 蒸汽切断阀 XV8204；关甲醇汽化器 E201 出口压力调节阀 PV8201。

⑤ 氯化氢停止进料　关氯化氢进料切断阀 XV8202；关氯化氢进料流量调节阀 FV8202；关氯化氢进氯化釜 R201 阀 HV208。

⑥ 切换至甲醇储槽 V202 生产　当甲醇储槽 V201 甲醇倒罐完毕时，关甲醇储槽 V201 出料阀 HV204；开甲醇储槽 V202 出料阀 HV8221。

⑦ 氯化氢开始进料　开氯化氢进料切断阀 XV8202；开氯化氢进料流量调节阀 FV8202 至开度 50%，待氯化氢进料流量 FIC8202 升至 1700m³ 左右时，将调节阀 FV8202 切换至自动调节状态，将氯化氢进料流量 FIC8202 给定值设定为 1700m³；开氯化氢进氯化釜 R201 阀 HV208。

⑧ 甲醇开始进料　开甲醇汽化器液位调节阀 LV8201 至开度 50%，待甲醇汽化器液位 LIC8201 升至 40% 以上时，将调节阀 LV8201 切换至自动调节状态，将甲醇汽化器液位 LIC8201 给定值设定为 50%；关甲醇储槽 V202 回流阀 HV8219。

⑨ 开甲醇汽化器蒸汽　开甲醇汽化器 E201 蒸汽切断阀 XV8204；开甲醇汽化器出口压力调节阀 PV8201 至开度 50%，待甲醇汽化器出口压力 PIC8201 升至 0.2MPa 左右时，将调节阀 PV8201 切换至自动调节状态，将甲醇汽化器出口压力 PIC8201 给定值设定为 0.2MPa；开甲醇进氯化釜 R201 阀 HV207。

⑩ 氮气置换甲醇储槽 V201　开氮气阀 HV202 给甲醇储槽 V201 充压至 0.2MPa；关氮气阀 HV202；开放空阀 HV223，甲醇储槽 V201 泄压至常压；关放空阀 HV223。

氯甲烷生产工艺流程如图 2-28 所示，氯甲烷生产工艺物料标识如图 2-29～图 2-34 所示。

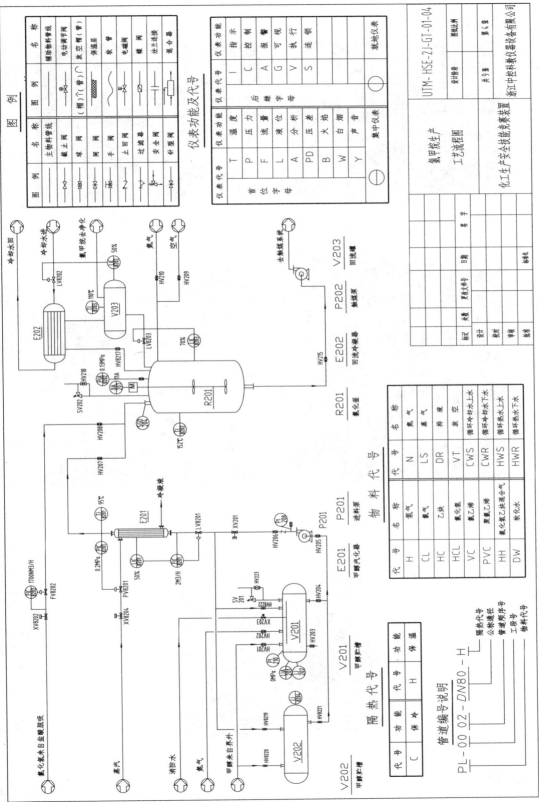

图 2-28 氯甲烷生产工艺流程图

图 2-29 氯甲烷生产工艺物料标识之一

图 2-30 氯甲烷生产工艺物料标识之二

图 2-31 氯甲烷生产工艺物料标识之三

图 2-32 氯甲烷生产工艺物料标识之四

图 2-33 氯甲烷生产工艺物料标识之五

氯化锌触媒⑪

图 2-34　氯甲烷生产工艺物料标识之六

# 项目五　氯乙酸生产工艺与事故应急处置

## 一、氯乙酸生产工艺

主要化学反应：$CH_3COOH + Cl_2 \longrightarrow ClCH_2COOH + HCl + Q$

乙酸硫黄催化氯化法是国内目前生产氯乙酸最主要的生产方式之一。

氯乙酸生产装置按生产工序可分为液氯气化单元、氯化单元、结晶单元、尾气吸收单元，本套装置只涉及氯化单元。

间歇式的氯乙酸生产工艺是以硫黄粉为催化剂，控制其用量约为乙酸总量的 3%，反应采用二级串联氯化，主氯化釜在 90℃下通氯气，控制反应温度为96～100℃，副氯化釜反应温度为 85～90℃，当反应产物相对密度到达 1.35时即为反应终点。保温反应 1h 后加入循环母液冷却结晶，在凝固点以上 1～2℃加入晶种，缓慢冷却至 25℃左右，经抽滤或离心分离制得氯乙酸。尾气送填料吸收塔回收副产盐酸。氯乙酸生产工艺流程方框如图 2-35 所示。

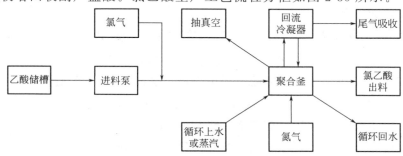

图 2-35　氯乙酸生产工艺流程方框图

事故考点：①氯气泄漏中毒；②氯乙酸中毒灼伤；③反应釜超压；④突然断电；⑤乙酸泄漏着火；⑥乙酸储槽出料管泄。

## 二、氯乙酸生产工艺事故应急处理操作卡

### 1. 氯气泄漏中毒事故

（1）事故现象　反应釜氯气进口管法兰处泄漏；现场有人晕倒；有毒气体报警仪报警。

（2）事故确认　外操确认有上述事故现象，通知内操。向相关部门进行事故汇报。

（3）事故处理

① 中毒人员救援　戴布手套、穿防化服、佩戴空气呼吸器；静电消除；用担架将伤员运至安全地域；心肺复苏；现场隔离。

② 紧急停车　关闭反应釜氯气进料切断阀 XV9202；关闭反应釜氯气进料流量调节阀 FV9201；关闭反应釜氯气进口阀 HV208；关闭回流冷凝器回流阀 HV9217；全开反应温度调节阀 TV203 降温。

③ 现场泄漏氯气处理　开真空阀 HV209 对氯化釜抽真空，使釜内氯气不外泄；使用氯气捕消器进行氯气消解。

### 2. 氯乙酸中毒灼伤事故

（1）事故现象

① 氯化釜出料管法兰垫片泄漏，氯乙酸喷出；

② 现场有员工吸入氯乙酸蒸气中毒昏迷，手臂被氯乙酸灼伤。

（2）事故确认　外操确认有上述事故现象，通知内操。向相关部门进行事故汇报。

（3）事故处理

① 中毒人员救援　戴耐酸碱手套、穿防化服、佩戴护目镜和过滤式防毒面具（酸性气体）；静电消除；用担架将伤员运至安全地域；心肺复苏；开洗眼器阀门冲洗受伤人员灼伤区域；现场隔离；蒸汽保护泄漏现场。

② 紧急停车　关闭反应釜氯气进料切断阀 XV9202；关闭反应釜氯气进料流量调节阀 FV201；关闭反应釜氯气进口阀 HV208。

③ 紧急出料　打开氯化釜出料阀 HV215 出料；全开反应温度调节阀 TV203 降温；当氯化釜出料完毕，停搅拌；关氯化釜出料阀 HV215；关回流

冷凝器回流阀 HV9217。

④ 盲板隔离　在氯气进口阀 HV208 处（氯化釜侧）进行盲板隔离。

⑤ 系统置换

⑥ 氮气置换　开氮气阀 HV210 给氯化釜充压至 0.2MPa；关氮气阀 HV210；开放空阀 HV218 氯化釜泄压至常压；关放空阀 HV218。

⑦ 空气置换　开空气阀给氯化釜充压至 0.2MPa；关空气阀 HV9216；开放空阀 HV218，氯化釜泄压至常压。

### 3. 反应釜超压事故

（1）事故现象　氯化釜压力持续升高并报警。

（2）事故确认　内操确认有上述事故现象，通知外操。向相关部门进行事故汇报。

（3）事故处理　戴布手套、穿防静电服、佩戴安全帽；静电消除；现场隔离。

① 紧急停车　关闭反应釜氯气进料切断阀 XV9202；关闭反应釜氯气进料流量调节阀 FV9201；关闭反应釜氯气进口阀 HV208。

② 反应釜泄压　开放空阀 HV218 泄压，氯气泄压至事故处理池。

③ 反应釜降温　全开反应温度调节阀 TV203 降温。

### 4. 突然断电事故

（1）事故现象

① 反应釜搅拌停报警；

② 循环水泵停报警；

③ 反应釜温度报警；

④ 回流冷凝器出口温度报警。

（2）事故确认　外操与内操确认有上述事故现象。向相关部门进行事故汇报。

（3）事故处理　戴布手套、穿防静电服、佩戴安全帽；静电消除；现场隔离。

① 紧急停车　关闭反应釜氯气进料切断阀 XV9202；关闭反应釜氯气进料流量调节阀 FV9201；关闭反应釜氯气进口阀 HV208。

② 反应釜降温　全开反应温度调节阀 TV203；全开回流冷凝器盐水流量调节阀 FV9204。

### 5. 乙酸泄漏着火

（1）事故现象　氯化釜乙酸进料时，进料泵后从某法兰连接处喷出，静电引发着火，可燃气体报警仪报警。

（2）事故确认　外操确认有上述事故现象，通知内操。向相关部门进行事故汇报。

（3）事故处理　戴耐酸碱手套、穿防化服、佩戴护目镜和过滤式防毒面具（酸性气体）；静电消除；现场隔离。

① 乙酸储罐罐体冷却　开 V201 乙酸储罐消防水喷淋阀 XV203。

② 停止乙酸进料　停进料泵 P201；关乙酸储槽出料阀 HV204。

③ 现场事故处理　用干粉灭火器灭火；火焰熄灭后，用蒸汽保护泄漏现场。

### 6. 乙酸储槽出料管泄漏事故

（1）事故现象　乙酸从 V201 储槽出料管与储罐结合处泄漏，可燃气体报警仪报警，现场有人晕倒。

（2）事故确认　外操确认有上述事故现象，通知内操。向相关部门进行事故汇报。

（3）事故处理

① 中毒人员救援　戴耐酸碱手套、穿防化服、佩戴护目镜和过滤式防毒面具（酸性气体）；静电消除；用担架将伤员运至安全地域；心肺复苏；现场隔离；蒸汽保护泄漏现场。

② 乙酸倒罐　开 V201 乙酸储槽出料阀 HV204；开进料泵 P201 入口阀 HV205；开进料泵 P201；开进料泵出口阀 HV206；开 V202 乙酸储槽回流阀 HV9219；当 V201 乙酸储槽醋酸倒罐完毕，关进料泵出口阀 HV206；停进料泵 P201；关进料泵 P201 入口阀 HV205；关 V201 乙酸储槽出料阀 HV204；关 V202 乙酸储槽回流阀 HV9219。

③ 氮气置换　开氮气阀 HV202 给 V201 乙酸储槽充压至 0.2MPa；关氮气阀 HV202；开放空阀 HV223，乙酸储槽泄压至常压；关放空阀 HV223。

氯乙酸生产工艺流程如图 2-36 所示，氯乙酸生产工艺物料标识如图 2-37～图 2-43 所示。

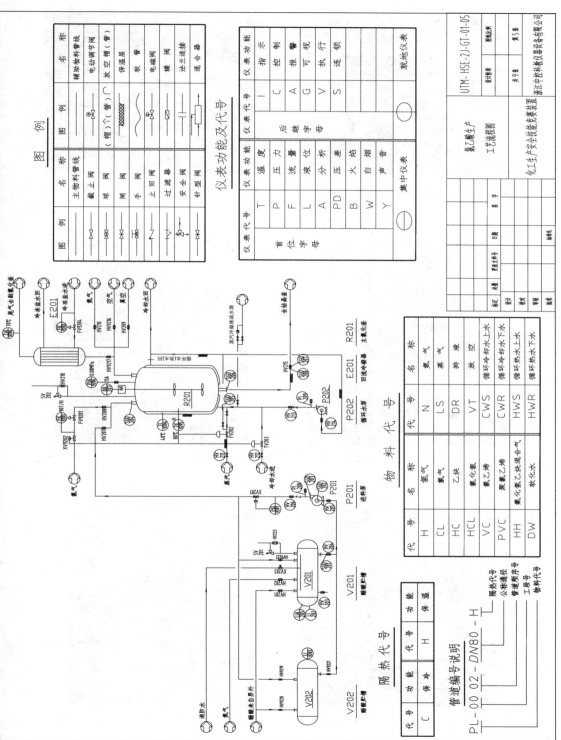

图 2-36　氯乙酸生产工艺流程图

图 2-37　氯乙酸生产工艺物料标识之一

图 2-38　氯乙酸生产工艺物料标识之二

图 2-39　氯乙酸生产工艺物料标识之三

图 2-40　氯乙酸生产工艺物料标识之四

图 2-41　氯乙酸生产工艺物料标识之五

图 2-42　氯乙酸生产工艺物料标识之六

图 2-43　氯乙酸生产工艺物料标识之七

# 项目六　氯乙烯生产工艺与事故应急处置

## 一、氯乙烯生产工艺

主要化学反应：$C_2H_2 + HCl \longrightarrow C_2H_3Cl + Q$

电石乙炔法是国内氯碱企业制取氯乙烯比较通用的生产方式。该工艺利用乙炔和氯化氢为原料，在装填升汞催化剂的转化器中进行加成反应，生产氯乙烯。

氯乙烯生产装置按生产工序可分为乙炔制备单元、氯化氢合成单元、混合脱水和氯乙烯合成单元、氯乙烯净化压缩单元、氯乙烯精馏单元，本套装置只涉及混合脱水和氯乙烯合成单元。

来自乙炔工段的精制乙炔气，与氯化氢工段送来的氯化氢气体通过孔板流量计调节配比（乙炔/氯化氢＝1/1.05～1.1）在混合器中充分混合后，进入石墨冷却器进行混合脱水，用－35℃盐水间接冷却，混合气被冷却到－14℃，使气体中绝大部分水分以 40％盐酸雾的形式进入串联的酸雾过滤器中，由硅油玻璃棉捕集分离并从底部排出。

干燥的混合气经预热器预热以降低相对湿度，由流量计控制进入并联的第Ⅰ组转化器，借列管中填装的催化剂，使乙炔和氯化氢合成反应转化为氯乙烯气体。第Ⅰ组转化器出口气体中尚含有 20％～30％未转化的乙炔气，随转化的氯乙烯再进入第Ⅱ组转化器继续反应，使出口处未转化的乙炔控制在 1％～3％以下。粗氯乙烯气体被送往净化压缩单元。合成反应放出的热量通过离心泵送至转化器管间的 95～100℃ 的循环热水移去。氯乙烯生产工艺流程方框如图 2-44 所示。

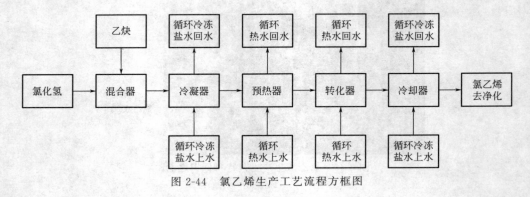

图 2-44　氯乙烯生产工艺流程方框图

事故考点：①预热器循环热水烫伤；②预热器泄漏；③氯化氢泄漏中毒；④转化器泄漏；⑤混合器超温；⑥氯乙烯泄漏着火。

## 二、氯乙烯生产工艺事故应急处理操作卡

### 1. 预热器循环热水烫伤

（1）事故现象

① 预热器 E101 壳程循环热水出口管阀门前法兰处泄漏，热水喷出；

② 现场有人被烫伤。

（2）事故确认　外操确认有上述事故现象，通知内操。向相关部门进行事故汇报。

（3）事故处理

① 受伤人员救援　戴耐酸碱手套、穿防化服、佩戴护目镜、佩戴安全帽；静电消除；用担架将伤员运至安全地域；开洗眼器阀门冷却受伤人员烫伤区域；现场隔离。

② 切换备用预热器　开备用预热器 E101B 热水进口阀 HV5304；开备用预热器 E101B 热水出口阀 HV5303；开备用预热器 E101B 气相进口阀 HV5305；开备用预热器 E101B 气相出口阀 HV5306。

③ 事故预热器切除　关事故预热器 E101A 气相进口阀 HV101；关事故预热器 E101A 气相出口阀 HV5307；关事故预热器 E101A 热水进口阀 HV104；关事故预热器 E101A 热水出口阀 HV103。

## 2. 预热器泄漏

（1）事故现象

① 预热器 E101A 出口温度报警；

② 转化器压力波动。

（2）事故确认　内操确认有上述事故现象，通知外操。向相关部门进行事故汇报。

（3）事故处理　戴布手套、穿防静电服、佩戴安全帽；静电消除；现场隔离。

① 切换备用预热器　开备用预热器 E101B 热水进口阀 HV5304；开备用预热器 E101B 热水出口阀 HV5303；开备用预热器 E101B 气相进口阀 HV5305；开备用预热器 E101B 气相出口阀 HV5306。

② 事故预热器切除　关事故预热器 E101A 气相进口阀 HV101；关事故预热器 E101A 气相出口阀 HV5307；关事故预热器 E101A 热水进口阀 HV104；关事故预热器 E101A 热水出口阀 HV103；开事故预热器 E101A 壳程热水排污阀 HV5308。

## 3. 氯化氢泄漏中毒

（1）事故现象

① 预热器进口法兰处泄漏；

② 现场有人晕倒；

③ 有毒气体报警仪报警。

（2）事故确认　外操确认有上述事故现象，通知内操。向相关部门进行事故汇报。

（3）事故处理

① 中毒人员救援　戴耐酸碱手套、穿防化服、佩戴护目镜和过滤式防毒面具（酸性气体）；静电消除；用担架将伤员运至安全地域；心肺复苏；现场隔离；蒸汽保护泄漏现场。

② 切换备用预热器　开备用预热器 E101B 热水进口阀 HV5304；开备用预热器 E101B 热水出口阀 HV5303；开备用预热器 E101B 气相进口阀 HV5305；开备用预热器 E101B 气相出口阀 HV5306。

③ 事故预热器切除　关事故预热器 E101A 气相进口阀 HV101；关事故预热器 E101A 气相出口阀 HV5307；关事故预热器 E101A 热水进口阀 HV104；

关事故预热器 E101A 热水出口阀 HV103。

### 4. 转化器泄漏

（1）事故现象

① 在转化器出口法兰处有液体和气体泄漏；

② 转化器压力波动；

③ 可燃气体报警仪报警；

④ 现场有人中毒晕倒。

（2）事故确认　外操确认有上述事故现象，通知内操。向相关部门进行事故汇报。

（3）事故处理

① 中毒人员救援　戴耐酸碱手套、穿防化服和佩戴空气呼吸器；静电消除；用担架将伤员运至安全地域；心肺复苏；现场隔离；蒸汽保护泄漏现场。

② 事故转化器切除　关事故转化器 R101A 气相进口阀 HV5309；关事故转化器 R101A 气相出口阀 HV5317；关事故转化器 R101A 热水进口阀 HV5310；关事故转化器 R101A 热水出口阀 HV5311；开事故转化器壳程热水排污阀 HV110。

③ 切换备用转化器　开备用转化器 R101B 热水进口阀 HV5314；开备用转化器 R101B 热水出口阀 HV5315；开备用转化器 R101B 气相进口阀 HV5312；开备用转化器 R101B 气相出口阀 HV5313。

### 5. 混合器超温

（1）事故现象

① 混合器出口温度报警；

② 乙炔进混合器切断阀连锁关闭。

（2）事故确认　内操确认有上述事故现象，通知外操。向相关部门进行事故汇报。

（3）事故处理　戴耐酸碱手套、穿防化服、佩戴空气呼吸器；静电消除；现场隔离。

① 紧急停车　点击 DCS 控制画面紧急停车按钮；联锁关闭氯化氢流量调节阀 FV5302 和乙炔流量调节阀 FV5301；关预热器 E101A 气相进口阀 HV101；关冷却器入口阀 HV106。

② 切预热器热水　关预热器热水进口阀 HV104；关预热器热水出口阀 HV103。

③ 切冷却器循环水　关冷却器循环水进口阀 HV108；关冷却器循环水出口阀 HV107。

④ 盲板隔离　在预热器 E101A 气相进口阀 HV101 处（预热器侧）进行盲板隔离；在冷却器入口阀 HV106 处（冷却器侧）进行盲板隔离；

⑤ 转化器用氮气保压　开氮气阀 HV111，向转化器内充氮，保证转化器压力在 10kPa 以上。

### 6. 氯乙烯泄漏着火

（1）事故现象

① 冷却器出口法兰处有物料泄漏着火；

② 可燃气体报警仪报警。

（2）事故确认　外操确认有上述事故现象，通知内操。向相关部门进行事故汇报。

（3）事故处理

① 紧急停车　点击 DCS 控制画面紧急停车按钮；联锁关闭氯化氢流量调节阀 FV5302 和乙炔流量调节阀 FV5301；关乙炔进混合器切断阀 XV5301。

② 现场事故处理　戴耐酸碱手套、穿防静电服和佩戴空气呼吸器；静电消除；现场隔离；关预热器 E101A 气相进口阀 HV101；关冷却器入口阀 HV106；用干粉灭火器灭火；火焰熄灭后，用蒸汽保护泄漏现场。

③ 切预热器热水　关预热器热水进口阀 HV104；关预热器热水出口阀 HV103。

④ 切冷却器循环水　关冷却器循环水进口阀 HV108；关冷却器循环水出口阀 HV107。

⑤ 盲板隔离　在预热器 E101A 气相进口阀 HV101 处（预热器侧）进行盲板隔离；在冷却器入口阀 HV106 处（冷却器侧）进行盲板隔离。

⑥ 转化器用氮气保压　开氮气阀 HV111，向转化器内充氮，保证转化器压力在 10kPa 以上。

氯乙烯生产工艺流程如图 2-45 所示，氯乙烯生产工艺物料标识如图 2-46～图 2-48 所示。

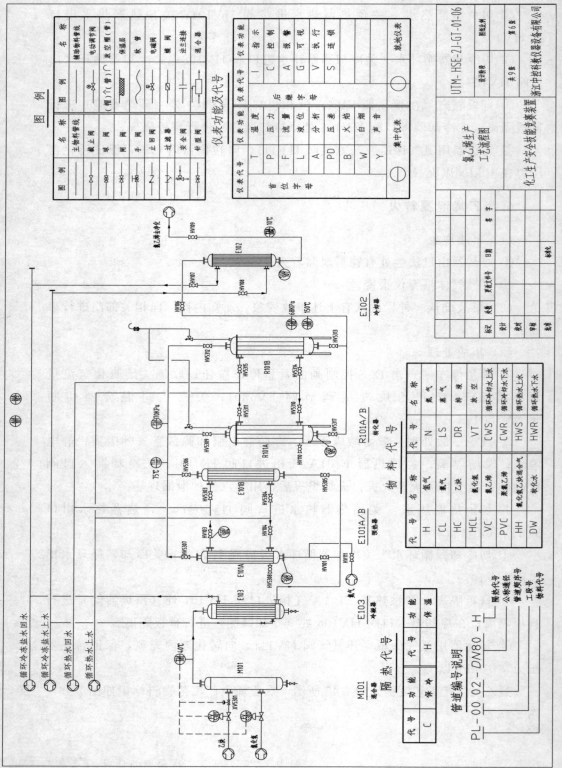

图 2-45 氯乙烯生产工艺流程图

循环上水③　　　循环回水⑥
乙炔+氯化氢①　　乙炔+氯化氢⑤

乙炔+氯化氢②　循环上水④

图 2-46　氯乙烯生产工艺物料标识之一

循环上水⑨　氯乙烯⑫　循环回水⑬

氯乙烯⑦　循环上水⑩　氯乙烯⑧　氯乙烯⑪

图 2-47　氯乙烯生产工艺物料标识之二

氮气⑭　　　　　　　　　　锅炉脱盐水⑮

图 2-48　氯乙烯生产工艺物料标识之三

# 项目七　柴油加氢生产工艺与事故应急处置

## 一、柴油加氢生产工艺

加氢精制反应是指原料油在催化剂和氢气的氛围下，在一定的温度和压力下进行的一系列化学反应。这些反应过程主要包括脱除原料油中的氮、硫、氧、非烃类化合物；烯烃和芳烃的加氢饱和反应；开环、断链、缩合、聚合等副反应。以上反应的深度和速度主要取决于反应过程中所使用的催化剂、原料油的性质和工艺条件。

### 1. 加氢脱硫反应

加氢原料油中的硫化物主要有硫醇、硫醚、二硫化物、噻吩、苯并噻吩等，在加氢精制条件下，这些硫化物分别转化为 $H_2S$ 和相应的烃类，从而被脱除掉。

### 2. 加氢脱氮反应

柴油的氮化物是造成柴油安全性差和变色的主要原因，石油馏分中的氮化物可分为三类：脂肪胺及芳香胺类；吡啶、喹啉类型的碱性杂环化合物；吡咯、茚及咔唑的非碱性氮化物。

在加氢精制条件下，这些氮化物分别转化为 $NH_3$ 和相应的烃类，从而被脱除掉。

### 3. 加氢脱氧反应

石油和石油产品中含氧化合物的含量很少，在石油馏分中经常遇到的含氧化合物是环烷酸。在加氢精制条件下，这些含氧化合物分别转化为 $H_2O$ 和相应的烃类，从而被脱除掉。

### 4. 烃类的加氢反应

在加氢精制条件下，烃类的加氢反应主要是不饱和烃和芳烃的加氢饱和。这些反应对改善油品的质量和性能具有重要意义。例如烯烃，特别是二烯烃的加氢可以提高油品的安定性，芳烃的加氢可以提高柴油的十六烷值。

柴油加氢生产装置按生产工序可分为反应单元、分馏单元、压缩机单元，本套装置只涉及反应单元和压缩机单元。

自罐区来的原料油在原料油缓冲罐的液面控制下，通过原料油过滤器除去原料油中大于 $25\mu m$ 的颗粒后，进入原料油缓冲罐。自原料油缓冲罐来的原料油经加氢进料泵增压后，在流量控制下，经反应产物/原料油换热器换热后，与混合氢混合进入反应产物/反应进料换热器，然后经反应进料加热炉加热至反应所需温度，进入加氢精制反应器。

自加氢精制反应器出来的反应产物经反应产物/反应进料换热器、反应产物/低分油换热器、反应产物/原料油换热器依次与反应进料、低分油、原料油换热，然后经反应产物空冷器及水冷器冷却至 $45℃$，进入高压分离器。

冷却后的反应产物在高压分离器中进行油、气、水三相分离。高分气（循环氢）经循环氢压缩机入口分液罐分液后，进入循环氢压缩机升压，然后分两路：一路作为急冷氢进反应器，一路与来自新氢压缩机的新氢混合，混合氢与原料油混合作为反应进料。含硫、含氨污水自高压分离器底部排出至酸性水汽提装置处理。高分油相在液位控制下经减压调节阀进入低压分离器，其闪蒸气体排至工厂燃料气管网。低分油经反应产物/低分油换热器与反应产物换热后进入分馏塔。

新氢进装置直接送入新氢分液罐，分液后的新氢自新氢分液罐顶部出来至新氢压缩机升压后与循环氢混合作为反应系统氢气来源。柴油加氢工艺流程方框如图 2-49 所示。

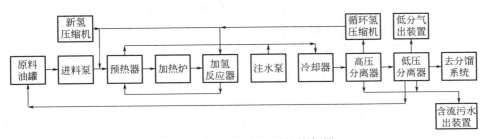

图 2-49　柴油加氢工艺流程方框图

事故考点：①反应器出口物料泄漏着火；②硫化氢泄漏中毒；③循环氢中断；④高压分离器液位高高；⑤突然断电；⑥进料泵泄漏。

# 二、柴油加氢生产工艺事故应急处理操作卡

## 1. 反应器出口物料泄漏着火

（1）事故现象

① 加氢反应器 R101 出口法兰处物料喷出着火；

② DCS 系统有可燃气报警仪报警信号。

（2）事故确认　外操确认有上述事故现象，通知内操。向相关部门进行事故汇报。

（3）事故处理　戴布手套、穿防静电服和佩戴空气呼吸器；静电消除；现场隔离。

① 紧急停炉　关闭燃料气压控阀 PV1101；关闭燃料气压控阀前手阀 HV1106；开蒸汽进炉膛切断阀 XV1103。

② 停进料泵　关闭进料泵出口阀 HV206；停进料泵 P201A；关闭进料流量调节阀 FV1101；关闭进料泵入口阀 HV205；关闭原料油罐收油阀 HV201；关闭原料油进 E101 阀 HV101。

③ 停注水泵　关闭注水泵出口阀 HV1122；停注水泵 P101。

④ 停新氢压缩机　停止 K101 运转；打开 K101 出口放空阀 HV1116 泄压至火炬。

⑤ 装置紧急泄压　开启 PV1103 远程控制阀，高压分离器泄压，控制泄压速度不超过 0.7MPa/min。

⑥ 停循环氢压缩机　床层温度低于 150℃ 或高分压力低于 1.5MPa 时，停循环氢压缩机；逐渐关小速关阀 FV1102，使汽轮机的转速降至 0r/min；关闭汽轮机进汽阀 HV1110；关闭汽轮机排汽阀 HV1112；关闭压缩机入口阀 HV113；关闭压缩机出口阀 HV114；打开压缩机出口放空阀 HV115 泄压至火炬。

⑦ 装置补入隔离氮气　当系统压力降至 2.5MPa 以下时，开氮气阀 HV111 装置进隔离氮气。

⑧ 现场事故处理　使用干粉灭火器灭火；火焰熄灭后，用蒸汽保护泄漏现场。

⑨ 停 E102 冷却水　关水冷却器 E102 冷却水进口阀 HV108；关水冷却器 E102 冷却水进口阀 HV107。

## 2. 硫化氢泄漏中毒

（1）事故现象

① 产品冷却器 E102 出口处法兰泄漏；

② 现场有人中毒晕倒；

③ 有毒气体报警仪报警。

（2）事故确认　外操确认有上述事故现象，通知内操。向相关部门进行事故汇报。

（3）事故处理

① 中毒人员救援　戴布手套、穿防静电服、佩戴空气呼吸器；静电消除；用担架将伤员运至安全地域；心肺复苏；现场隔离；蒸汽保护泄漏现场。

② 紧急停炉　关闭燃料气压控阀 PV1101；关闭燃料气压控阀前手阀 HV1106；开蒸汽进炉膛切断阀 XV1103。

③ 停进料泵　关闭进料泵出口阀 HV206；停进料泵 P201A；关闭进料流量调节阀 FV1101；关闭进料泵入口阀 HV205；关闭原料油罐收油阀 HV101；关闭原料油进 E101 阀 HV101。

④ 停注水泵　关闭注水泵出口阀 HV1122；停注水泵 P101。

⑤ 停新氢压缩机　停止 K101 运转；打开 K101 出口放空阀 HV1116 泄压至火炬。

⑥ 装置紧急泄压　开启 PV1103 远程控制阀，高压分离器泄压，控制泄压速度不超过 0.7MPa/min。

⑦ 停循环氢压缩机　床层温度低于 150℃ 或高分压力低于 1.5MPa 时，停循环氢压缩机；逐渐关小速关阀 FV1102，使汽轮机的转速降至 0r/min；关闭汽轮机进汽阀 HV1110；关闭汽轮机排汽阀 HV1112；关闭压缩机入口阀 HV1113；关闭压缩机出口阀 HV1114；打开压缩机出口放空阀 HV1115 泄压至火炬。

⑧ 装置补入隔离氮气　当系统压力降至 2.5MPa 以下时，开氮气阀 HV111 装置进隔离氮气。

⑨ 停 E102 冷却水　关水冷却器 E102 冷却水进口阀 HV108；关水冷却器 E102 冷却水进口阀 HV107。

### 3. 循环氢中断

（1）事故现象　循环氢压缩机跳车，循环机停运，循环氢压缩机停车报警，加热炉出口出口温度突升，加氢反应器床层温度上升，高压分离器压力上升。

（2）事故确认　内操确认有上述事故现象，通知外操。向相关部门进行事故汇报。

（3）事故处理　戴布手套、穿防静电服、佩戴安全帽；静电消除；现场隔离。

① 高分紧急泄压　开启远程控制阀 PV1103，高压分离器泄压。

② 紧急停炉　关闭燃料气压控阀 PV1101；关闭燃料气压控阀前手阀 HV1106；开蒸汽进炉膛切断阀 XV1103。

③ 降进料量，装置改长循环，加氢反应器床层降温　调节进料流量调节阀 FV1101，降进料量至 50t/h；打开低压分离器至原料油罐之间的长循环线阀 HV1120；关闭低压分离器至分馏系统之间的阀门 HV1119；关闭原料油罐收油阀 HV201；反应器入口温度降至 200℃ 以下时，关闭进料泵出口阀 HV206；停进料泵 P201A；关闭进料流量调节阀 FV1101；关闭进料泵入口阀 HV205；关闭原料油进 E101 阀 HV101。

④ 停新氢压缩机　停止 K101 运转；打开 K101 出口放空阀 HV1116 泄压至火炬。

⑤ 停注水泵　关闭注水泵出口阀 HV1122；停注水泵 P101。

⑥ 装置补入隔离氮气　当系统压力降至 2.5MPa 以下时，开氮气阀 HV111 装置进隔离氮气。

⑦ 停 E102 冷却水　关水冷却器 E102 冷却水进口阀 HV108；关水冷却器 E102 冷却水进口阀 HV107。

### 4. 高压分离器液位高高

（1）事故现象　高压分离器液位高高报警，循环氢压缩机跳车，循环机停运，循环氢压缩机停车报警，进料泵停运，加热炉熄火。加热炉出口温度突升，加氢反应器床层温度上升，高压分离器压力上升。

（2）事故确认　内操确认有上述事故现象，通知外操。向相关部门进行事故汇报。

（3）事故处理　戴布手套、穿防静电服、佩戴安全帽；静电消除；现场隔离。

① 高分紧急泄压　全开远程控制阀 PV1103，高压分离器泄压。

② 紧急停炉　关闭燃料气压控阀 PV1101；关闭燃料气压控阀前手阀 HV1106；开蒸汽进炉膛切断阀 XV1103。

③ 停注水泵　关闭注水泵出口阀 HV1122；停注水泵 P101。

④ 关进料系统相关阀门　关闭原料油罐收油阀 HV201；关闭进料泵出口阀 HV206；关闭进料流量调节阀 FV1101；关闭进料泵入口阀 HV205；关闭原料油进 E101 阀 HV101。

⑤ 停新氢压缩机　反应器入口温度降至 150℃ 以下时，停新氢压缩机；停止 K101 运转；打开 K101 出口放空阀 HV1116 泄压至火炬。

⑥ 装置补入隔离氮气　当系统压力降至 2.5MPa 以下时，开氮气阀 HV111 装置进隔离氮气。

⑦ 停 E102 冷却水　关水冷却器 E102 冷却水进口阀 HV108；关水冷却器 E102 冷却水进口阀 HV107。

### 5. 突然断电（晃电）

（1）事故现象　进料泵停运、注水泵停运、新氢压缩机停运、加热炉熄火。

（2）事故确认　内操确认有上述事故现象，通知外操。向相关部门进行事故汇报。

（3）事故处理　戴布手套、穿防静电服、佩戴安全帽；静电消除；现场隔离。

① 反应器床层温度控制　开大急冷氢阀 TV1101 控制反应器床层温度。

② 启动进料泵　关闭进料泵出口阀 HV206；进料泵出口低流量联锁复位；启动进料泵 P201A；开启进料泵出口阀 HV205。

③ 加热炉点火升温　停炉联锁复位；加热炉点火。

④ 启动新氢压缩机　停机联锁复位；开启新氢压缩机。

⑤ 启动注水泵　关闭注水泵出口阀 HV1122；启动注水泵 P101；开启注水泵出口阀 HV1122。

### 6. 进料泵泄漏

（1）事故现象　进料泵 P201A 轴封泄漏，可燃气体报警仪报警。

（2）事故确认　外操确认有上述事故现象，通知内操。向相关部门进行事故汇报。

（3）事故处理　戴耐酸碱手套、穿防化服、佩戴护目镜、佩戴安全帽；静电消除；现场隔离；蒸汽保护泄漏现场。

① 停泄漏进料泵　停泄漏进料泵 P201A；关泄漏进料泵入口阀 HV205；关泄漏进料泵出口阀 HV206。

② 启动备用进料泵　开备用进料泵入口阀 HV1103；开备用进料泵 P201B；开备用进料泵出口阀 HV1104。

柴油加氢生产工艺流程如图 2-50 所示，柴油加氢生产工艺物料标识如图 2-51～图 2-56 所示。

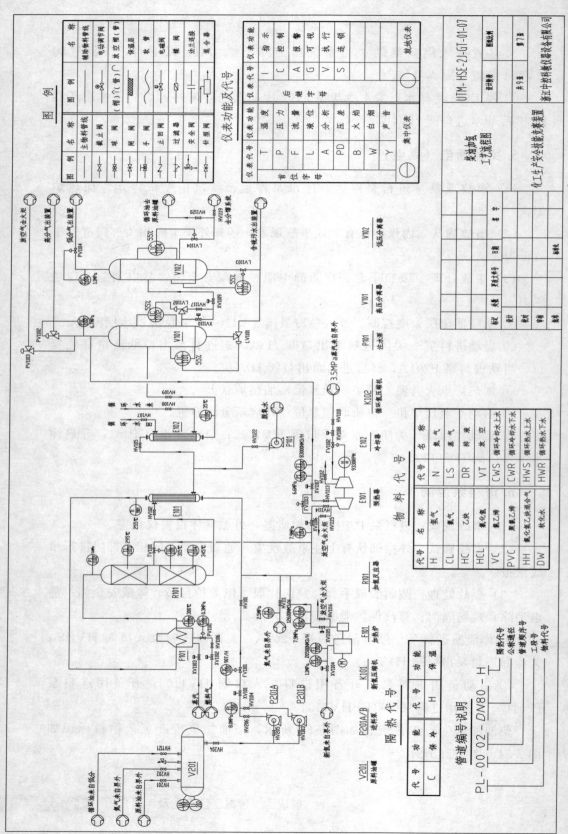

图 2-50 柴油加氢生产工艺流程图

图 2-51　柴油加氢生产工艺物料标识之一

图 2-52　柴油加氢生产工艺物料标识之二

图 2-53　柴油加氢生产工艺物料标识之三

图 2-55　柴油加氢生产工艺物料标识之五

图 2-54　柴油加氢生产工艺物料标识之四

图 2-56　柴油加氢生产工艺物料标识之六

# 项目八　甲醇生产工艺与事故应急处置

## 一、甲醇生产工艺

目前，工业上合成甲醇的流程分两类，一类是高压合成流程，使用锌铬催化剂，操作压力 $25\sim30MPa$，操作温度 $330\sim390℃$；另一类是低中压合成流程，使用铜系催化剂，操作压力 $5\sim15MPa$，操作温度 $235\sim285℃$。本套装置选用的流程为低压合成流程。

主要化学反应：

$$CO+2H_2 \longrightarrow CH_3OH+Q$$
$$CO_2+3H_2 \longrightarrow CH_3OH+H_2O+Q$$

甲醇生产装置按生产工序可分为原料气制备单元、原料气净化单元、变换单元、压缩单元、甲醇合成单元、甲醇精制单元，本套装置只涉及甲醇合成单元。

新鲜气由压缩机压缩到所需要的合成压力与从循环机来的循环气混合后分为两路，一路为主线进入热交换器，将混合气预热到催化剂活性温度，进入甲醇合成塔进行甲醇合成反应；另一路副线不经过热交换器而是直接进入甲醇合成塔以调节进入催化剂床层的温度。反应后的高温气体进入热交换器与冷原料气换热后，进一步在水冷却器中冷却，然后在甲醇分离器中分离出液态粗甲醇，送精馏工序提纯制备精甲醇，未反应的气体大部分进循环机增压后返回系统循环使用。

甲醇合成塔类似于一般的列管式换热器，列管内装填催化剂，管外为沸腾水，原料气经预热后进入反应器列管内进行甲醇合成反应，放出的热量很快被管外的沸腾水移走，管外沸腾水与锅炉汽包维持自然循环，汽包上装有蒸汽压力控制器，通过调节汽包的压力，可以有效地控制甲醇合成塔反应床层的温度。甲醇生产工艺流程方框如图 2-57 所示。

事故考点：①反应器出口物料泄漏着火；②甲醇合成气泄漏中毒；③合成塔超温；④甲醇分离器液位高高；⑤$CO+H_2$ 泄漏中毒；⑥产品泵泄漏。

## 二、甲醇生产工艺事故应急处理操作卡

### 1. 反应器出口物料泄漏着火

（1）事故现象

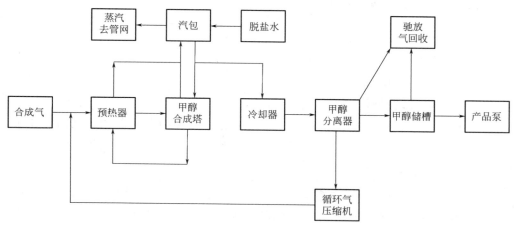

图 2-57　甲醇生产工艺流程方框图

① 甲醇合成塔 R101 合成气出口法兰处物料喷出着火；

② DCS 系统有可燃气报警仪报警信号。

（2）事故确认　外操确认有上述事故现象，通知内操。向相关部门进行事故汇报。

（3）事故处理　戴耐酸碱手套、穿防化服、佩戴安全帽、佩戴空气呼吸器；静电消除；现场隔离。

① 切断新鲜气　关新鲜气切断阀 X2101；开新鲜气放空阀 X2102；关闭新鲜气进装置阀 HV101。

② 循环气压缩机紧急停车　按紧急停车按钮，停循环气压缩机 K101；关闭汽轮机进汽阀 HV2115；关闭汽轮机排汽阀 HV2116；关闭循环气压缩机 K101 入口阀 HV2105；关闭循环气压缩机 K101 出口阀 HV2106；打开循环气压缩机 K101 出口放空阀 HV2112 泄压至火炬。

③ 装置紧急泄压　开启 PV2102 远程控制阀至开度 30％，系统泄压；关驰放气压力调节阀 PV2103。

④ 装置补入隔离氮气　当系统压力降至 0.5MPa 以下时，开氮气阀 HV111 装置进隔离氮气。

⑤ 现场事故处理　使用干粉灭火器灭火；火焰熄灭后，用蒸汽保护泄漏现场。

⑥ 停 E102 冷却水　关水冷却器 E102 冷却水进口阀 HV108；关水冷却器 E102 冷却水出口阀 HV107。

### 2. 甲醇合成气泄漏中毒

（1）事故现象

① 水冷却器 E102 出口处法兰泄漏；

② 现场有人中毒晕倒；

③ 有毒气体报警仪报警。

（2）事故确认 外操确认有上述事故现象，通知内操。向相关部门进行事故汇报。

（3）事故处理

① 中毒人员救援 戴耐酸碱手套、穿防化服、佩戴安全帽、佩戴空气呼吸器；静电消除；用担架将伤员运至安全地域；心肺复苏；现场隔离；蒸汽保护泄漏现场。

② 切断新鲜气 关新鲜气切断阀 X2101；开新鲜气放空阀 X2102；关闭新鲜气进装置阀 HV101。

③ 循环气压缩机紧急停车 按紧急停车按钮，停循环气压缩机 K101；关闭汽轮机进汽阀 HV2115；关闭汽轮机排汽阀 HV2116；关闭循环气压缩机 K101 入口阀 HV2105；关闭循环气压缩机 K101 出口阀 HV2106；打开循环气压缩机 K101 出口放空阀 HV2112 泄压至火炬。

④ 装置紧急泄压 开启 PV2102 远程控制阀至开度 30%，系统泄压；关驰放气压力调节阀 PV2103。

⑤ 装置补入隔离氮气 当系统压力降至 0.5MPa 以下时，开氮气阀 HV111 装置进隔离氮气。

⑥ 停 E102 冷却水 关水冷却器 E102 冷却水进口阀 HV108；关水冷却器 E102 冷却水出口阀 HV107。

### 3. 合成塔超温

（1）事故现象 甲醇合成塔 R101 催化剂层温度 TI2103 高报、合成气出口温度 TIC2102 高报。

（2）事故确认 内操确认有上述事故现象，通知外操。向相关部门进行事故汇报。

（3）事故处理

戴布手套、穿防静电服、佩戴安全帽；静电消除；现场隔离；全开合成塔 R101 出口合成气温度调节阀 TV2102，降低合成塔温度；全开汽包 V101 放空阀 PV2101，降低汽包 V101 温度；全开汽包 V101 液位调节阀 LV2101，增大汽包 V101 冷水进料量；打开脱盐水进汽包 V101 旁路阀 HV2102，增大汽包 V101 冷水进料量；打开汽包 V101 底部排污阀 HV2104；打开合成塔 R101 壳程排水阀 HV110；合成塔出口温度下降至 240℃时，关闭合成塔 R101 壳程排水阀 HV110；关汽包 V101 放空阀 PV2101；将汽包 V101 液位调节阀 LV2101 切换为自动，液位设定为 50%；关脱盐水进汽包 V101 旁路阀 HV2102；关汽包 V101 底部排污阀 HV2104；合成塔出口合成气温度调节阀 TV2102 切换为自动，温度设定为 240℃。

### 4. 甲醇分离器液位高高

（1）事故现象　甲醇分离器 V102 液位 LIC102 急速上升，合成主回路连锁停车。

（2）事故确认　内操确认有上述事故现象，通知外操。向相关部门进行事故汇报。

（3）事故处理

戴布手套、穿防静电服、佩戴安全帽；静电消除；现场隔离；全开甲醇分离器 V102 液位调节阀 LV2102；全开甲醇分离器 V102 液位调节旁路阀 HV2109；关闭汽轮机进汽阀 HV2115；关闭汽轮机排汽阀 HV2116；打开循环气压缩机 K101 出口放空阀 HV2112 泄压至火炬；关闭新鲜气进装置阀 HV101；当甲醇分离器 V102 液位降至 50%以下时，关闭甲醇分离器 V102 液位调节阀 LV2102 和旁路阀 HV2109。

① 停产品泵　关闭产品泵 P201A 出口阀 HV206；停产品泵 P201A；关闭产品泵入口阀 HV205。

② 装置补入隔离氮气　当系统压力降至 0.5MPa 以下时，开氮气阀 HV111 装置进隔离氮气。

③ 停 E102 冷却水　关水冷却器 E102 冷却水进口阀 HV108；关水冷却器 E102 冷却水出口阀 HV107。

### 5. CO＋H₂ 泄漏中毒

（1）事故现象
① 塔前预热器 E101 进口法兰处泄漏；
② 现场有人中毒晕倒；
③ 有毒气体报警仪报警。

（2）事故确认　外操确认有上述事故现象，通知内操。向相关部门进行事故汇报。

（3）事故处理

① 中毒人员救援　戴布手套、穿防静电服、佩戴安全帽、佩戴空气呼吸器；静电消除；用担架将伤员运至安全地域；心肺复苏；现场隔离；蒸汽保护泄漏现场。

② 切断新鲜气　关新鲜气切断阀 X2101；开新鲜气放空阀 X2102；关闭新鲜气进装置阀 HV101。

③ 循环气压缩机紧急停车　按紧急停车按钮，停循环气压缩机；关闭汽轮机进汽阀 HV2115；关闭汽轮机排汽阀 HV2116；关闭循环气压缩机 K101 入口阀 HV2105；关闭循环气压缩机 K101 出口阀 HV2106；打开循环气压缩机 K101 出口放空阀 HV2112 泄压至火炬。

④ 装置紧急泄压　开启 PV2102 远程控制阀至开度 30%，系统泄压；关驰放气压力调节阀 PV2103。

⑤ 装置补入隔离氮气　当系统压力降至 0.5MPa 以下时，开氮气阀 HV111 装置进隔离氮气。

⑥ 停 E102 冷却水　关水冷却器 E102 冷却水进口阀 HV108；关水冷却器 E102 冷却水出口阀 HV107。

## 6. 产品泵泄漏

（1）事故现象　产品泵 P201A 轴封泄漏，可燃气体报警仪报警。

（2）事故确认　外操确认有上述事故现象，通知内操。向相关部门进行事故汇报。

（3）事故处理　戴耐酸碱手套、穿防化服、佩戴护目镜、佩戴安全帽、过滤式防毒面具（有机蒸气）；静电消除；现场隔离；蒸汽保护泄漏现场。

① 停泄漏产品泵　停泄漏产品泵 P201A；关泄漏产品泵 P201A 入口阀 HV205；关泄漏产品泵 P201A 出口阀 HV206。

② 启动备用产品泵　开备用产品泵 P201B 入口阀 HV2113；开备用产品泵 P201B；开备用产品泵 P201B 出口阀 HV2114。

甲醇生产工艺流程如图 2-58 所示，甲醇生产工艺物料标识如图 2-59～图 2-64 所示。

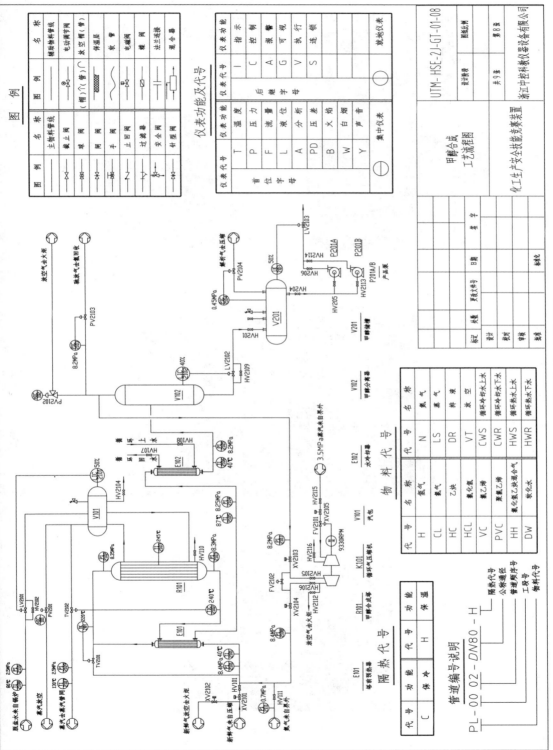

图 2-58 甲醇生产工艺流程图

CO+H₂① 甲醇合成气③ CO+H₂④ 甲醇合成⑤

CO+H₂②

图 2-59　甲醇生产工艺物料标识之一

循环上水⑦　　甲醇合成气⑨
甲醇合成气⑥　甲醇合成气⑧　循环回水⑩

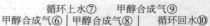

甲醇合成气⑪　循环上水⑫　甲醇合成气⑬

图 2-60　甲醇生产工艺物料标识之二

氮气⑭　　　　　　　　　　锅炉脱盐水⑮

图 2-61　甲醇生产工艺物料标识之三

甲醇⑯　氮气⑰　　尾气处理⑱

图 2-62　甲醇生产工艺物料标识之四

甲醇⑲

甲醇⑳

图 2-63　甲醇生产工艺物料标识之五　　图 2-64　甲醇生产工艺物料标识之六

# 项目九　苯胺生产工艺与事故应急处置

## 一、苯胺生产工艺

主要化学反应：
$$C_6H_5NO_2+3H_2 \longrightarrow C_6H_5NH_2+2H_2O+544kJ/mol$$

硝基苯催化加氢制苯胺分为气相法和液相法，工业生产多采用气相法。硝基苯气相催化加氢所用的反应器有流化床和固定床两种，本装置选用固定床生产工艺流程。

苯胺生产装置按生产工序可分为硝基苯加氢单元、苯胺精馏单元、废水处理单元，本套装置只涉及硝基苯加氢单元。

新鲜氢与经循环氢压缩机升压的循环氢混合之后一起送至预热器预热，在此与来自反应器的反应后气体进行热交换，经预热的氢和硝基苯进入硝基苯汽化器，硝基苯在汽化器气化，与过量的氢气混合后进入反应器，与催化剂接触，硝基苯被还原，生成苯胺和水，并放出大量热量。反应产物与进料氢换热，经冷凝、分离获得粗苯胺，粗苯胺进入脱水塔脱水，再经精馏塔脱除高沸物，由塔上部出成品苯胺。过量的氢气经循环氢压缩机升压后循环使用。苯胺合成生产工艺流程方框如图 2-65 所示。

固定床反应器为列管式，管内装填铜铬催化剂。加氢反应所放出的热量被汽包送入固定床反应器换热管间的软水带出，水被汽化副产蒸汽。

事故考点：①反应器出口物料泄漏着火；②苯胺合成气泄漏中毒；③苯胺合成塔超温；④苯胺分离器液位高高；⑤硝基苯＋$H_2$泄漏中毒烫伤；⑥苯胺产品泵泄漏。

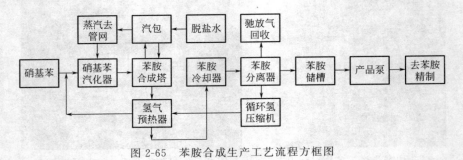

图 2-65　苯胺合成生产工艺流程方框图

# 二、苯胺合成生产工艺事故应急处理操作卡

## 1. 反应器出口物料泄漏着火

（1）事故现象

① 苯胺合成塔 R101 出口法兰处物料喷出着火；

② DCS 系统有可燃气报警仪报警信号。

（2）事故确认　外操确认有上述事故现象，通知内操。向相关部门进行事故汇报。

（3）事故处理　戴耐酸碱手套、穿防化服和佩戴空气呼吸器；静电消除；现场隔离。

① 切断硝基苯进料　关闭硝基苯进汽化器阀 HV101；关闭硝基苯进料流量调节阀 FV4101；关闭硝基苯汽化器蒸汽阀 HV103；关闭苯胺合成塔进料温度调节阀 TV4101。

② 切断新氢进料　关闭新氢切断阀 XV4102；关闭新氢进料流量调节阀 FV4102。

③ 循环氢压缩机紧急停车　按紧急停车按钮，停循环氢压缩机；关闭压缩机入口阀 HV4105；关闭压缩机出口阀 HV4106；打开压缩机出口放空阀 HV4112 泄压至火炬。

④ 装置紧急泄压　开驰放气压力调节阀 PV4102，系统泄压。

⑤ 装置补入隔离氮气　当系统压力降至 0.5MPa 以下时，开氮气阀

HV111装置进隔离氮气。

⑥ 现场事故处理　使用干粉灭火器灭火；火焰熄灭后，用蒸汽保护泄漏现场。

⑦ 停 E102 冷却水　关苯胺冷却器 E102 冷却水进口阀 HV108；关苯胺冷却器 E102 冷却水进口阀 HV107。

## 2. 苯胺合成气泄漏中毒

（1）事故现象

① 苯胺冷却器 E102 出口处法兰泄漏；

② 现场有人中毒晕倒；

③ 有毒气体报警仪报警。

（2）事故确认　外操确认上述事故现象，通知内操。向相关部门进行事故汇报。

（3）事故处理

① 中毒人员救援　戴耐酸碱手套、穿防化服和佩戴空气呼吸器；静电消除；用担架将伤员运至安全地域；心肺复苏；现场隔离；蒸汽保护泄漏现场。

② 切断硝基苯进料　关闭硝基苯进汽化器阀 HV101；关闭硝基苯进料流量调节阀 FV4101；关闭硝基苯汽化器蒸汽阀 HV103；关闭苯胺合成塔进料温度调节阀 TV4101。

③ 切断新氢进料　关闭新氢切断阀 XV4102；关闭新氢进料流量调节阀 FV4102。

④ 循环氢压缩机紧急停车　按紧急停车按钮，停循环氢压缩机；关闭压缩机入口阀 HV4105；关闭压缩机出口阀 HV4106；打开压缩机出口放空阀 HV4112 泄压至火炬。

⑤ 装置紧急泄压　开驰放气压力调节阀 PV4102，系统泄压。

⑥ 装置补入隔离氮气　当系统压力降至 0.5MPa 以下时，开氮气阀 HV111装置进隔离氮气。

⑦ 停 E102 冷却水　关苯胺冷却器 E102 冷却水进口阀 HV108；关苯胺冷却器 E102 冷却水进口阀 HV107。

## 3. 苯胺合成塔超温

（1）事故现象　苯胺合成塔触媒层温度高报、苯胺合成塔出口温度高报。

（2）事故确认　内操确认上述事故现象，通知外操。向相关部门进行事故汇报。

（3）事故处理

戴布手套、穿防静电服、佩戴安全帽；静电消除；现场隔离；全开合成塔出口温度调节阀 TV4102，降低合成塔温度；全开汽包放空阀 PV4101，降低汽包温度；全开汽包液位调节阀 LV4101，增大汽包冷水进料量；开脱盐水进汽包旁路阀 HV4102，增大汽包冷水进料量；打开汽包底部排污阀 HV4104；打开合成塔底部排污阀 HV110；合成塔出口温度下降至 260℃时关闭合成塔底部排污阀 HV110；关汽包放空阀 PV4101；将汽包液位调节阀 LV4101 切换为自动，液位设定为 50%；关脱盐水进汽包旁路阀 HV4102；关汽包底部排污阀 HV4104；合成塔出口温度调节阀 TV4102 切换为自动，温度设定为 260℃。

### 4. 苯胺分离器液位高高

（1）事故现象　苯胺分离器液位 LIC4102 急速上升，合成主回路联锁停车。

（2）事故确认　内操确认有上述事故现象，通知外操。向相关部门进行事故汇报。

（3）事故处理　戴布手套、穿防静电服、佩戴安全帽；静电消除；现场隔离。

① 苯胺分离器液位手动调节　全开苯胺分离器液位调节阀 LV4102；全开苯胺分离器液位调节旁路阀 HV4109。

② 循环氢压缩机系统泄压　关闭压缩机入口阀 HV4105；关闭压缩机出口阀 HV4106；打开循环氢压缩机出口放空阀 HV4112 泄压至火炬。

③ 切断硝基苯进料　关闭硝基苯进装置阀 HV101；关闭硝基苯汽化器蒸汽阀 HV103；关闭苯胺合成塔进料温度调节阀 TV4101；关闭新氢进料流量调节阀 FV4102；确认苯胺分离器液位降至正常时，关闭液位调节阀 LV4102 和旁路阀 HV4109。

④ 停产品泵　关闭产品泵出口阀 HV206；停产品泵 P201A；关闭产品泵入口阀 HV205。

⑤ 装置补入隔离氮气　当系统压力降至 0.5MPa 以下时，开氮气阀 HV111 装置进隔离氮气。

⑥ 停 E102 冷却水　关苯胺冷却器 E102 冷却水进口阀 HV108；关苯胺冷却器 E102 冷却水进口阀 HV107。

### 5. 硝基苯+$H_2$ 泄漏（中毒烫伤）

（1）事故现象

① 硝基苯气化器 E101 进口法兰处泄漏；

② 现场有人中毒晕倒，并被泄漏的硝基苯蒸气烫伤；

③ 有毒气体报警仪报警。

（2）事故确认　外操确认有上述事故现象，通知内操。向相关部门进行事故汇报。

（3）事故处理

① 中毒人员救援　戴耐酸碱手套、穿防化服和佩戴空气呼吸器；静电消除；用担架将伤员运至安全地域；心肺复苏；开洗眼器用流动清水冲洗烫伤部位；现场隔离；蒸汽保护泄漏现场。

② 切断硝基苯进料　关闭硝基苯进汽化器阀 HV101；关闭硝基苯进料流量调节阀 FV4101；关闭硝基苯汽化器蒸汽阀 HV103；关闭苯胺合成塔进料温度调节阀 TV4101。

③ 切断新氢进料　关闭新氢切断阀 XV4102；关闭新氢进料流量调节阀 FV4102。

④ 循环氢压缩机紧急停车　按紧急停车按钮，停循环氢压缩机；关闭压缩机入口阀 HV4105；关闭压缩机出口阀 HV4106；打开压缩机出口放空阀 HV4112 泄压至火炬。

⑤ 装置紧急泄压　开驰放气压力调节阀 PV4102，系统泄压。

⑥ 装置补入隔离氮气　当系统压力降至 0.5MPa 以下时，开氮气阀 HV111 装置进隔离氮气。

⑦ 停 E102 冷却水　关苯胺冷却器 E102 冷却水进口阀 HV108；关苯胺冷却器 E102 冷却水进口阀 HV107。

### 6. 苯胺产品泵泄漏

（1）事故现象　苯胺产品泵 P201A 轴封泄漏，可燃气体报警仪报警。

（2）事故确认　外操确认有上述事故现象，通知内操。向相关部门进行事故汇报。

（3）事故处理　戴耐酸碱手套、穿防化服和佩戴空气呼吸器；静电消除；现场隔离；蒸汽保护泄漏现场。

① 停泄漏产品泵　停泄漏产品泵 P201A；关泄漏产品泵入口阀 HV205；关泄漏产品泵出口阀 HV206。

② 启动备用产品泵　开备用产品泵入口阀 HV4113；开备用产品泵 P201B；开备用进料泵出口阀 HV4114。

苯胺生产工艺流程图如图 2-66 所示，苯胺生产工艺物料标识如图 2-67～图 2-71 所示。

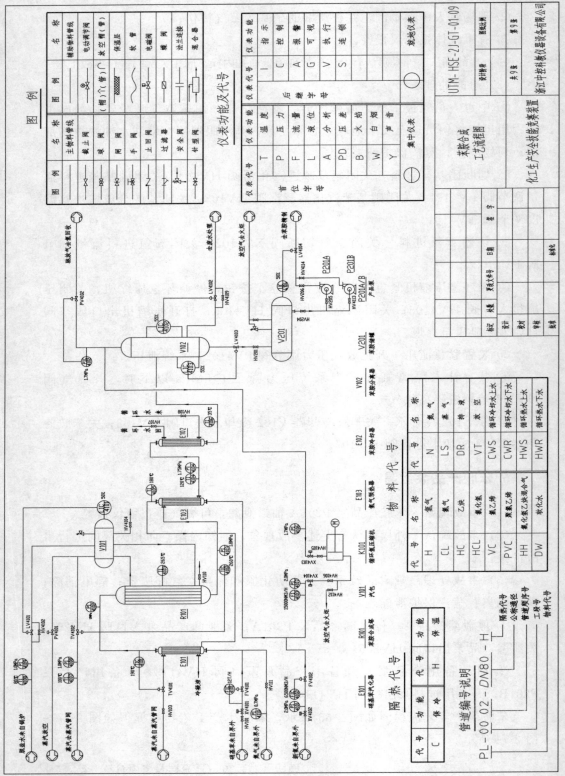

图 2-66 苯胺生产工艺流程图

硝基苯①　蒸汽④　硝基苯+氢气⑤　蒸汽⑥

硝基苯②　蒸汽③

图 2-67　苯胺生产工艺物料标识之一

苯胺合成气⑧　循环上水⑨　苯胺合成气⑫　循环回水⑬

苯胺合成气⑦　循环上水⑩　苯胺合成气⑪

图 2-68　苯胺生产工艺物料标识之二

氮气⑭　　　　　　　　锅炉脱盐水⑮

图 2-69　苯胺生产工艺物料标识之三

苯胺⑯　　氮气⑰　　　尾气处理⑱

图 2-70　苯胺生产工艺物料标识之四

苯胺⑲　　　　　　　　苯胺⑳

图 2-71　苯胺生产工艺物料标识之五

# 模块三 应急器材及个体防护

## 项目一 消防器材及应用

我国五行说中的"金、木、水、火、土",古希腊四元说中的"水、土、火、气",古印度四大说中的"地、水、火、风",都有"火";1777 年由法国化学家拉瓦锡提出的关于火的氧化理论——燃烧氧学说;20 世纪 30 年代,提出燃烧链式反应理论,使人们对燃烧的本质有了更深刻的认识。燃烧俗称火。燃烧的本质是一种氧化反应,必须具备一定的条件才能发生,其中包括可燃物、助燃物和点火源,三者缺一不可。燃烧的基本类型可分为闪燃、着火和自燃三种。

## 一、火灾分类

当燃烧在时间和空间上失去控制发展成灾的时候就成为火灾。火灾,自从有火那时起便接踵而至,它时刻威胁着人们的生命和财产安全。根据可燃物的类型和燃烧特性,生产中火灾种类可分为 A、B、C、D、E、F,分类及涉及范围如下。

A 类火灾　指固体物质火灾,如木材、纸张、橡胶和塑料等;

B 类火灾　指液体火灾和可熔性的固体物质火灾,如汽油、煤油、原油、甲醇、乙醇、沥青等;

C 类火灾　指气体火灾,如煤气、天然气、甲烷、丙烷、乙炔、氢气等;

D 类火灾　指金属火灾,如钾、钠、镁、钛、锆、锂、铝镁合金等燃烧的火灾;

E 类火灾　指带电物体和精密仪器等物质的火灾。

F 类火灾　烹饪器具内的烹饪物（如动植物油脂）火灾。

## 二、灭火原理

物质燃烧必须同时具备三个条件：可燃物、助燃物和火源，当其中一个条件被去除或削弱时，就可有效阻止燃烧地进行。消防防火技术措施是根据火灾事故发生、发展的特点，消除或抑制燃烧条件的形成，从根本上减小或消除发生火灾事故的危险性。具体措施包括：控制火灾危险性物质和能量；控制点火源及采取各种阻隔手段，阻止火灾事故灾害的扩大。灭火的基本原理可概括为以下四种：

### （一）冷却灭火

由于可燃物质出现燃烧必须具备一定的温度和足够的热量，燃烧过程中产生的大量热量也为火势蔓延扩大提供能量条件。灭火时，将具有冷却降温和吸热作用的灭火剂直接喷射到燃烧物体上，可降低燃烧物质的温度。当其温度降到燃点以下时，火就熄灭了。也可将有吸热冷却作用的灭火剂喷洒在火源附近的可燃物质上，使其温度降低，阻止火势蔓延。冷却灭火方法是灭火的常用方法。

### （二）窒息灭火

窒息灭火是阻止助燃气体进入燃烧区，让燃烧物与助燃气体相隔绝使火熄灭的方法。例如：向燃烧区充入大量的氮气、二氧化碳等不助燃的惰性气体，减少空气量；封堵建筑物的门窗，减少空气进入，使燃烧区的氧气被耗尽；用石棉毯、湿棉被、砂土、泡沫等不燃烧或难燃烧的物品覆盖在燃烧物体上，隔绝空气使火熄灭。

### （三）隔离灭火

隔离灭火是将燃烧物与附近有可能被引燃的可燃物分隔开一定距离，燃烧就会因缺少可燃物补充而熄灭。这也是一种常用的灭火及阻止火势蔓延的方法。灭火时可迅速将着火部位周围的可燃物移到安全地方或将着火物移到没有可燃物质的地方。

## （四）化学抑制灭火

抑制灭火是将化学灭火药剂喷射到燃烧区，使之通过化学干扰抑制火焰，中断燃烧的连锁反应。但灭火后要采取降温措施，防止发生复燃。

以上四种灭火方法，在具体灭火过程中，既可单独采用也可综合使用。

# 三、灭火器的使用

灭火器是一种群众性灭火器材，其操作简便，主要针对初期火灾，减少火势蔓延扩大。其种类繁多，适用范围也有所不同，只有正确选择灭火器的类型，才能有效地扑救不同种类的火灾，达到预期的效果。国产的灭火器材主要有泡沫灭火器、二氧化碳灭火器、四氯化碳灭火器、干粉灭火器、清水灭火器等，灭火器的主要性能见表 3-1。

表 3-1　几种常用灭火器的主要性能

| 灭火器种类 | 泡沫灭火器 | 干粉灭火器 | 二氧化碳 | 四氯化碳 |
|---|---|---|---|---|
| 规格 | 10L<br>65～130L | 8kg<br>50kg | 2kg 以下<br>2～3kg<br>5～8kg | 2kg 以下<br>2～3kg<br>5～8kg |
| 药剂 | 碳酸氢钠<br>发沫剂<br>硫酸铝溶液 | 钾盐或钠盐干粉并备有盛装压缩气体小钢瓶 | 液体二氧化碳 | 四氯化碳，并加有一定压力 |
| 用途 | 有一定导电性。扑救油类或其他易燃液体火灾。不能扑救忌水和带电物体火灾 | 不导电。扑救电气设备火灾,而不宜扑救旋转电动机火灾。可扑救 B 类和 C 类物质火灾 | 不导电。扑救电气、精密仪器、油类和酸类火灾。不能扑救钾、钠、镁、铝等物质火灾 | 不导电。扑救电气设备火灾。不能扑救钾、钠、镁、铝、乙炔、二硫化碳等火灾 |
| 效能 | 10L 喷射时间 60s,射程 8m;65L 喷射时间 170s,射程 13.5m | 8kg 喷射时间 4～18s,射程 4.5m;50kg 喷射时间 50～55s,射程 6～8m | 接近着火点,保持 3m 远 | 3kg 喷射时间 30s,射程 7m |
| 使用方法 | 倒过来稍加摇动或打开开关，药剂即喷出 | 拔去保险，一只手握住胶管，将喷嘴对准火焰根部，另一只手按下压把,喷出干粉 | 一手拿好喇叭筒对准火源,另一手打开开关即可 | 只要打开开关，液体就可喷出 |

## （一）灭火器分类

① 灭火器按其移动方式可分为手提式和推车式。

② 按驱动灭火剂的动力来源可分为储气瓶式、储压式、化学反应式。

③ 按所充装的灭火剂则又可分为泡沫、干粉、二氧化碳、酸碱、清水等。

扑救 A 类火灾（即固体燃烧的火灾）应选用水型、泡沫、磷酸铵盐干粉等灭火器；

扑救 B 类火灾（即液体火灾和可熔化的固体物质火灾）应选用干粉、泡沫、二氧化碳型灭火器（这里值得注意的是，化学泡沫灭火器不能灭 B 类极性溶性溶剂火灾）；

扑救 C 类火灾（即气体燃烧的火灾）应选用干粉、二氧化碳型灭火器；

扑救 D 类火灾（即金属燃烧的火灾），目前国外主要有粉装石墨灭火器和灭金属火灾专用干粉灭火器，在国内尚未定型生产灭火器和灭火剂，可采用干砂或铸铁沫灭火；

扑救 E 类火灾（即带电火灾）应选用二氧化碳、干粉型灭火器。

## （二）灭火器使用

### 1. 干粉灭火器

干粉灭火器内充装的是干粉灭火剂。干粉灭火剂是用于灭火的干燥且易于流动的微细粉末，由具有灭火效能的无机盐和少量的添加剂经干燥、粉碎、混合而成微细固体粉末组成。

干粉储压式灭火器（手提式）是以氮气为动力，将筒体内干粉压出。使用时先拔掉保险销（有的是拉起拉环），再按下压把，干粉即可喷出。灭火时要接近火焰喷射，干粉喷射时间短，喷射前要选择好喷射目标，由于干粉容易飘散，不宜逆风喷射。

干粉推车使用时，首先将推车灭火器快速推到火源近处，拉出喷射胶管并展直，拔出保险销，开启扳直阀门手柄，对准火焰根部，使粉雾横扫重点火焰，注意切断火源，控制火焰窜回，由近及远向前推进灭火。

注意灭火器保养，要放在易取、干燥、通风处。每年要检查两次干粉是否结块，如有结块要及时更换；每年检查一次药剂重量，若少于规定的重量或看压力表（如气压不足），应及时充装。

## 2. 二氧化碳灭火器

二氧化碳性质稳定，具有既不自燃又不助燃的特点。二氧化碳具有较高的密度，约为空气的 1.5 倍。在常压下，液态的二氧化碳会立即汽化，一般 1kg 的液态二氧化碳可产生约 0.5m³ 的气体。因而，灭火时，二氧化碳气体可以排除空气而包围在燃烧物体的表面或分布于较密闭的空间中，降低可燃物周围或防护空间内的氧浓度，产生窒息作用而灭火。另外，二氧化碳从储存容器中喷出时，会由液体迅速汽化成气体，而从周围吸引部分热量，起到冷却的作用。

二氧化碳灭火器都是以高压气瓶内储存的二氧化碳气体作为灭火剂进行灭火。使用时，鸭嘴式的先拔掉保险销，压下压把即可，手轮式的要先取掉铅封，然后按逆时针方向旋转手轮，药剂即可喷出。使用时注意手指不宜触及喇叭筒，以防冻伤；此外，二氧化碳是窒息性气体，在狭窄的空间使用后应迅速撤离或佩戴呼吸器。

推车式使用方法同干粉推车一样。

对二氧化碳灭火器要定期检查，重量少于 5% 时，应及时充气和更换。

## 3. 泡沫灭火器

目前主要是化学泡沫，泡沫能覆盖在燃烧物的表面，防止空气进入。使用时先取掉铅封，压下压把就有泡沫喷出。使用时不可将筒底筒盖对着人体，以防万一发生危险。

泡沫推车的使用是先将推车推到火源近处展直喷射胶管，将推车筒体稍向上活动，转开手轮，扳直阀门手柄，手把和筒体立即触地，将喷枪头直对火源根部周围覆盖重点火源。

筒内药剂一般每半年，最迟一年换一次，冬夏季节要做好防冻、防晒保养。

## 4. 清水灭火器

灭火剂为清水，是一种使用范围广泛的天然灭火剂，易于获取和储存。它主要依靠冷却和窒息作用进行灭火。液态水利用自身吸热汽化冷却灭火，此外，水被汽化后形成的水蒸气为惰性气体，且体积将膨胀 1700 倍左右。在灭火时，由水汽化产生的水蒸气将占据燃烧区域的空间、稀释燃烧物周围的氧含量，阻碍新鲜空气进入燃烧区，使燃烧区内的氧浓度大大降低，从而达到窒息灭火的目的。

使用时将清水灭火器直立放稳，摘下保护帽，用手掌拍击开启杠顶端的凸头，水流便会从喷嘴喷出。清水灭火器在使用过程中应始终与地面保持大致垂直状态，不能颠倒或横卧，否则，会影响水流的喷出。

清水灭火器的存放地点温度要在 0℃ 以上，以防气温过低而冻结。灭火器应放置在通风、干燥、清洁的地点，以防喷嘴堵塞以及因受潮或受化学腐蚀药品的影响而发生锈蚀。

### 5. 酸碱灭火器

酸碱灭火器内部分别装有 65％ 的工业硫酸和碳酸氢钠水溶液。灭火时，两种药液混合，发生化学反应，产生一定量的气体，在气体压力下将水溶液喷出灭火。喷出的灭火剂中，大部分是水，另有少量二氧化碳，其灭火原理主要是冷却和稀释作用。

使用时，应手提筒体上部的提环，迅速奔到火场，而不能将灭火器扛在肩上，也不能过分倾斜，以免两种药液混合而提前喷射。当距离燃烧物 10m 左右，即可颠倒筒体，并摇晃几次，使药液混合；一只手仍握在提环，另一只手抓在筒体的底圈，让射流对准燃烧最猛烈处，直到扑灭。在液体喷完前，不可旋转筒盖，以免伤人。

# 项目二　空气呼吸器及应用

常见的空气呼吸器有隔离式防毒呼吸器和正压式空气呼吸器。

## 一、隔离式防毒呼吸器

所谓隔离式是指供气系统和现场空气隔绝，因此可以在有毒物质浓度较高的环境中使用，隔离式防毒呼吸器主要有空气呼吸器、氧气呼吸器和长导管式防毒面具。隔离式防毒呼吸器结构见图 3-1。

在化工生产领域，隔离式防毒呼吸器主要使用正压式空气呼吸器。正压式空气呼吸器是一种自给开放式空气呼吸器，使消防员或抢险救护人员能够在充满浓烟、毒气、蒸气或缺氧的恶劣环境下安全地进行灭火、抢险救灾和救护工作。正压式空气呼吸器配有视野广阔、明亮、气密良好的全面罩；供气装置配有体积较小、重量轻、性能稳定的新型供气阀；选用高强度背板和安全系数较高的优质高压气瓶；减压阀装置装有残气报警器，在规定气瓶压力范围内，可向佩戴者发出声响信号，提醒使用人员及时撤离现场。

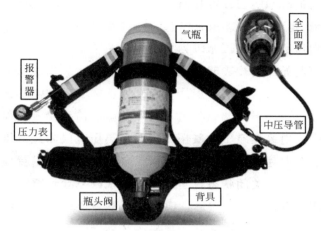

图 3-1　隔离式防毒呼吸器结构图

# 二、正压式空气呼吸器

## （一）正压式空气呼吸器结构

正压式空气呼吸器包括气瓶、瓶头阀、减压器、安全阀、报警器、背具、压力显示表、供给阀、全面罩、中压导管和快速接头。

### 1. 气瓶

额定工作压力 30MPa，容积有 5L、6L、9L 等系列。

### 2. 瓶头阀

瓶头阀提供对气源的开启和关闭作用。在瓶头阀上设有过压保护膜片，当气瓶内的压力超过额定工作压力的 25% 左右时自动泄压。瓶头阀在使用时，为了确保空气呼吸器供气充足，瓶头阀的手柄打开时转动圈数必须大于 2 圈。

### 3. 减压器

减压器可将 30MPa 的高压空气减压为 0.65MPa±0.2MPa 的中压空气，供佩戴者使用。

减压器的技术参数：

输入压力　30MPa；

输出压力　0.65MPa±0.2MPa；

最大输出流量　≥300L/min；

安全阀开启压力　1～1.2MPa；

报警器报警起始压力　5.5MPa±0.5MPa。

### 4. 安全阀

当减压器失去对高压空气的减压作用时，高压空气未经减压直接输出，为避免由此造成的损害，设置了安全阀。正常情况下，腔室压力不大于0.85MPa，安全阀处于关闭状态，当减压器出现故障导致腔室压力过高时，安全阀会自动开启泄气。

### 5. 报警器

当气瓶内空气压力降至5.5MPa±0.5MPa时，报警器会发出不低于90dB的报警声，以提醒使用者气瓶内最多还有16％的空气。

### 6. 背具

背具包括背托、左腰带、右腰带、左右肩带、气瓶固定架组五部分组成。

### 7. 压力显示表

压力显示表可移动、多角度、易于查看、示值清晰。

### 8. 供给阀

供给阀的出气端与全面罩相连，进气端与中压导管相连。供给阀能向使用者提供大于300L/min的空气流量。吸气时膜片向下移动，压下开启杠杆，从而打开阀芯提供气流。供给阀内通过膜片往复运动控制供给量，可根据佩戴者的吸气量把空气供给佩戴者。

### 9. 全面罩

全面罩采用硅橡胶材料，与面部贴合柔韧、舒适、视野宽阔。

### 10. 中压导管和快速接头

快速接头设有锁紧装置，插接时锁紧套逆时针旋转退回原位，插接后锁紧套顺时针旋转到原位。

## （二）正压式空气呼吸器的使用

### 1. 空气呼吸器使用前检查

① 检查全面罩的镜片、系带、环状密封、呼气阀、吸气阀是否完好，和供给阀的连接是否牢固。全面罩的部位要清洁，不能有灰尘或被酸、碱、油及有害物质污染，镜片要擦拭干净。

② 供给阀的动作是否灵活，与中压导管的连接是否牢固。

③ 气源压力表能够正常指示压力。

④ 检查背具是否完好无损，左右肩带、左右腰带缝合线是否断裂。

⑤ 气瓶组件的固定是否牢靠，气瓶与减压器的连接是否牢固、气密。

⑥ 打开瓶头阀，随着管路、减压系统中压力的上升，会听到气源余压报警器发出的短促声音；瓶头阀完全打开后，检查气瓶内的压力应在 28～30MPa 范围内。

⑦ 检查整机的气密性，打开瓶头阀 2min 后关闭瓶头阀，观察压力表的示值 1min 内的压力下降不超过 2MPa。

⑧ 检查全面罩和供给阀的匹配情况，关闭供给阀的进气阀门，佩戴好全面罩吸气，供给阀的进气阀门应自动开启。

⑨ 根据使用情况定期进行上述项目的检查。空气呼吸器在不使用时，每月应对上述项目检查一次。

### 2. 空气呼吸器的佩戴方法

① 佩戴空气呼吸器时，先将快速接头拔开（以防在佩戴空气呼吸器时损伤全面罩），然后将空气呼吸器背在人身体后（瓶头阀在下方），根据身材调整好肩带、腰带，以合身牢靠、舒适为宜。

② 连接好快速接头并锁紧，将全面罩置于胸前，以便随时佩戴。

③ 将供给阀的进气阀门置于关闭状态，打开瓶头阀，观察压力表示值，以估计使用时间。

④ 佩戴好全面罩（可不用系带）进行 2～3 次的深呼吸，感觉舒畅，屏气或呼气时供给阀应停止供气，无"咝咝"的响声。一切正常后，将全面罩系带收紧，使全面罩和人的额头、面部贴合良好并气密。在佩戴全面罩时，系带不要收的过紧，面部感觉舒适，无明显的压痛。全面罩和人的额头、面部贴合良

好并气密后，此时深吸一口气，供给阀的进气阀门应自动打开。

⑤ 空气呼吸器使用后将全面罩的系带解开，将消防头盔和全面罩分离，从头上摘下全面罩，同时关闭供给阀的进气阀门。将空气呼吸器从身体卸下，关闭瓶头阀。

**3.空气呼吸器使用注意事项**

① 一旦听到报警声，应准备结束在危险区工作，并尽快离开危险区。

② 压力表固定在空气呼吸器的肩带处，随时可以观察压力表示值来判断气瓶内的剩余空气。

③ 拔开快速接头要等瓶头阀关闭后，管路的剩余空气释放完，再拔开快速接头。

# 项目三　防毒呼吸器及应用

用于防毒的呼吸器材，大致可分为过滤式防毒呼吸器和隔离式防毒呼吸器两类。过滤式防毒呼吸器主要有过滤式防毒面具（图 3-2）和过滤式防毒口罩（图 3-3）。

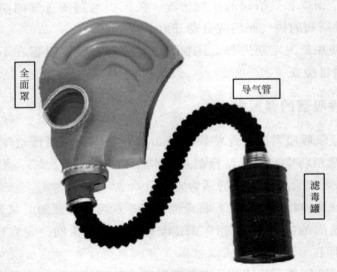

图 3-2　过滤式防毒面具

它们的主要部件是一个面具或口罩和一个滤毒罐。净化过程是先将吸入空气中的有害粉尘等物质阻止在滤网外，过滤后的有毒气体在经滤毒罐时进行化

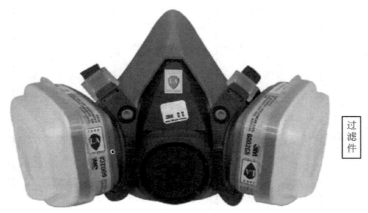

过滤件

图 3-3  过滤式防毒口罩

学或物理吸附。由于滤毒罐内装填的活性吸附剂是使用不同方法处理的，所以不同滤毒罐的防护对象是不同的，因此应根据防护对象选择使用滤毒罐。

过滤式防毒面具是由面罩、吸气软管和滤毒罐组成的，使用时应注意以下几点：

① 检查面具及塑胶软管是否老化，气密性是否良好。

② 使用前要检查滤毒罐的型号是否适用，滤毒罐的有效期一般为 2 年，使用前要检查是否已失效。

③ 有毒气体含量超过 1% 或空气中氧含量低于 18% 时，不能使用。

过滤式防毒口罩的工作原理与过滤式防毒面具相似，采用的吸附剂也基本相同，由于滤毒盒容量小，一般用于防御低浓度的有害物质。

使用过滤式防毒口罩要注意以下几点：

① 注意防毒口罩型号应与预防的毒物相一致；

② 注意有毒物质的浓度和氧的浓度；

③ 注意使用时间。

过滤件的色标及防护时间见表 3-2，普通过滤件包括以下几种类型：

A 型　用于防护有机气体或蒸气

B 型　用于防护无机气体或蒸气

E 型　用于防护二氧化硫和其他酸性气体或蒸气

K 型　用于防护氨及氨的有机衍生物

CO 型　用于防护一氧化碳气体

Hg 型　用于防护汞蒸气

$H_2S$ 型　用于防护硫化氢气体

表 3-2　过滤件的色标及防护时间（GB 2890—2009）

| 型号 | 色标 | 防护对象举例 | 测试介质 | 4级 | | 3级 | | 2级 | | 1级 | | 穿透浓度/(mL/m³) |
|---|---|---|---|---|---|---|---|---|---|---|---|---|
| | | | | 介质浓度/(mg/L) | 防护时间≥/min | 介质浓度/(mg/L) | 防护时间≥/min | 介质浓度/(mg/L) | 防护时间≥/min | 介质浓度/(mg/L) | 防护时间≥/min | |
| A | 褐色 | 苯、苯胺、四氯化碳、硝基苯等 | 苯 | 32.5 | 135 | 16.2 | 115 | 9.7 | 70 | 5.0 | 45 | 10 |
| B | 灰色 | 氰化氢、氢、氯气 | 氢氰酸（氯化氰） | 11.2(6) | 90(80) | 5.6(3) | 63(50) | 3.4(1.1) | 27(23) | 1.1(0.6) | 25(22) | 10 |
| E | 黄色 | 二氧化硫 | 二氧化硫 | 26.6 | 30 | 13.3 | 30 | 8.0 | 23 | 2.7 | 25 | 5 |
| K | 绿色 | 氨 | 氨 | 7.1 | 55 | 3.6 | 55 | 2.1 | 25 | 0.76 | 25 | 25 |
| CO | 白色 | 一氧化碳 | 一氧化碳 | 5.8 | 180 | 5.8 | 100 | 5.8 | 27 | 5.8 | 20 | 50 |
| Hg | 红色 | 汞 | 汞 | | | 0.01 | 4800 | 0.01 | 3000 | 0.01 | 2000 | 0.1 |
| $H_2S$ | 蓝色 | 硫化氢 | 硫化氢 | 14.1 | 70 | 7.1 | 110 | 4.2 | 35 | 1.4 | 35 | 10 |

# 项目四　静电防护及应用

化工生产中，静电的危害主要有三个方面，即引起火灾和爆炸、静电电击和引起生产中各种困难而妨碍生产。

## 1. 静电引起爆炸和火灾

静电放电可引起可燃、易燃液体蒸气、可燃气体以及可燃性粉尘的着火、爆炸。在化工生产中，由静电火花引起爆炸和火灾事故是静电最为严重的危害。从已发生的事故实例中，由静电引起的火灾、爆炸事故常见于苯、甲苯、汽油等有机溶剂的运输；易燃液体的灌注、取样、过滤过程；一些可产生静电的原料、成品、半成品的包装、称重过程；物料泄漏喷出、摩擦搅拌、液体及粉体物料的输送过程等。

## 2. 静电电击

橡胶和塑料制品等高分子材料与金属摩擦时，产生的静电荷往往不易泄漏。当人体接近这些带电体时，就会受到意外电击。这种电击是由于从带电体向人体发生放电，电流流向人体而产生的。同样，当人体带有较多静电电荷时，电流流向接地体时，也会发生电击现象。

防止静电引起火灾爆炸事故是化工静电安全的主要内容。防止静电危害主要有七个措施。

(1) 场所危险程度的控制　为了防止静电危害，可以采取减轻或消除所在场所周围环境火灾、爆炸危险性的间接措施。如用不燃介质代替易燃介质、通风、惰性气体保护、负压操作等。在工艺允许的情况下，采用大颗粒的粉体代替较小颗粒粉体，也是减轻场所危险性的一个措施。

(2) 工艺控制　工艺控制是从工艺上采取措施，以限制和避免静电的产生和积累，是消除静电危害的主要手段之一。

① 应控制物料输送流速以限制静电的产生。操作人员必须严格执行工艺规定的流速，不能擅自提高流速。

② 增加静置时间。化工生产中将苯、二硫化碳等液体注入容器、储罐时，都会产生一定的静电荷。液体内的电荷将向器壁及液面集中并慢慢泄漏消散，完成这个过程需要一定的时间。如向燃料罐注入重柴油，装到90%时停泵，液面静电位的峰值常常出现在停泵后的5~10s内，然后电荷就很快衰减掉，

这个过程持续时间为 $70 \sim 80s$。由此可知，刚停泵就进行检测或取样是危险的，容易发生事故。应该静置一定的时间，待静电基本消散后再进行有关的操作。操作人员懂得这个道理后，就应自觉遵守安全规定，千万不能操之过急。

③ 改变灌注方式。为了减少从储罐顶部灌注液体时的冲击而产生的静电，要改变灌注管头的形状和灌注方式。经验表明，T型、锥形、45°斜口型和人字形灌注管头，有利于降低储罐液面的最高静电电位。为了避免液体的冲击、喷射和溅射，应将进液管延伸至近底部位。

（3）接地　接地是消除静电危害最常见的措施。在化工生产中，以下工艺设备应采取接地措施。

① 凡用来加工、输送、储存各种易燃液体、气体和粉体的设备必须接地。

② 倾注溶剂漏斗、浮动罐顶、工作站台、磅秤等辅助设备，均应接地。

③ 在装卸汽车槽车之前，应与储存设备跨接并接地；装卸完毕，应先拆除装卸管道，静置一段时间，然后拆除跨接线和接地线。

④ 可能产生和积累静电的固体和粉体作业设备，均应接地。

（4）增湿　存在静电危险的场所，在工艺条件许可时，宜采用安装空调设备、加湿器等办法，以提高场所环境相对湿度，消除静电危害。用增湿法消除静电危害的效果显著。

（5）抗静电剂　抗静电剂具有较好的导电性或较强的吸湿性。因此，在易产生静电的高绝缘材料中加入抗静电剂，可以加快静电泄漏，消除静电危险。

（6）静电消除器　静电消除器是一种产生电子或离子的装置，借助于产生的电子或离子中和物体上的静电，从而达到消除静电的目的。

（7）人体的防静电措施　人体防静电主要是防止带电体向人体放电或人体带静电所造成的危害，具体有以下几个措施：

① 采用金属网或金属板等导电材料屏蔽带电体，以防止带电体向人体放电。

② 操作人员在接触静电带电体时，应穿防静电工作服、带防静电手套、穿防静电工作鞋。

③ 在易燃易爆场所入口处，安装导电金属的接地通道，操作人员从通道经过后，可以导除人体静电。同时，入口处的扶手也可以采用金属结构并接地，当手触门扶手时可导除静电。也可以单独安装接地的静电触摸球来去除人体静电。

采用导电性地面是一种接地措施，不但能导走设备上的静电，而且有利于去除人体上的静电。

# 项目五　心肺复苏模拟人操作

## 一、心肺复苏术的操作步骤

### 1. 心肺复苏术的标准步骤

（1）意识的判断　用双手轻拍病人双肩，问："喂！你怎么了?"告知无反应。

（2）检查呼吸　观察病人胸部起伏 5～10s（1001、1002、1003、1004、1005…）告知无呼吸。

（3）呼救　来人啊！喊医生！推抢救车！除颤仪！

（4）判断是否有颈动脉搏动　用右手的中指和食指从气管正中环状软骨划向近侧颈动脉搏动处，告之无搏动（数 1001、1002、1003、1004、1005…判断 5s 以上 10s 以下）。

（5）松解衣领及裤带。

（6）胸外心脏按压　两乳头连线中点（胸骨中下 1/3 处），用左手掌跟紧贴病人的胸部，两手重叠，左手五指翘起，双臂深直，用上身力量用力按压30 次（按压频率至少 100 次/min，按压深度至少 125Px）。

（7）打开气道　仰头抬颌法。口腔无分泌物，无假牙。

（8）人工呼吸　应用简易呼吸器，一手以"CE"手法固定，一手挤压简易呼吸器，每次送气 400～600mL，频率 10～12 次/min。

（9）持续 2min 的高效率的 CPR　以心脏按压：人工呼吸＝30：2 的比例进行，操作 5 个周期。（心脏按压开始送气结束）

（10）判断复苏是否有效（听是否有呼吸音，同时触摸是否有颈动脉搏动）。

（11）整理病人，进一步生命支持。

### 2. 提高抢救成功率的主要因素

① 将重点继续放在高质量的 CPR 上；

② 按压频率至少 100 次/min；

③ 胸骨下陷深度至少 5cm；

④ 按压后保证胸骨完全回弹；

⑤ 胸外按压时最大限度地减少中断；

⑥ 避免过度通气。

### 3. 注意事项

① 口对口吹气量不宜过大，一般不超过 1200ml，胸廓稍起伏即可。吹气时间不宜过长，过长会引起急性胃扩张、胃胀气和呕吐。吹气过程要注意观察患（伤）者气道是否通畅，胸廓是否被吹起。

② 胸外心脏按术只能在患（伤）者心脏停止跳动下才能施行。

③ 口对口吹气和胸外心脏按压应同时进行，严格按吹气和按压的比例操作，吹气和按压的次数过多和过少均会影响复苏的成败。

④ 胸外心脏按压的位置必须准确。不准确容易损伤其他脏器。按压的力度要适宜，过大过猛容易使胸骨骨折，引起气胸血胸；按压的力度过轻，胸腔压力小，不足以推动血液循环。

⑤ 施行心肺复苏术时应将患（伤）者的衣扣及裤带解松，以免引起内脏损伤。

## 二、模拟人操作考核

### 1. 心肺复苏模拟人特点

① 仰卧位，头可后仰，便于清除呼吸道异物。

② 可进行胸外按压。

③ 可使用仰头举颏法、仰头抬颈法、双手抬颌法三种方法打开气道。

④ 可进行口对口人工呼吸或者使用简易呼吸器辅助呼吸，有效人工呼吸可见胸廓起伏。

⑤ 瞳孔对光反射存在，瞳孔随病情变化自动发生变化，死亡状态下，瞳孔散大，对光反射消失。

⑥ 可触及颈动脉搏动，死亡状态下，颈动脉搏动消失。

### 2. 心肺复苏模拟人功能

软件嵌入了《2010 年美国心脏协会心肺复苏及心血管急救指南摘要》的全部内容，以方便用户在训练过程中完成操作标准的学习。心肺复苏模拟人见图 3-4。

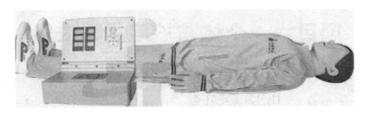

(a) 心肺复苏模拟人

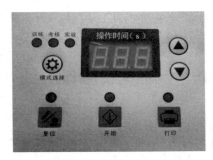

(b) 心肺复苏模拟人监视屏

图 3-4　心肺复苏模拟人及监视屏

## 3. 三种操作模式（训练、考核、竞赛）的设置

三种操作模式包括训练、考核及竞赛模式均可设置，能够全程电子监测按压位置、按压频率、按压深度、潮气时间、潮气频率、潮气量等多项指标，操作结束后可以进行成绩打印。

训练模式　可进行按压与吹气练习，每次操作的按压深度和潮气量不在标准范围内时有语音提示。

考核模式　按照最新标准 30：2 的比例进行胸外按压及人工呼吸，适合学生考核训练使用。当学生未按照正确的 30：2 比例进行操作时，系统会有语音提示。

竞赛模式　根据最新标准设定的竞赛模式，按照 30：2 的比例进行胸外按压及人工呼吸，当学生未按照正确的 30：2 比例进行操作时，系统没有提示，可继续进行操作。

全程电子监测多项指标　监测按压位置、按压频率、按压深度、潮气时间、潮气频率、潮气量。

成绩打印　操作结束后可以进行成绩打印，成绩单内容齐全。

# 项目六　个体防护用品及应用

个体防护用品是指为使劳动者在生产过程中免遭或减轻事故伤害和职业危害而提供的个人随身穿（佩）戴的用品，也称劳动保护用品，简称劳保用品。劳保用品应由生产经营单位为从业人员配备的，使其在劳动过程中免遭或者减轻事故伤害及职业危害的防护用品。劳动防护用品分为特种劳动防护用品和一般劳动防护用品。

## 一、劳动防护用品的主要作用

### 1. 隔离和屏蔽作用

隔离和屏蔽作用是指使用一定的隔离或屏蔽体使机体免受有害因素的侵害。如劳动防护用品能很好地隔绝外界的某些刺激，避免皮肤发生皮炎等病态反应。

### 2. 过滤和吸附（收）作用

过滤和吸附作用是指借助防护用品中某些聚合物本身的活性基团，对毒物的吸附作用，洗涤空气，被活性炭等多孔物质吸附进行排毒。在存在大量有毒气体和酸性、碱性溶液的环境中作业时，短时间高浓度吸入可引起头痛、头晕、恶心、呕吐等；较长时间皮肤接触会有刺激性，并危害作业者的身体健康。一般的防毒面具，几乎可以过滤所有的毒气。对于糜烂性毒剂，隔绝式的防护服有很好的防护作用。

## 二、劳动防护用品的分类

由于各部门和使用单位对劳动防护用品要求不同，其分类方法也不一样。生产劳动防护用品的企业和商业采购部门，通常按原材料分类，以利安排生产和组织进货。劳动防护用品商店和使用单位为便于经营和选购，通常按防护功能分类。而管理部门和科研单位，根据劳动卫生学的需要，通常按防护部位分类。一般是按照防护功能和部位进行分类。

我国对劳动防护用品采用以人体防护部位为法定分类标准（《劳动防护用品分类与代码》），共分为九大类。既保持了劳动防护用品分类的科学性，同国际分类统一,又照顾了劳动防护用品防护功能和材料分类的原则。按防护部位可分为头部防护用品、呼吸器官防护用品、眼(面)部防护用品、听觉器官防护用品、防护服、防护手套、防护鞋(靴)、劳动护肤品、防坠落劳动防护用品等。

(1)头部防护用品 头部防护用品是指为了防御头部不受外来物体打击和其他因素危害而配备的个人防护装备。

根据防护功能要求,主要有一般防护帽、防尘帽、防水帽、防寒帽、安全帽、防静电帽、防高温帽、防电磁辐射帽、防昆虫帽等九类产品。

(2)呼吸器官防护用品 呼吸器官防护用品是为防御有害气体、蒸气、粉尘、烟、雾经呼吸道吸入,或直接向使用者供氧或清净空气,保证尘、毒污染或缺氧环境中劳动者能正常呼吸的防护用具。

呼吸器官防护用品主要分为防尘口罩和防毒口罩(面具)两类,按功能又可分为过滤式和隔离式两类。

(3)眼面部防护用品 眼面部防护用品是预防烟雾、尘粒、金属火花和飞屑、热、电磁辐射、激光、化学飞溅物等因素伤害眼睛或面部的个人防护用品。

眼面部防护用品种类很多,根据防护功能,大致可分为防尘、防水、防冲击、防高温、防电磁辐射、防射线、防化学飞溅、防风沙、防强光九类。

目前我国普遍生产和使用的主要有焊接护目镜和面罩、炉窑护目镜和面罩以及防冲击眼护具三类。

护目镜有焊接辅助工眼镜、炼钢镜(炉窑护目镜)、面罩护目镜、变色眼镜,防护面罩有焊接面罩、隔热面罩、安全帽式焊接面罩、特殊性面罩、光控电焊面罩等。洗眼器在化工厂、实验室、医院、制药厂、学校、科研等场所得到广泛使用,其目的用于减少遭受在工作中有毒有害物对身体的伤害,广泛应用于石油、化工、医药制造业和有危险化学品暴露的场所。

(4)听觉器官防护用品 听觉器官防护用品是能防止过量的声能侵入外耳道,使人耳避免噪声的过度刺激,减少听力损失,预防由噪声对人身引起的不良影响的个体防护用品。

听觉器官防护用品主要有耳塞、耳罩和防噪声耳帽三类。

(5)手部防护用品 手部防护用品是具有保护手和手臂功能的个体防护用品,通常称为劳动防护手套。

手部防护用品按照防护功能分为十二类,即一般防护手套、防水手套、防寒手套、防毒手套、防静电手套、防高温手套、防X射线手套、防酸碱手套、防油手套、防震手套、防切割手套、绝缘手套，每类手套按照材料又能分为许多种。

（6）足部防护用品　足部防护用品是防止生产过程中有害物质和能量损伤劳动者足部的护具，通常称为劳动防护鞋。

足部防护用品按照防护功能分为防尘鞋、防水鞋、防寒鞋、防足趾鞋、防静电鞋、防高温鞋、防酸碱鞋、防油鞋、防烫脚鞋、防滑鞋、防刺穿鞋、电绝缘鞋、防振鞋十三类，每类鞋根据材质不同又能分为许多种。

（7）躯体防护用品　躯体防护用品就是通常讲的防护服。根据防护功能，防护分为一般防护服、防水服、防寒服、防砸背心、防毒服、阻燃服、防静电服、防高温服、防电磁辐射服、耐酸碱服、防油服、水上救生衣、防昆虫服、防风沙服十四类，每一类又可根据具体防护要求或材料分为不同品种。

（8）护肤用品　护肤用品用于防止皮肤（主要是面、手等外露部分）免受化学、物理等因素危害的个体防护用品。

按照防护功能，护肤用品分为防毒、防腐、防射线、防油漆及其他类。

（9）防坠落用品　防坠落用品是防止人体从高处坠落的整体及个体防护用品。个体防护用品是通过绳带，将高处作业者的身体系于固定物体上，整体防护用品是在作业场所的边沿下方张网，以防不慎坠落，主要有安全网和安全带两种。

安全网是应用于高处作业场所边侧立装或下方平张的防坠落用品，用于防止和挡住人和物体坠落，使操作人员避免或减轻伤害的集体防护用品。根据安装形式和目的，分为立网和平网。

安全带按使用方式，分为围杆安全带和悬挂、攀登安全带两类。

劳动防护用品又分为特殊劳动防护用品和一般劳动防护用品。特殊劳动防护用品由国家安全生产监督管理总局确定并公布，共六大类 22 种产品。这类劳动防护用品必须经过质量认证，实行工业生产许可证和安全标志的管理。凡列入工业生产许可证或安全标志管理目录的产品，称为特种劳动防护用品。具体见表 3-3，未列入的劳动防护用品为一般劳动防护用品。

表 3-3　特种劳动防护用品目录

| 类　别 | 产　品 |
| --- | --- |
| 头部护具类 | 安全帽 |
| 呼吸护具类 | 防尘口罩、过滤式防毒面具、自给式空气呼吸器、长导管面具 |
| 眼面护具类 | 焊接眼面防护具、防冲击眼护具 |
| 防护服类 | 阻燃防护服、防酸工作服、防静电工作服 |

| 类　别 | 产　品 |
|---|---|
| 防护鞋类 | 保护足趾安全鞋、防静电鞋、导电鞋、防刺穿鞋、胶面防砸安全靴、电绝缘鞋、耐酸碱皮鞋、耐酸碱胶靴、耐酸碱塑料模压靴 |
| 防坠落护具类 | 安全带、安全网、密目式安全立网 |

# 三、个体防护用品的管理

## 1. 个体防护用品的选用

劳动防护用品选择的正确与否，关系到防护性能的发挥和生产作业的效率两个方面。一方面，选择的劳动防护用品必须具备充分的防护功能；另一方面，其防护性能必须适当，因为劳动防护用品操作的灵活性、使用的舒适度与其防护功能之间，具有相互影响的关系。如气密性防化服具有较好的防护功能，但在穿着和脱下时都很不方便，还会产生热应力，给人体健康带来一定的负面影响，更会影响工作效率，选用的不合格防护用品会导致事故发生。

## 2. 个体防护用品的发放

根据国家《劳动防护用品配备标准（试行）》（国经贸安全［2000］189号）规定，用人单位应当按照有关标准、工种、劳动条件发给职工个人劳动防护用品。

用人单位的具体责任：

① 用人单位应根据工作场所中的职业危害因素及其危害程度，按照法律、法规、标准的规定，为从业人员免费提供符合国家规定的护品。不得以货币或其他物品替代应当配备的护品。

② 用人单位应到定点经营单位或生产企业购买特种劳动防护用品。护品必须具有"三证"，即生产许可证、产品合格证和安全鉴定证。购买的护品须经本单位安全管理部门验收。并应按照护品的使用要求，在使用前对其防护功能进行必要的检查。

③ 用人单位应教育从业人员，按照护品的使用规则和防护要求，正确使用护品。使职工做到"三会"：会检查护品的可靠性；会正确使用护品；会正确维护保养护品，并进行监督检查。

④ 用人单位应按照产品说明书的要求，及时更换、报废过期和失效的

护品。

⑤ 用人单位应建立健全护品的购买、验收、保管、发放、使用、更换、报废等管理制度和使用档案，并切实贯彻执行和进行必要的监督检查。

### 3. 个体防护用品的使用

① 劳动防护用品使用前，必须认真检查其防护性能及外观质量。

② 使用的劳动防护用品与防御的有害因素相匹配。

③ 正确佩戴使用个人劳动防护用品。

④ 严禁使用过期或失效的劳动防护用品。

### 4. 个体防护用品的报废

符合下述条件之一者，即予报废。

① 不符合国家标准或专业标准。

② 未达到上级劳动保护监察机构根据有关标准和规程所规定的功能指标。

③ 在使用或保管储存期内遭到损坏或超过有效使用期，经检验未达到原规定的有效防护功能最低指标。

# 模块四 职业危害、预防及应急救护

## 项目一 职业危害及预防

职业危害对人体健康的影响与安全事故不同，它主要表现为在工作中因作业环境及接触有毒有害因素而引起人体生理机能的变化，可以是急性发作的，但大多数为累积暴露而导致的后果。职业健康是预防人们因工作导致的疾病，包括防止原有疾病的恶化。

广义的职业病是泛指职业性有害因素所引起的特定疾病。在《中华人民共和国职业病防治法》中，职业病是指企业、事业单位和个体经济组织的劳动者在职业活动中，因接触粉尘、放射性物质和其他有毒、有害物质等因素而引起的疾病，构成职业病必须具备四个条件：

① 患病主体是企业、事业单位或个体经济组织的劳动者；

② 必须是在从事职业活动的过程中产生的；

③ 必须是因接触粉尘、放射性物质和其他有毒、有害物质等职业病危害因素引起的；

④ 必须是国家公布的职业病分类和目录所列的职业病。

## 一、职业病危害因素

职业病危害是指对从事职业活动的劳动者可能导致职业病的各种危害。职业病危害因素包括：职业活动中存在的各种有害的化学、物理、生物因素以及在作业过程中产生的其他有害职业因素。职业病危害分布很广，其中以煤炭、冶金、建材、机械、化工等行业职业病危害最为突出。《职业病目录》中有 10 大类 115 种。其中尘肺 13 种；职业性放射性疾病 11 种；职业中毒 56 种；物理因素所致职业病 5 种；生物因素所致职业病 3 种；职业性皮肤病 8 种；职业性眼病 3 种；职业性耳鼻喉口腔疾病 3 种；职业性肿瘤 8 种；其他职业病 5 种。职业病危害因素按其来源可概括为生产工艺过程中的有害因素、劳动过程中的有害因素、作业环境中的有害因素三类。

### 1. 生产工艺过程中的有害因素

（1）化学性有害因素　化学性有害因素是引起职业病的最常见的职业性有害因素。它主要包括生产性毒物和生产性粉尘。

生产性毒物是指生产过程中形成或应用的各种对人体有害的物质。生产性毒物包括窒息性毒物，如一氧化碳、氰化物、甲烷、硫化氢、二氧化碳等；刺激性毒物，如氯气、氨气、二氧化硫、光气、氯化氢、苯及其化合物、甲醇、乙醇、硫酸蒸气、硝酸蒸气、高分子化合物等；血液性毒物，如苯、苯的硝基化合物、氮氧化物、砷化氢等；神经性毒物，如铅、汞、锰、四乙基铅、二硫化碳、有机磷农药、有机氯农药、汽油、四氯化碳等。

生产性粉尘是指能够较长时间悬浮于空气中的固体微粒。它包括三类：无机性粉尘、有机性粉尘和混合性粉尘。

无机性粉尘包括矿物性粉尘，如砂、煤、石棉等；金属性粉尘，如铁、铅、铜、锰、锡等金属及其化合物粉尘等；人工无机性粉尘，如玻璃纤维、水泥、金刚砂等。

有机性粉尘包括植物性粉尘，如烟草、木材尘、棉、麻等；动物性粉尘，如毛发、骨质尘等；人工有机粉尘，如有机染料、人造纤维尘、塑料等。

混合性粉尘是指无机性粉尘与有机性粉尘两种或两种以上混合存在的粉尘，如合金加工尘、煤矿开采时的粉尘、金属研磨尘等。

（2）物理性有害因素

① 不良的气候条件，如高温、高寒、高湿、热辐射等；

② 异常的气压，如高气压、低气压等；

③ 生产性振动、噪声；

④ 非电离辐射，如红外线、微波、紫外线、激光、高频电磁场、无线电波等；

⑤ 电离辐射，如 X 射线、α 射线、β 射线、γ 射线、宇宙线等。

（3）生物性有害因素　主要指病原微生物和致病寄生虫，如布氏杆菌、炭疽杆菌、森林脑炎病毒等。

**2. 劳动过程中的有害因素**

① 劳动组织和制度的不合理，如劳动时间过长、工休制度不健全或不合理等。

② 劳动中的精神过度紧张，如在生产流水线上的装配作业工人等。

③ 劳动强度过大或生产定额不当，如安排的作业与劳动者的生理状况不相适应，或生产定额过高，或超负荷的加班加点等。

④ 个别器官或系统过度紧张，如由于光线不足而引起的视力紧张等。

⑤ 长时间处于某种不良的体位或使用不合理的工具、设备等，如检修过程中的仰焊等。

**3. 作业环境中的有害因素**

① 生产场所设计不符合卫生标准，如厂房矮小、狭窄，车间布置不合理，特别是把有毒和无毒工段安排在同一个车间里等。

② 缺少必要的卫生工程技术设施，如缺少防尘、防毒、防暑降温、防噪声的措施、设备，或有而不完善、效果不好，造成各种不良的生产劳动环境。

③ 由于光照不足或设备安装不合理，造成视力紧张，使精密作业工人视力减退，成为职业性近视。

④ 对于危险及毒害严重的作业，未采用机械化、半机械化设备或整改不够好，缺少必要的安全防护措施，以致易造成工伤事故。

⑤ 在空气中含氧较少的地方工作或由于供氧不足而造成的缺氧症等。

# 二、职业病预防

对于职业病的预防应当考虑：

① 职业危害的辨识　对危害或者潜在的危害进行识别；对危害的性质及结果进行定性——通过人群体检、作业环境测定等指标的情况与正常值或标准对照；对危害程度进行量化——通常是测量其物理、化学参数和暴露时间，然后将其与已知的或需要制订的标准相对照。

② 职业危害评价　评价其在实际的使用、储存、运输及报废处理条件下的风险。

③ 职业危害控制　通过设计、工程、工作系统，使用个体防护用品及生物监测等手段来控制危害的暴露水平。

④ 职业危害监测　采用健康检查或其他测量技术，包括周期性地重新对工作条件和工作系统进行评估的方法来监测危害的变化。

职业病预防原则按原始级预防（法治预防）、一级预防（病因预防）、二级预防（发病预防）、三级预防（病后康复处理）等四级预防原则，来保护接触人群的健康。在新建、扩建厂房，改变工艺、更换产品等时，就要从安全卫生的角度上考虑，尽量防止生产性有害因素的影响。在日常生产中，要从管理措施、技术措施和保健措施三方面采取综合性预防办法。

### 1. 管理措施

预防职业病，应根据单位和部门的具体情况有重点地开展。

从业人员要主动关心，积极配合，执行规章制度，遵守安全操作，做好设备维护，加强各项防护。同时，还要坚持岗位责任制度、交接班制度、安全教育制度等，并且保持厂房、设备的清洁，做到安全生产、文明生产。

### 2. 技术措施

预防职业病，除了要思想重视、制度落实外，也要从设备和技术方面来考虑。例如，改革工艺、隔离密闭、通风排气等，必须强调防尘、防毒和有关防护设备安装后，一定要注意维护和检修，以保证它起到应有的防护效果。

### 3. 保健措施

（1）个人防护　个人防护用品包括用防护器口罩、防毒面具、防护眼镜、手套、围裙及胶鞋等。正确使用防护用品极为重要。特别在抢修设备等操作时，正确使用防护用品极为重要。对于容易经皮肤吸收的毒物，或者接触接触强酸、强碱类化学品，要注意皮肤的防护。一切防护用具，必须注重它的实际效果，使用后要加强清洗和保管。

（2）职业健康监护　职业健康监护的目的在于检索和发现职业病危害易感人群，及时发现健康损害，评价健康变化与职业病因素的关系，及时发现、诊断职业病，以利于及时治疗或安置职业病人，为用人单位和劳动者提供法律依据。

① 岗前健康检查　上岗前健康检查包括：工人就业上岗前、工人从无职业病危害岗位转到有职业病危害岗位前、或者从一职业病危害岗位转到另一职业病危害岗位前。上岗前进行健康检查是掌握劳动者的健康状况，发现职业禁忌，分清责任，用人单位不得安排有职业禁忌的劳动者从事其所禁忌的作业，

用人单位根据检查结果，评价劳动者是否适合从事该工作作业，为劳动者提供依据。

② 在岗定期健康检查　系指对已从事有害作业的职工、职业病患者和观察对象，按一定间隔埋单或体检周期所进行的健康检查。目的是了解工人在从事某种有害作业的过程中，健康状况有无改变及改变的程度，以便早期发现有害因素对机体的影响，早期诊断职业病，及时脱离接触，合理安排休息和治疗，防止病情发展，使患病的工人早日恢复健康。

③ 离岗健康检查　离岗健康检查包括劳动者离开职业病岗位前和退休前，离岗时的职业性健康检查是了解劳动者离开职业病岗位时的健康状况，分清健康损害责任，根据职业健康检查结果，评价劳动者的健康状况、健康变化是否与职业病危害因素有关。

（3）尘毒监测　测定生产环境中的尘毒等有害因素，对于观察分析尘毒等危害程度和分布、评价防护设备效果等方面具有重要意义。凡是工人在生产过程中经常操作或定时观察易接触有害因素的作业点，都要确定为测定点，悬挂标志牌，实行定期监测管理。

# 项目二　粉尘危害及预防措施

粉尘是指悬浮于空气中的固体微粒。国际上将粒径小于 $75\mu m$ 的固体悬浮物定义为粉尘。当分散在气体中的微粒为固体时，通称为"粉尘"；当分散在气体中的微粒为液体时，通称为"雾"。对于浮游在气体介质中的固体或液体微粒所组成的分散体系，统称为气溶胶。在工业生产过程中产生的粉尘称为生产性粉尘，它包括：

① 粉尘　指由机械过程（如破碎、筛分、运输等）而产生的固体微粒，一般粒径为 $0.1\sim10\mu m$；

② 烟尘　指因物理化学过程而产生的微细固体粒子。例如，冶炼、焙烧、金属焊接等过程中，由于升华及冷凝而形成。烟尘粒径较细，一般为 $0.1\sim1\mu m$；

③ 烟雾　指燃料（草料、木柴、油、煤等）燃烧过程产生的飞灰、黑烟以及雾的混合物。粒径很细，甚至在 $0.5\mu m$ 以下。

## 1. 粉尘的分类

（1）按粉尘性质划分

① 无机粉尘　矿物性粉尘，如石英、石棉、滑石、煤等；金属性粉尘，

如铁、锡、铝、锰、铅、锌等；人工无机粉尘，如金刚砂、水泥、玻璃纤维等。

② 有机粉尘 动物性粉尘，如毛、丝、骨质等；植物性粉尘，如棉、麻、草、甘蔗、谷物、木、茶等；人工有机粉尘，如有机农药、有机染料、合成树脂、合成橡胶、合成纤维等。

③ 混合性粉尘：混合性粉尘是上述各类粉尘，以两种以上物质混合形成的粉尘，在生产中这种粉尘最常见。

（2）按粉尘颗粒的大小及光学特性划分 按粉尘粒子的大小及光学特性，可将其分为可见粉尘、显微镜粉尘和超显微镜粉尘。

① 可见粉尘 它是指粒径大于 $10\mu m$，肉眼可见的粉尘。

② 显微镜粉尘 它是指粒径为 $0.25\sim10\mu m$，用光学显微镜可见的粉尘。

③ 超显微镜粉尘 它是指粒径小于 $0.25\mu m$，在电镜下可见的粉尘。

（3）按工业卫生学划分

① 总粉尘 系指悬浮于空气中粉尘的总量。空气中粉尘的问题是与测定方法相联系的。

② 呼吸性粉尘 系指由于呼吸作用能进入人体内部并沉积在肺泡内的粉尘。各国对呼吸性粉尘有不同的定义，我国没有统一的规定，一般是指粒径小于 $5\sim7\mu m$ 的粉尘。

## 2. 粉尘的危害

根据《生产性粉尘作业危害程度分级》，以粉尘中游离二氧化硅含量、工人接尘时间肺总通气量、生产性粉尘浓度超标倍数等三项指标，将接触生产性粉尘作业危害程度分为五级：0 级、Ⅰ 级危害、Ⅱ 级危害、Ⅲ 级危害、Ⅳ 级危害。粉尘作业分级标准不适用于放射性粉尘和引起化学中毒的粉尘，也不适用于矿山井下作业。

（1）引起中毒危害 粉尘的化学性质是危害人体的主要因素。因为化学性质决定它在体内参与和干扰生化过程的程度和速度，从而决定危害的性质和大小。有些毒性强的金属粉尘（铬、锰、镉、铅、镍等）进入人体后，会引起中毒以至死亡。例如铅使人贫血，损害大脑，锰、镉损坏人的神经、肾脏，镍可以致癌，铬会引起鼻中隔溃疡和穿孔，以及肺癌发病率增加。此外，它们都能直接对肺部产生危害。如吸入锰尘会引起中毒性肺炎，吸入镉尘会引起心肺机能不全等。粉尘中的一些重金属元素对人体的危害很大。

（2）引起各种尘肺病 一般粉尘进入人体肺部后，可能引起各种肺尘埃沉着病。有些非金属粉尘如硅、石棉、炭黑等，由于吸入人体后不能排除，将变成矽肺、石棉肺或尘肺。例如含有游离二氧化硅成分的粉尘，在肺泡内沉积会引起纤维性病变，使肺组织硬化而丧失呼吸功能，造成矽（硅）沉着病。

（3）粉尘粒径对危害程度的影响　粉尘粒径的大小是危害人体的另一个重要因素。它主要表现在以下两个方面：

① 粉尘粒径小，粒子在空气中不易沉降，也难于被捕集，造成长期空气污染，同时易于随空气吸入人的呼吸道深部。

② 粉尘粒径小，其化学活性增大，表面活性也增大（由于单位质量的表面积增大），加剧了人体生理效应的发生与发展。例如锌和一些金属本身并无毒，但将其加热后形成烟状氧化物时，可与体内蛋白质作用而引起发烧，发生所谓铸造热病。再有，粉尘的表面可以吸附空气中的有害气体、液体以及细菌病毒等微生物，它是污染物质的媒介物，还会和空气中的二氧化硫联合作用，加剧对人体的危害。相同质量的粉尘，粉尘粒径越小，总表面积越大，危害也越大。

### 3. 防尘措施

我国防尘综合措施的八字方针是："革、水、密、风、护、管、教、查"等综合措施。"革"是指进行生产工艺和设备的技术革新和技术改造。"水"是指进行湿式作业，喷雾洒水，防止粉尘飞扬。"密"是指把生产性粉尘密闭起来，再用抽风的办法把粉尘抽走。"风"是指通风除尘。"护"是指个人防护。作业工人应使用防护用品，戴防尘口罩或头盔，防止粉尘进入人体呼吸道。"管"是指加强防尘管理、建立制度、更新和维修设备。"教"是指进行宣传教育，增强自我保护意识，调动各方面的积极性。"查"是定期对接触粉尘的作业人员进行健康检查，监测生产环境中粉尘的浓度，加强执法监督的力度，督促用人单位采取防尘措施，改善劳动条件。

防尘需要从组织措施、技术措施及卫生保健措施进行优化组合，采取综合对策。

（1）组织措施　加强组织领导是做好防尘工作的关键。粉尘作业较多的厂矿领导要有专人分管防尘事宜；建立和健全防尘机构，制订防尘工作计划和必要的规章制度，切实贯彻综合防尘措施；建立粉尘监测制度，大型厂矿应有专职测尘人员，医务人员应对测尘工作提出要求，定期检查并指导，做到定时定点测尘，评价劳动条件改善情况和技术措施的效果。做好防尘的宣传工作，从领导到广大职工，让大家都能了解粉尘的危害，根据自己的职责和义务做好防尘工作。

（2）技术措施　技术措施是防止粉尘危害的中心措施，主要在于治理不符合防尘要求的产尘作业和操作，目的是消灭或减少生产性粉尘的产生、逸散，以及尽可能降低作业环境粉尘浓度。

① 改革工艺过程、革新生产设备，是消除粉尘危害的根本途径。应从生产工艺设计、设备选择，以及产尘机械在出厂前就应有达到防尘要求的设备等各个环节做起。如采用封闭式风力管道运输、负压吸砂等消除粉尘飞扬，用无矽物质代替石英，以铁丸喷砂代替石英喷砂等。

② 湿式作业是一种经济易行的防止粉尘飞扬的有效措施。凡是可以湿式生产的作业均可使用。例如，矿山的湿式凿岩、冲刷巷道、净化进风等，石英、矿石等的湿式粉碎或喷雾洒水，玻璃陶瓷业的湿式拌料，铸造业的湿砂造型、湿式开箱清砂、化学清砂等。

③ 密闭、吸风、除尘，对不能采取湿式作业的产尘岗位，应采用密闭吸风除尘方法。凡是能产生粉尘的设备均应尽可能密闭，并用局部机械吸风，使密闭设备内保持一定的负压，防止粉尘外逸。抽出的含尘空气必须经过除尘净化处理，才能排出，避免污染大气。

除尘是采取一定的技术措施除掉粉尘的过程，所有装置为除尘器。除尘器是从含尘气流中将粉尘分离出来的一种设备。它的作用是净化从吸尘罩或产尘设备抽出来的含尘气体，避免污染厂区和居住区的大气。从另一个角度来看，除尘器也是从含尘气流中回收有用物料（有色金属、化工原料、建筑材料等）的主要设备，因而有时又称作收尘器。

根据在除尘过程中是否采用液体进行除尘或清灰，可分为干式除尘器和湿式除尘器两大类。除上述分类方法外，通常将除尘器分为四大类：

a.机械除尘器，包括重力沉降室、惯性除尘器和旋风除尘器；

b.过滤式除尘器，包括袋式除尘器和颗粒层除尘器；

c.电除尘器，有干式（干法清灰）和湿式（湿法清灰）两种；

d.湿式除尘器，包括低能（低阻）湿式除尘器（如水浴除尘器等）和高能文氏管除尘器。在实际的除尘器中往往综合了几种除尘机理的共同作用，例如卧式旋风膜除尘器中，既有离心力的作用，又同时兼有冲击的洗涤的作用。特别是近年来为了提高除尘器的效率，研制了多种综合多种机理的除尘器，如静电袋式除尘器、静电颗粒层除尘器等。

（3）卫生保健措施　预防粉尘对人体健康的危害，第一步措施是消灭或减少发生源，这是最根本的措施，其次是降低空气中粉尘的浓度，最后是减少粉尘进入人体的机会，以及减轻粉尘的危害。卫生保健措施属于预防中的最后一个环节，虽然属于辅助措施，但仍占有重要地位。

① 个人防护和个人卫生　对受到条件限制的粉尘浓度达不到允许浓度标准的作业，佩带合适的防尘口罩就成为重要措施。防尘口罩要滤尘率、透气率高，重量轻，不影响工人的视野及操作。开展体育锻炼，注意营养，对增强体质、提高抵抗力具有一定意义。此外应注意个人卫生习惯：不吸烟，遵守防尘操作规程，严格执行未佩带防尘口罩不上岗操作的制度等。

② 健康检查　就业前健康检查，对新从事粉尘作业的工人，必须进行健康检查，目的主要是发现粉尘作业就业禁忌证及作为健康资料。定期体检的目的在于早期发现粉尘对健康的损害，发现有不宜从事粉尘作业的疾病时，及时调离。

③ 保护尘肺患者　保护尘肺患者能得到合适的安排，享受国家政策允许的应有待遇，对其应进行劳动能力鉴定，并妥善安置。

# 项目三　工业毒物及防毒措施

## 一、工业毒物

### 1. 工业毒物与职业中毒

当某物质进入机体并积累达一定量后，就会与机体组织和体液发生生物化学或生物物理作用，扰乱或破坏机体的正常生理功能，引起暂时性或永久性病变，甚至危及生命，该物质称为毒性物质。而工业毒物是指在工业生产过程中所使用或生产的毒物。如化工生产中所使用的原材料；生产过程中的产品、中间产品、副产品以及含于其中的杂质；生产中的"三废"排放物中的毒物等均属于工业毒物。由毒物侵入机体而导致的病理状态称为中毒。职业中毒是指劳动者在生产过程中由于接触毒物所引发的中毒。

### 2. 工业毒物的分类

（1）按其存在的物理状态划分

① 粉尘　为有机或无机物质在加工、粉碎、研磨、撞击、爆破和爆裂时所产生的固体颗粒，直径大于 $0.1\mu m$。如制造铅丹颜料的铅尘、制造氢氧化

钙的电石尘等。

② 烟尘　为悬浮在空气中的烟状固体颗粒，直径小于 $0.1\mu m$。多为某些金属熔化时产生的蒸气在空气中凝聚而成，常伴有氧化反应的发生。如熔锌时放出的锌蒸汽所产生的氧化锌烟尘、熔铬时产生的铬烟尘等。

③ 雾　为悬浮于空气中的微小液滴。多为蒸汽冷凝或通过雾化、溅落、鼓泡等使液体分散而产生。如铬电镀时铬酸雾、喷漆中的含苯漆雾等。

④ 蒸气　为液体蒸发或固体物料升华而成。如苯蒸气、熔磷时的磷蒸气等。

⑤ 气体　生产场所的温度、压力条件下散发于空气中的气态物质。如常温常压下的氯、二氧化硫、一氧化碳等。

（2）按化学性质和其用途相结合的分类法划分

① 金属、类金属及其化合物。这是毒物数量最多的一类。

② 卤素及其无机化合物。如氟、氯、溴、碘等及其化合物。

③ 强酸和碱性物质。如硫酸、硝酸、盐酸、氢氧化钾、氢氧化钠等。

④ 氧、氮、碳的无机化合物。如臭氧、氮氧化物、一氧化碳、光气等。

⑤ 窒息性惰性气体。如氦、氖、氩等。

⑥ 有机毒物。按化学结构又分为脂肪烃类、芳香烃类、脂环烃类、卤代烃类、氨基及硝基烃类、醇类、醛类、醚类、酮类、酰类、酚类、酸类、腈类、杂环类、羰基化合物等。

⑦ 农药类毒物。如有机磷、有机氯、有机硫、有机汞等。

⑧ 染料及中间体、合成树脂、橡胶、纤维等。

（3）按毒物的作用性质划分　刺激性、腐蚀性、窒息性、麻醉性、溶血性、致敏性、致癌性、致突变性、致畸胎性等。

（4）按损害的器官或系统划分　神经毒性、血液毒性、肝脏毒性、肾脏毒性、全身毒性等毒物。有的毒物具有两种作用，有的具有多种作用或全身作用。

# 二、化工行业中的毒性物质及毒性影响因素

## 1. 化工行业中的毒性物质

化学工业是毒性物质品种最多、数量最大、分布最广的行业。在生产过程中，从原料、中间体到产物，许多本身就是毒性物质，再加上副产物和过程辅助物料，毒性物质可以说无时不有、无处不在。下面就毒性物质在化学工业中

的分布按不同行业予以介绍。

（1）无机化工　在化学矿，如硫铁矿、磷矿、砷矿等的冶炼加工中，毒性物质主要有氮的氧化物、一氧化碳、二氧化硫、砷、三氧化二砷以及一些放射性物质。

无机酸类产品有硝酸、硫酸、盐酸、氢氟酸等；无机碱类产品有氨、氢氧化钾、氢氧化钠等；无机盐类产品有碳酸钠、碳酸氢钠、硫化物和硫酸盐、硝酸盐、亚硝酸盐、铬盐、硼化物、氯化物和氯酸盐、磷化物和磷酸盐、氰化物和硫氰酸盐、锰化物以及其他金属盐类。

单质有金属钠、金属镁、黄磷、赤磷、硫黄、铅、汞等。

纯组元工业气体有氢、氮、氦、氖、氩、氪、氯、一氧化碳、氮氧化物、二氧化硫、三氧化硫、氨、硫化氢等。

（2）有机化工　基本有机原料如乙炔、电石、乙烯、丙烯、丁烯、甲烷、乙烷、丙烷、苯、甲苯、二甲苯、萘、蒽、甲醇、乙醇、菲等。

一般有机原料如乙烯基乙炔、丁二烯、异戊二烯、庚烷、己烷、吡啶、呋喃、乙醛、丙醇、丁醇、辛醇、乙二醇、甲酸、乙酸、硫酸二甲酯、丙酮、乙醚、甲基丁基醚、醋酸酐、苯二甲酸酐、氯乙烯、氯苯、三氯乙烯、硝基苯、硝基甲苯、硝基氯苯、苯胺、甲基苯胺、一甲胺、二甲胺、三甲胺、苯酚、甲基苯酚、一萘酚、苯甲酸、醋酸铅及其他有机铅化物等。

（3）化肥和农药　氮肥工业中的一氧化碳、硫化氢、氨、氢氧化物、硝酸铵等。磷肥工业中的一氧化碳、硫酸、氟化氢、四氟化硅、磷酸等。

有机氯农药制备中的苯、氯气、三氯乙醛、氯化氢、氯苯、六六六、滴滴涕、硝滴涕、硝基丙醛、四氯化碳、环戊二烯、六氯环戊二烯、氯丹、三氯苯磺酰氯、氯磺酸、三氯苯、三氯杀螨砜、五氯酚、五氯酚钠等。

有机磷农药制备中的磷、三氯化磷、甲醇、三氯乙醛、氯甲烷、敌百虫、敌敌畏、苯酚、二乙胺、亚磷酸二甲酯、磷胺、三氯硫磷、对硫磷、内吸磷、甲胺磷、倍硫磷、五硫化二磷、硫化氢、乙硫醇、三硫磷、乐果、马拉硫磷等。

有机氮农药制备中的甲萘酚、光气、甲基异氰酸酯、西维因、甲胺、间甲酚、速灭威等。

其他农药制备中的三氧化二砷、硫酸铜、氯化苦、溴甲烷、代森锌、退菌特、稻瘟净、除草醚、磷化锌、氟乙酰胺等。

（4）材料工业　塑料和树脂合成中的三氟氯乙烯、四氯乙烯、六氟丙烯、氯乙烯、氯化汞、偶氮二异丁腈、苯酚、甲醛、氨、乌洛托晶、苯二甲酸酐、丙酮、二酚基丙烷、环氧氯丙烷、氯甲基甲醚、二甲胺甲醇、苯乙烯等。

合成橡胶中的丁二烯、苯乙烯、丙烯腈、氯丁二烯、异戊二烯、四氟乙烯、六氟丁二烯、三氟丙烯等。橡胶加工中的防老剂甲、防老剂丁、炭黑、硫黄、陶土、松香、苯、二氯乙烷、间苯二酚、列克钠、汽油、氧化铅等。

合成纤维中的乙二醇、苯酚、环己醇、己二胺、己内酰胺、苯、丙烯腈等。

（5）涂料、染料和其他专用产品　油漆制备中的苯、二甲苯、丙酮、苯酚、甲醛、沥青、硝酸、丙烯酸甲酯、环氧丙烷、癸二酸等。颜料制备中的氧化铅、镉红、铬酸盐、硝酸、色原、酞菁等。

染料制备中的对硝基氯苯、苯胺、二硝基氯苯、硝基甲苯、二氨基甲苯、二乙基苯胺、萘、苯二甲酸酐、蒽醌、苯甲酰氯、硫化钠、氯化苦、苦味酸、氯、苯绕蒽酮、各种有机染料及其粉尘。

胶片加工中的硝化纤维素、醋酸、二氯甲烷、硝酸银、溴苯等。磁带加工中的氧化铬、氧化磁铁等。照相用的药剂硫代硫酸钠、硫酸等。

（6）化学试剂、催化剂和助剂　化学试剂有各种酸、各种碱、各种金属盐、卤素以及醛类、醇类、醚类、酮类、羧酸、肟等各种有机试剂。

催化剂制备用的铬盐、硫酸、铂、铜、五氧化二矾、氧化铝等。生产助剂用的固色剂、五氧化二磷、环氧乙烷、双氰胺、防老剂、苯胺、苯酚、硝基氯苯、抗氧剂、十二碳硫醇、氯、甲醛等。

### 2. 影响化学物质毒性的因素

化学物质的毒性大小和作用特点，与物质的化学结构、物性、剂量或浓度、环境条件以及个体敏感程度等一系列因素有关。

（1）化学结构对毒性的影响　物质的生物活性，不仅取决于物质的化学结构，而且与其理化性质有很大关系。而物质的理化性质也是由化学结构决定的。所以化学结构是物质毒性的决定因素。化学物质的结构和毒性之间的严格关系，目前还没有完整的规律可言。但是对于部分化合物，却存在一些类似于规律性的关系。

在有机化合物中，碳链的长度对毒性有很大影响。饱和脂肪烃类对有机体的麻醉作用随分子中碳原子数的增加而增强，如戊烷＜己烷＜庚烷等。对于醇类的毒性，高级醇、戊醇、丁醇大于丙醇、乙醇，但甲醇是例外。在碳链中若以支链取代直链，则毒性减弱。如异庚烷的麻醉作用比正庚烷小一些，2-丙醇的毒性比正丙醇小一些。如果碳链首尾相连成环，则毒性增加，如环己烷的毒性大于正己烷。

物质分子结构的饱和程度对其生物活性影响很大。不饱和程度越高，毒性就越大。例如，二碳烃类的麻醉毒性，随不饱和程度的增加而增大，乙炔＞乙烯＞乙烷。丙烯醛和2-丁烯醛对结膜的刺激性分别大于丙醛和丁醛。环己二烯的毒性大于环己烯，环己烯的毒性又大于环己烷。

分子结构的对称性和几何异构对毒性都有一定的影响。一般认为，对称程度越高，毒性越大。如1,2-二氯甲醚的毒性大于1,1-二氯甲醚，1,2-二氯乙烷的毒性大于1,1-二氯乙烷。芳香族苯环上的三种异构体的毒性次序，一般是对位＞间位＞邻位。例如，硝基酚、氯酚、甲苯胺、硝基甲苯、硝基苯胺等的异构体均有此特点。但也有例外，如邻硝基苯甲醛、邻羟基苯甲醛的毒性都大于其对位异构体。对于几何异构体的毒性，一般认为顺式异构体的毒性大于反式异构体。如顺丁烯二酸的毒性大于反丁烯二酸。

有机化合物的氢取代基团对毒性有显著影响。脂肪烃中以卤素原子取代氢原子，芳香烃中以氨基或硝基取代氢原子，苯胺中以氧、硫、羟基取代氢原子，毒性都明显增加。如氟代烯烃、氯代烯烃的毒性都大于相应的烯烃，而四氯化碳的毒性远远高于甲烷等。

在芳香烃中，苯环上的氢原子若被甲基或乙基取代，全身毒性减弱，而对黏膜的刺激性增加；若被氨基或硝基取代，则有明显形成高铁血红蛋白的作用。苯乙烯的氯代衍生物的毒性试验指出，其毒性随氯原子所取代的氢原子数的增加而增加。具有强酸根、氢氰酸根的化合物毒性较大。芳香烃衍生物的毒性大于相同碳数的脂肪烃衍生物。而醇、酯、醛类化合物的局部刺激作用，则依序增加。

（2）物理性质对毒性的影响　除化学结构外，物质的物理性质对毒性也有相当大的影响。物质的溶解性、挥发性以及分散度对毒性作用都有较大的影响。

① 溶解性　毒性物质的溶解性越大，侵入人体并被人体组织或体液吸收的可能性就越大。如硫化砷由于溶解度较低，所以毒性较轻。氯、二氧化硫较易溶于水，能够迅速引起眼结膜和上呼吸道黏膜的损害。而光气、氮的氧化物水溶性较差，常需要经过一定的潜伏期才引起呼吸道深部的病变。氧化铅比其他铅化合物易溶于血清，更容易中毒。汞盐类比金属汞在胃肠道易被吸收。

对于不溶于水的毒性物质，有可能溶解于脂肪和类脂质中，它们虽不溶于血液，但可与中枢神经系统中的类脂质结合，从而表现出明显的麻醉作用，如苯、甲苯等。四乙基铅等脂溶性物质易渗透至含类脂质丰富的神经组织，从而引起神经组织的病变。

② 挥发性　毒性物质在空气中的浓度与其挥发性有直接关系。物质的挥发性越大，在空气中的浓度就越大。物质的挥发性与物质本身的熔点、沸点和蒸气压有关。如溴甲烷的沸点较低，为 4.6℃，在常温下极易挥发，故易引起生产性中毒。相反，乙二醇挥发性很小，则很少发生生产性中毒。所以，有些物质本来毒性很大，但挥发性很小，实际上并不怎么危险。反之，有些物质本来毒性不大，但挥发性很大，也就具有较大危险。

③ 分散度　粉尘和烟尘颗粒的分散度越大，就越容易被吸入。在金属熔融时产生高度分散性的粉尘，发生铸造性吸入中毒，如氧化锌、铜、镍等粉尘中毒。

(3) 环境条件对毒性的影响　任何毒性物质只有在一定的条件下才能表现出毒性。一般说来，物质的毒性与物质的浓度、接触的时间以及环境的温度、湿度等条件有关。

① 浓度和接触时间　环境中毒性物质的浓度越高，接触的时间越长，就越容易引起中毒。

② 环境温度、湿度和劳动强度　环境温度越高，毒性物质越容易挥发，环境中毒性物质的浓度越高，越容易造成人体的中毒。环境中的湿度较大，也会增加某些毒物的作用强度。例如氯化氢、氟化氢等在高湿环境中，对人体的刺激性明显增强。

劳动强度对毒物吸收、分布、排泄都有显著影响。劳动强度大能促进皮肤充血、汗量增加，毒物的吸收速度加快。耗氧增加，对毒物所致的缺氧更敏感。同时劳动强度大能使人疲劳，抵抗力降低，毒物更容易起作用。

③ 多种毒物的联合作用　环境中的毒物往往不是单一品种，而是多种毒物。多种毒物联合作用的综合毒性较单一毒物的毒性，可以增强，也可以减弱。增强者称为协同作用，减弱者则称为拮抗作用。此外，生产性毒物与生活性毒物的联合作用也比较常见。如酒精可以增强铅、汞、砷、四氯化碳、甲苯、二甲苯、氨基或硝基苯、硝酸甘油、氮氧化物以及硝基氯苯等的吸收能力。所以接触这类毒物的作业人员不宜饮酒。

(4) 个体因素对毒性的影响　在毒物种类、浓度和接触时间相同的条件下，有的人没有中毒反应，而有的人却有明显的中毒反应。这完全是个体因素不同所致。毒物对人体的作用，不仅随毒物剂量和环境条件而异，而且随人的年龄、性别、中枢神经系统状态、健康状况以及对毒物的耐受性和敏感性而有所区别。

动物试验表明，猫对苯酚的敏感性大于狗，大鼠对四乙基铅的敏感性大于兔，小鼠对丙烯腈的敏感性大约比大鼠大 10 倍。即使是对于同一种动物，也会随性别、年龄、饲养条件或试验方法，特别是染毒途径的不同，而出现不同的试验结果。

一般来说，少年对毒物的抵抗力弱，而成年人则较强。女性对毒物的抵抗力比男性弱。需要注意的是，对于某些致敏性物质，各人的反应是不一样的。例如，接触甲苯二异氰酸酯、对苯二胺等可诱发支气管哮喘，接触二硝基氯苯、镍等可引起过敏性皮炎，常会因个体不同而有所差异，与接触量并无密切关系。耐受性对毒物作用也有很大影响。长期接触某种毒物，会提高对该毒物的耐受能力。此外，患有代谢机能障碍、肝脏或肾脏疾病的人，解毒机能大大削弱，较易中毒。如贫血患者接触铅，肝病患者接触四氯化碳、氯乙烯，肾病患者接触砷，有呼吸系统疾病的患者接触刺激性气体等，都较易中毒，而且后果要严重些。

# 三、职业中毒

## 1. 工业毒物的毒性

（1）毒性及其评价指标　毒物的剂量与反应之间的关系，用"毒性"一词来表示。毒性的计算单位一般以化学物质引起实验动物某种毒性反应所需的剂量表示。对于吸入中毒，则用空气中该物质的浓度表示。某种毒物的剂量（浓度）越小，表示该物质毒性越大。通常用实验动物的死亡数来反映物质的毒性。常用的评价指标有以下几种：

① 绝对致死剂量或浓度（$LD_{100}$ 或 $LC_{100}$）是指使全组染毒动物全部死亡的最小剂量或浓度。

② 半数致死剂量或浓度（$LD_{50}$ 或 $LC_{50}$）是指使全组染毒动物半数死亡的剂量或浓度。是将动物实验所得的数据经统计处理而获得的。

③ 最小致死剂量或浓度（MLD 或 MLC）是指使全组染毒动物中有个别动物死亡的剂量或浓度。

④ 最大耐受剂量或浓度（$LD_0$ 或 $LC_0$）是指使全组染毒动物全部存活的最大剂量或浓度。

上述各种"剂量"通常是用毒物的毫克数与动物的每千克体重之比（即 mg/kg）来表示。"浓度"常用每立方米（或升）空气中所含毒物的毫克或克数（即 $mg/m^3$、$g/m^3$、$mg/L$）来表示。

（2）毒物的急性毒性分级　毒物的急性毒性可根据动物染毒实验资料 $LD_{50}$ 进行分级，据此将毒物分为剧毒、高毒、中等毒、低毒、微毒五级，详见表 4-1。

表 4-1　化学物质的急性毒性分级

| 毒物分级 | 大鼠一次经口 $LD_{50}/(mg/kg)$ | 6只大鼠吸入 4h 死亡 2～4 只的浓度/$(\mu g/g)$ | 兔涂皮肤 $LD_{50}/(mg/kg)$ | 对人可能致死剂量/$(g/kg)$ | 总量/g（以 60kg 体重） |
|---|---|---|---|---|---|
| 剧　毒 | <1 | <10 | <5 | <0.05 | 0.1 |
| 高　毒 | 1～50 | 10～100 | 5～44 | 0.05～0.5 | 3 |
| 中等毒 | 50～500 | 100～1000 | 44～350 | 0.5～5.0 | 30 |
| 低　毒 | 500～5000 | 1000～10000 | 350～2180 | 5.0～15.0 | 250 |
| 微　毒 | 5000～15000 | 10000～100000 | 2180～22590 | >15.0 | >1000 |

## 2. 毒性物质侵入人体途径

毒性物质一般是经过呼吸道、消化道及皮肤接触进入人体的。职业中毒中，毒性物质主要是通过呼吸道和皮肤侵入人体的；而在生活中，毒性物质则是以呼吸道侵入为主。职业中毒时经消化道进入人体是很少的，往往是用被毒物沾染过的手取食物或吸烟，或发生意外事故毒物冲入口腔造成的。

（1）经呼吸道侵入　人体肺泡表面积为 $90～160m^2$，每天吸入空气 $12m^3$，约 15kg。空气在肺泡内流速慢，接触时间长，同时肺泡壁薄、血液丰富，这些都有利于吸收。所以呼吸道是生产性毒物侵入人体的最重要的途径。在生产环境中，即使空气中毒物含量较低，每天也会有一定量的毒物经呼吸道侵入人体。

从鼻腔至肺泡的整个呼吸道的各部分结构不同，对毒物的吸收情况也不相同。越是进入深部，表面积越大，停留时间越长，吸收量越大。固体毒物吸收量的大小，与颗粒和溶解度的大小有关。而气体毒物吸收量的大小，与肺泡组织壁两侧分压大小、呼吸深度、速度以及循环速度有关。另外，劳动强度、环境温度、环境湿度以及接触毒物的条件，对吸收量都有一定的影响。肺泡内的二氧化碳可能会增加某些毒物的溶解度，促进毒物的吸收。

（2）经皮肤侵入　有些毒物可透过无损皮肤或经毛囊的皮脂腺被吸收。经表皮进入体内的毒物需要越过三道屏障。第一道屏障是皮肤的角质层，一般相对分子质量大于 300 的物质不易透过无损皮肤。第二道屏障是位于表皮角质层下面的连接角质层，其表皮细胞富于固醇磷脂，它能阻止水溶性物质的通过，而不能阻止脂溶性物质的通过。毒物通过该屏障后即扩散，经乳头毛细血管进入血液。第三道屏障是表皮与真皮连接处的基膜。脂溶性毒物经表皮吸收后，还要有水溶性，才能进一步扩散和吸收。所以水、脂均溶的毒物（如苯胺）易被皮肤吸收。只是脂溶而水溶极微的苯，经皮肤吸收的量较少。与脂溶性毒物共存的溶剂对毒物的吸收影响不大。

毒物经皮肤进入毛囊后，可以绕过表皮的屏障直接透过皮脂腺细胞和毛囊壁进入真皮，再从下面向表皮扩散。但这个途径不如经表皮吸收严重。电解质和某些重金属，特别是汞在紧密接触后可经过此途径被吸收。操作中如果皮肤沾染上溶剂，可促使毒物贴附于表皮并经毛囊被吸收。

某些气体毒物如果浓度较高，即使在室温条件下，也可同时通过以上两种途径被吸收。毒物通过汗腺吸收并不显著。手掌和脚掌的表皮虽有很多汗腺，但没有毛囊，毒物只能通过表皮屏障而被吸收。而这些部分表皮的角质层较厚，吸收比较困难。

如果表皮屏障的完整性遭破坏，如外伤、灼伤等，可促进毒物的吸收。潮湿也有利于皮肤吸收，特别是对于气体物质更是如此。皮肤经常沾染有机溶剂，使皮肤表面的类脂质溶解，也可促进毒物的吸收。黏膜吸收毒物的能力远比皮肤强，部分粉尘也可通过黏膜吸收进入体内。

（3）经消化道侵入 许多毒物可通过口腔进入消化道而被吸收。胃肠道的酸碱度是影响毒物吸收的重要因素。胃液是酸性，对于弱碱性物质可增加其电离，从而减少其吸收；对于弱酸性物质则有阻止其电离的作用，因而增加其吸收。脂溶性的非电解物质，能渗透过胃的上皮细胞。胃内的食物、蛋白质和黏液蛋白等，可以减少毒物的吸收。

肠道吸收最重要的影响因素是肠内的碱性环境和较大的吸收面积。弱碱性物质在胃内不易被吸收，到达小肠后即转化为非电离物质可被吸收。小肠内分布着酶系统，可使已与毒物结合的蛋白质或脂肪分解，从而释放出游离毒物促进其吸收。在小肠内物质可经过细胞壁直接渗入细胞，这种吸收方式对毒物的吸收，特别是对大分子的吸收起重要作用。制约结肠吸收的条件与小肠相同，但结肠面积小，所以其吸收比较次要。

### 3. 职业中毒的表现形式

（1）职业中毒的类型 职业中毒按照发生时间和过程分为急性中毒、慢性中毒和亚急性中毒三种类型。

① 急性中毒 急性中毒是由于大量的毒物于短时间内侵入人体后突然发生的病变现象。造成急性中毒，大多数是由于生产设备的损坏、违反操作规程、无防护地进入有毒环境中进行紧急修理等引起的。

通常，未超过一次换班时间内发生的中毒，称为急性中毒；不过，有一些急性中毒并不立刻发作，往往经过一定的短暂时间后才表现其明显症状，如砷化氢、氮的氧化物等。

② 慢性中毒 慢性中毒是由于比较小量的毒物持续或经常地侵入人体内逐渐发生病变的现象。职业中毒以慢性中毒最多见。慢性中毒发生是由于毒物在人体内积蓄的结果。因此凡有积蓄性的毒物都可能引起慢性中毒，如铅、汞、锰等。中毒症状往往要在从事有关生产后几个月、几年，甚至好多年后才出现，而且早期症状往往都很轻微，故常被忽视而不能及时发觉。因此，在工业生产中，预防慢性职业中毒的问题，实际上较急性中毒更为重要。

③ 亚急性中毒 介于急性与慢性中毒之间，病变时间较急性中毒长，发病症状较急性缓和的中毒，称为亚急性中毒，如二硫化碳、汞中毒等。

（2）职业中毒的表现 由于毒物的毒作用特点不同，有些毒物在生产条件下只引起慢性中毒，如铅、锰中毒；而有些毒物常可引起急性中毒，如甲烷、一氧化碳、氯气等。在表现上差异较大，概括起来职业中毒常见表现有：

① 神经系统 慢性中毒早期常见神经衰弱综合征和精神症状，一般为功能性改变，脱离接触后可逐渐恢复。铅、锰中毒可损伤运动神经、感觉神经，引起周围神经炎。震颤常见于锰中毒或急性一氧化碳中毒后遗症。重症中毒时可发生脑水肿。

② 呼吸系统 一次吸入某些气体可引起窒息，长期吸入刺激性气体能引起慢性呼吸道炎症，可出现鼻炎、鼻中隔穿孔、咽炎、支气管炎等上呼吸道炎症。吸入大量刺激性气体可引起严重的呼吸道病变，如化学性肺水肿和肺炎等。

③ 血液系统 许多毒物对血液系统能够造成损害，根据不同的毒性作用，常表现为贫血、出血、溶血、高铁血红蛋白以及白血病等。铅可引起低血色素贫血，苯及三硝基甲苯等毒物可抑制骨髓的造血功能，表现为白细胞和血小板减少，严重者发展为再生障碍性贫血。一氧化碳与血液中的血红蛋白结合形成碳氧血红蛋白，使组织缺氧。

④ 消化系统 毒物对消化系统的作用多种多样。汞盐、砷等毒物大量经口进入时，可出现腹痛、恶心、呕吐与出血性肠胃炎。铅及铊中毒时，可出现剧烈的持续性的腹绞痛，并有口腔溃疡、牙龈肿胀，牙齿松动等症状。长期吸入酸雾，牙釉质破坏、脱落，称为酸蚀症。吸入大量氟气，牙齿上出现棕色斑

点，牙质脆弱，称为氟斑牙。许多损害肝脏的毒物，如四氯化碳、溴苯、三硝基甲苯等，可引起急性或慢性肝病。

⑤ 泌尿系统　汞、铀、砷化氢、乙二醇等可引起中毒性肾病。如急性肾功能衰竭、肾病综合征和肾小管综合征等。

⑥ 其他　生产性毒物还可引起皮肤、眼睛、骨骼病变。许多化学物质可引起接触性皮炎、毛囊炎。接触铬、铍的工人皮肤易发生溃疡，如长期接触焦油、沥青、砷等可引起皮肤黑变病，甚至诱发皮肤癌。酸、碱等腐蚀性化学物质可引起刺激性眼炎，严重者可引起化学性灼伤，溴甲烷、有机汞、甲醇等中毒，可发生视神经萎缩，以致失明。有些工业毒物还可诱发白内障。

## 4. 职业性接触毒物危害程度分级

GB 5044—1985《职业性接触毒物危害程度分级》以急性毒性、急性中毒发病状况、慢性中毒患病状况、慢性中毒后果、致癌性和最高容许浓度六项指标为基础的定级标准。依据六项分级指标综合分析，全面权衡，以多数指标的归属定出危害程度的级别，但对某些特殊毒物，可按其急性、慢性或致癌性等突出危害程度定出级别，如表 4-2 所示。

表 4-2　职业性接触毒物危害程度分级依据

| 指标 | | 分级 | | | |
|---|---|---|---|---|---|
| | | Ⅰ（极度危害） | Ⅱ（高度危害） | Ⅲ（中度危害） | Ⅳ（轻度危害） |
| 急性毒性 | 吸入 $LC_{50}$/(mg/m³) | <200 | 200～2000 | 2000～20000 | >20000 |
| | 经皮 $LD_{50}$/(mg/kg) | <100 | 100～500 | 500～2500 | >2500 |
| | 经口 $LD_{50}$/(mg/kg) | <25 | 25～500 | 500～5000 | >5000 |
| 急性中毒发病状况 | | 生产中易发生中毒，后果严重 | 生产中可发生中毒，愈后良好 | 偶尔发生中毒 | 迄今未见急性中毒，但有急性影响 |
| 慢性中毒后果 | | 脱离接触后，继续进展或不能治愈 | 脱离接触后，可基本治愈 | 脱离接触后，可恢复，不致严重后果 | 脱离接触后，自行恢复，无不良后果 |
| 慢性中毒患病状况 | | 患病率高（≥5%） | 患病率较高（<5%）或症状发生率高（≥20%） | 偶有中毒病例发生或症状发生率较高（≥10%） | 无慢中毒而慢性影响 |

| 指标 | 分级 | | | |
|---|---|---|---|---|
| | I<br>（极度危害） | II<br>（高度危害） | III<br>（中度危害） | IV<br>（轻度危害） |
| 致癌性 | 人体致癌物 | 可疑人体致癌物 | 实验动物致癌物 | 无致癌物 |
| 最高容许浓度/(mg/m³) | <0.1 | 0.1~1.0 | 1.0~10 | >10 |

## 四、防毒措施

预防职业中毒的发生，必须从各个环节切实加强对职业病危害因素的防范。建立综合防毒措施即"降低浓度、避免接触、个人防护、制度约束"。

### 1. 降低浓度

降低空气中毒物含量使之达到乃至低于最高容许浓度，是预防职业中毒的中心环节。为此，首先要使毒物不能逸散到空气中，或消除工人接触毒物的机会。其次，对逸出的毒物要设法控制其飞扬、扩散，对散落地面的毒物应及时消除。第三，缩小毒物接触的范围，以便于控制，并减少受毒物危害人数。降低毒物浓度的方法包括：

（1）替代或排除有毒或高毒物料　在化工生产中，原料和辅助材料应该尽量采用无毒或低毒物质。用无毒物料代替有毒物料，用低毒物料代替高毒或剧毒物料，是消除毒性物料危害的有效措施。近些年来，化工行业在这方面取得了很大进展。但是，完全用无毒物料代替有毒物料，从根本上解决毒性物料对人体的危害，还有相当大的技术难度。

（2）采用危害性小的工艺　选择安全的危害性小的工艺代替危害性较大的工艺，也是防止毒物危害的带有根本性的措施。减少毒害的工艺可以是原料结构的改变，如硝基苯还原制苯胺的生产过程，过去国内多采用铁粉作还原剂，过程间歇操作，能耗大，而且在铁泥废渣和废水中含有对人体危害极大的硝基苯和苯胺。现在大多采用硝基苯流态化催化氢化制苯胺新工艺，新工艺实现了过程连续化，而且大大减少了毒物对人和环境的危害。又如在环氧乙烷生产中，以乙烯直接氧化制环氧乙烷代替了用乙烯、氯气和水生成氯乙醇进而与石灰乳反应生成环氧乙烷的方法。从而消除了有毒有害原料氯和中间产物氯化氢的危害。有些原料结构的改变消除了剧毒催化剂的应用，从而使过程减少了中毒危险。如在聚氯乙烯生产中，以乙烯的氧氯化法生产氯乙烯单体，代替了乙炔和氯化氢以氯化汞为催化剂生产氯乙烯的方法；在乙醛生产中，以乙烯直接氧化制乙醛，代替了以硫酸汞为催化剂乙炔水合制乙醛的方法，两者都消除了含汞催化剂的应用，避免了汞的危害。

采用减少毒害的工艺也可以是工艺条件的变迁。如黄丹（PbO）的老式生产工艺中氧化部分为带压操作，物料捕集系统阻力大，泄漏点多；而且手工清灰，尾气直接排空，污染严重。后来生产工艺改为减压操作，控制了泄漏。尾气经洗涤后排空，洗涤水循环使用，环境的铅尘浓度大幅度降低。又如在电镀行业中，锌、铜、镉、锡、银、金等镀种，都要用氰化物作络合剂，而氰化物是剧毒物质，且用量较大。通过电镀工艺改进，采用无氰电镀，从而消除了氰化物对人体的危害。

**2. 避免接触**

（1）密闭化、机械化、连续化措施　在化工生产中，敞开式加料、搅拌、反应、测温、取样、出料、存放等，均会造成有毒物质的散发、外逸、毒化环境。为了控制有毒物质，使其不在生产过程中散发出来造成危害，关键在于生产设备本身的密闭化，以及生产过程各个环节的密闭化。

生产设备的密闭化，往往与减压操作和通风排毒措施互相结合使用，以提高设备密闭的效果，消除或减轻有毒物质的危害。设备的密闭化尚需辅以管道化、机械化的投料和出料，才能使设备完全密闭。对于气体、液体，多采用高位槽、管道、泵、风机等作为投料、输送设施。固体物料的投料、出料要做到密闭，存在许多困难。对于一些可熔化的固体物料，可采用液体加料法；对固体粉末，可采用软管真空投料法；也可把机械投料、出料装置密闭起来。当设备内装有机械搅拌或液下泵等转动装置时，为防止毒物散逸，必须保证转动装置的轴密封。

用机械化代替笨重的手工劳动，不仅可以减轻工人的劳动强度，而且可以减少工人与毒物的接触，从而减少了毒物对人体的危害。如以泵、压缩机、皮带、链斗等机械输送代替人工搬运；以破碎机、球磨机等机械设备代替人工破碎、球磨；以各种机械搅拌代替人工搅拌；以机械化包装代替手工包装等。

对于间歇操作，生产间断进行，需要经常配料、加料，频繁地进行调节、分离、出料、干燥、粉碎和包装，几乎所有单元操作都要靠人工进行。反应设备时而敞开时而密闭，很难做到系统密闭。尤其是对于危险性较大和使用大量有毒物料的工艺过程，操作人员会频繁接触毒性物料，对人体的危害相当严重。采用连续化操作可以消除上述弊端。如，采用板框式压滤机进行物料过滤就是间歇操作。每压滤一次物料就得拆一次滤板、滤框，并清理安放滤布等，操作人员直接接触大量物料，并消耗大量的体力。若采用连续操作的真空吸滤机，操作人员只需观察吸滤机运转情况，调整真空度即可。所以，过程的连续化简化了操作程序，为防止有害物料泄漏、减少厂房空气中有害物料的浓度创造了条件。

（2）隔离操作和自动控制　由于条件限制不能使毒物浓度降低至国家卫生标准时，可以采用隔离操作措施。隔离操作是把操作人员与生产设备隔离开来，使操作人员免受散逸出来的毒物的危害。目前，常用的隔离方法有两种，一种是将全部或个别毒害严重的生产设备放置在隔离室内，采用排风的方法，使室内呈负压状态；另一种是将操作人员的操作处放置在隔离室内，采用输送新鲜空气的方法，使室内呈正压状态。

机械化是自动化的前提。过程的自动控制可以使工人从繁重的劳动中得到解放，并且减少了工人与毒物的直接接触。如农药厂将全乳剂乐果、敌敌畏、马拉硫磷、稻瘟净等采用集中管理、自动控制。对整瓶、贴标、灌装、旋塞、拧盖等手工操作，用整瓶机、贴标机、灌装机、旋塞机、拧盖机、纸套机、装箱机、打包机代替，并实现了上述的八机一线。用升降机、铲车、集装设备等将农药成品和包装器材输送、承运，达到了机械化、自动化。包装自动流水线作业可以解决繁复、低效的包装和运输问题。降低室温可以减少农药的挥发，改善环境条件。对于包装过程中药瓶破裂洒漏出来的液体农药，可以集中过滤处理，减少了室内空气中毒物的浓度，而且也减少了水的污染。

### 3. 个人防护

① 进岗前要接受系统防毒知识培训和健康检查。

② 上班作业前，要认真检查并戴好个人防护用品及检查防尘防毒设备运行是否正常，吃饭前要洗手，污染严重者要更衣后进入食堂，下班后要更衣以免毒物带给家人。

③ 从事流动作业时要尽量在尘毒发生源的上风向操作。

④ 妇女在孕期和哺乳期要特别注意尘毒防护，不得从事毒性大的铅、砷、锰等有害作业。

⑤ 有毒作业场所要严禁吸烟、进食和放置个人生活用品。

⑥ 接触酸类的工人可用1％苏打水漱口，当酸类液体外逸而直接接触酸液时可用自来水连续不断地冲水。

**4. 严格执行劳动卫生管理制度**

① 控制严重超标的有害作业点，达标考核点与经济责任制挂钩。

② 严格操作规程，防止跑、冒、滴、漏，不得违章操作、把毒物危害转嫁给别人。

③ 做好作业环境卫生，加强管理，免受二次污染危害。

# 项目四　噪声危害及预防措施

噪声是指人们在生产和生活中一切令人不快或不需要的声音。噪声除了令人烦躁外，还会降低工作效率，特别是需要注意力高度集中的工作，噪声的破坏作用会更大。在工业生产中，噪声会妨碍通信，干扰警报讯号的接收，进而会诱发各类工伤事故。人长期暴露在声频范围广泛的噪声中，会损伤听觉神经，甚至造成职业性失聪。为便于理解噪声的危害，首先介绍声音的物理量度。

## 一、声音的物理量度

声音是振源发生的振动，在周围介质中传播，引起听觉器官或其他接受器反应而产生的。振源、介质、接受器是构成声音的三个基本要素。对声音的物理量度主要是音调的高低和声响的强弱。频率是音调高低的客观量度，而声压、声强、声功率和响度则反映声响的强弱。

### 1. 频率

频率是指物体或介质每秒（单位时间）发生振动的次数，单位是 Hz（赫兹）。频率越高，声音的音调也越高。正常人耳可听到的声音的频率范围在 $20 \sim 20000\,Hz$。高于 $20000\,Hz$ 的称为超声，低于 $20\,Hz$ 的称为次声，超声和次声人耳都听不到。人类的交流常用语言频率多在 $500 \sim 4000\,Hz$。

### 2. 声压和声压级

声压是介质因声波在其中传播而引起的压力扰动，声压的单位是帕斯卡（简称帕），用符号 Pa 表示。正常人耳刚能听到的声音的声压为 $2 \times 10^{-5}\,Pa$，震耳欲聋的声音的声压为 $20\,Pa$，后者与前者之比为 $10^6$，两者相差百万倍。在这么大的声压范围内，用声压值来表示声音的强弱极不方便，于是引出了声压级的量来衡量。以听阈声压为基准声压，实测声压与基准声压之比平方的对数，称为声压级，单位是 B（贝尔），通常以其值的 1/10 即 dB（分贝）作为度量单位。声压级 $L_p$ 的计算公式为：

$$L_p = 10\lg(P^2/P_0^2) = 20\lg(P/P_0)\,(\mathrm{dB})$$

式中　$P$——实测声压；

　　　$P_0$——基准声压，$P_0 = 2 \times 10^{-5}$（Pa）。

### 3. 声强和声强级

声强是指单位时间内，在垂直于声传播方向的单位面积上通过的声能量，其单位是 $\mathrm{W \cdot m^{-2}}$。以听阈声强值 $10^{-12}\,\mathrm{W \cdot m^{-2}}$ 为基准声强，声强级 $L_I$ 定义为：

$$L_I = 10\lg(I/I_0)\,(\mathrm{dB})$$

式中　$I$——实测声强；

　　　$I_0$——基准声强，$I_0 = 10^{-12}$（$\mathrm{W \cdot m^{-2}}$）。

### 4. 声功率和声功率级

声功率是指声源在单位时间内向外辐射的声能量，单位是 W。以 $10^{-12}\,\mathrm{W}$ 为基准声功率，声功率级 $L_w$ 可定义为：

$$L_w = 10\lg(W/W_0)\,(\mathrm{dB})$$

式中　$W$——实测声功率；

　　　$W_0$——基准声功率，$W_0 = 10^{-12}$（W）。

声压级、声强级及声功率级，其单位皆为 dB。dB 是一个相对单位，没有量纲。

# 二、噪声来源及分类

### 1. 噪声的来源

噪声的来源有交通噪声、城市建筑噪声和生活噪声等。

工业噪声又称为生产性噪声，是涉及面最广泛、对工作人员影响最严重的噪声。工业噪声来自生产过程和市政施工中机械振动、摩擦、撞击以及气流扰动等产生的声音。工业噪声是造成职业性耳聋、甚至青年人脱发秃顶的主要原因，它不仅给生产工人带来危害，而且厂区附近居民也深受其害。

## 2. 工业噪声的分类

（1）机械性噪声　由于机械的撞击、摩擦、固体的振动和转动而产生的噪声，如纺织机、球磨机、电锯、机床、碎石机启动时所发出的声音。

（2）空气动力性噪声　这是由于空气振动而产生的噪声，如通风机、空气压缩机、喷射器、汽笛、锅炉排气放空等产生的声音。

（3）电磁性噪声　由于电机中交变力相互作用而产生的噪声。如发电机、变压器等发出的声音。

工业噪声相当广泛，声级（A）大多数都在 90dB 以上，如果不采取隔声、消声技术措施将岗位噪声强度降到卫生标准 90dB 以下，应佩戴听力保护器保护听力，预防职业性耳聋的发生。

# 三、噪声的危害

产生噪声的作业，几乎遍及各个工业部门。噪声已成为污染环境的严重公害之一。化学工业的某些生产过程，如固体的输送、粉碎和研磨；气体的压缩与传送；气体的喷射及动机械的运转等都能产生相当强烈的噪声。当噪声超过一定值时，对人会造成明显的听觉损伤，并对神经、心脏、消化系统等产生不良影响，而且妨害听力、干扰语言，成为引发意外事故的隐患。

## 1. 对听觉的影响

噪声会造成听力减弱或丧失。依据暴露的噪声的强度和时间，会使听力界限值发生暂时性的或永久性的改变。听力界限值暂时性改变，即听觉疲劳，可能在暴露强噪声后数分钟内发生。在脱离噪声后，经过一段时间休息即可恢复听力。长时间暴露在强噪声中，听力只能部分恢复，听力损伤部分无法恢复，会造成永久性听力障碍，即噪声性耳聋。噪声性耳聋根据听力界限值的位移范围，可有轻度（早期）噪声性耳聋，其听力损失值在 10～30dB；中度噪声性耳聋的听力损失值在 40～60dB；重度噪声性耳聋的听力损失值在 60～80dB。

爆炸、爆破时所产生的脉冲噪声，其声压级峰值高达 170～190dB，并伴有强烈的冲击波。在无防护条件下，强大的声压和冲击波作用于耳鼓膜，使鼓膜内外形成很大压差，造成鼓膜破裂出血，双耳完全失去听力，即爆震性耳聋。

**2. 对神经、消化、心血管系统的影响**

① 噪声可引起头痛，头晕，记忆力减退，睡眠障碍等神经衰弱综合征。

② 可引起心率加快或减慢，血压升高或降低等改变。

③ 噪声可引起食欲不振、腹胀等胃肠功能紊乱。

④ 噪声可对视力、血糖产生影响。

在强噪声下，会分散人的注意力，对复杂作业或要求精神高度集中的工作会产生干扰。噪声会影响大脑思维、语言传达以及对必要声音的听力。

# 四、噪声的预防与治理

解决工业噪声的危害，必须坚持"预防为主"和"防治结合"的方针。一方面要依靠科学技术来"治"，另一方面必须依靠立法和法规来"防"。应该把工业噪声污染问题与厂房车间的设计、建筑、布局以及辐射强烈噪声的机械设备的设计制造同时考虑，坚持工业企业建设的"三同时"（噪声控制设施与主体工程同时设计、同时施工、同时投产）原则，才能使新的工业企业不致产生的噪声污染。也应把城市建设布局和长远规划从工业噪声控制的角度加以审查，并采取适当的政策加以保证。

噪声是由噪声源产生的，并通过一定的传播途径，被接受者接受，才能形成危害或干扰。因此，控制噪声的基本措施是消除或降低声源噪声、隔离噪声及加强接受者的个人防护。

**1. 消除或降低声源噪声**

工业噪声一般是由机械振动或空气扰动产生的。应该采用新工艺、新设备、新技术、新材料及密闭化措施，从声源上根治噪声，使噪声降低到对人无害的水平。

① 选用低噪声设备和改进生产工艺。如用压力机代替锻造机，用焊接代替铆接，用电弧气刨代替风铲等。

② 提高机械设备的加工精度和装配技术，校准中心，维持好动态平衡，注意维护保养，并采取阻尼减振措施等。

③ 对于高压、高速管道辐射的噪声，应降低压差和流速，改进气流喷嘴形式，降低噪声。

④ 控制声源的指向性。对环境污染面大的强噪声源，要合理地选择和布置传播方向。对车间内小口径高速排气管道，应引至室外，让高速气流向上空排放。

### 2. 噪声隔离

噪声隔离是在噪声源和接受者之间进行屏蔽、吸收或疏导，阻止噪声的传播。在新建、改建或扩建企业时，应充分考虑有效地防止噪声，采取合理布局及采用屏障、吸声等措施。

（1）合理布局　应该把强噪声车间和作业场所与职工生活区分开；把工厂内部的强噪声设备与一般生产设备分开。也可把相同类型的噪声源，如空压机、真空泵等集中在一个机房内，既可以缩小噪声污染面积，同时又便于集中密闭化处理。

（2）利用地形、地物设置天然屏障　利用地形如山冈、土坡等，地物如树木、草丛及已有的建筑物等，可以阻断或屏蔽一部分噪声的传播。种植有一定密度和宽度的树丛和草坪，也可导致噪声的衰减。

（3）噪声吸收　利用吸声材料将入射到物质表面上的声能转变为热能，从而达到降低噪声的效果。一般可用玻璃纤维、聚氨酯泡沫塑料、微孔吸声砖、软质纤维板、矿渣棉等作为吸声材料。可以采用内填吸声材料的穿孔板吸声结构，也可以采用由穿孔板和板后密闭空腔组成的共振吸声结构。

（4）隔声　在噪声传播的途径中采用隔声的方法是控制噪声的有效措施。把声源封闭在有限的空间内，使其与周围环境隔绝，如采用隔声间、隔声罩等。隔声结构一般采用密实、重质的材料如砖墙、钢板、混凝土、木板等。对隔声壁要防止共振，尤其是机罩、金属壁、玻璃窗等轻质结构，具有较高的固有振动频率，在声波作用下往往发生共振，必要时可在轻质结构上涂一层损耗系数大的阻尼材料。

### 3. 个人防护

护耳器的使用，对于降低噪声危害有一定作用，但只能作为一种临时措施。更有效地控制噪声，还要依靠其他更适宜的减少噪声暴露的方法。耳套和耳塞是护耳器的常见形式。护耳器的选择，应该把其对防噪声区主要频率相当的声音的衰减能力作为依据，以确保能够为佩带者提供充分的防护。护耳器使用者应该在个人防护要求、防护器的挑选和使用方面接受指导。护耳器在使用和存放期间应该防止污染，并定期对其进行仔细检查。

### 4. 健康监护

定期进行健康监护体检，筛选出对噪声敏感者或早期听力损伤者，并采取相应措施。

# 项目五　辐射危害及预防措施

随着科学技术的进步，工业中越来越多地接触和应用各种电磁辐射能和原子能。由电磁波和放射性物质所产生的辐射，根据其对原子或分子是否形成电离效应而分成两大类型，即电离辐射和非电离辐射。辐射对人体的危害和防护是现代工业中的一个新课题。随着各类辐射源日益增多，危害相应增大。因此，必须正确了解各类辐射源的特性，加强防护，以免作业人员受到辐射的伤害。

## 一、电离辐射的危害与防护

电离辐射是指能引起原子或分子电离的辐射。如 α 粒子、β 粒子、X 射线、γ 射线、中子射线的辐射，都是电离辐射。

### 1. 电离辐射的危害

电离辐射对人体的危害是由超过允许剂量的放射线作用于机体的结果。放射性危害分为体外危害和体内危害。体外危害是放射线由体外穿入人体而造成的危害，X 射线、γ 射线、β 粒子和中子都能造成体外危害。体内危害是由于吞食、吸入、接触放射性物质，或通过受伤的皮肤直接侵入体内造成的。

在放射性物质中，能量较低的 β 粒子和穿透力较弱的 α 粒子由于能被皮肤阻止，不致造成严重的体外伤害。但电离能力很强的 α 粒子，当其侵入人体后，将导致严重伤害。电离辐射对人体细胞组织的伤害作用，主要是阻碍和伤害细胞的活动机能及导致细胞死亡。

人体长期或反复受到允许放射剂量的照射能使人体细胞改变机能，出现白细胞过多，眼球晶体浑浊，皮肤干燥、毛发脱落、和内分泌失调。较高剂量能造成贫血、出血、白细胞减少、胃肠道溃疡、皮肤溃疡或坏死。在极高剂量放射线作用下，造成的放射性伤害有以下三种类型。

（1）中枢神经和大脑伤害　主要表现为虚弱、倦怠、嗜睡、昏迷、震颤、痉挛，可在两周内死亡。

（2）胃肠伤害　主要表现为恶心、呕吐、腹泻、虚弱或虚脱，症状消失后可出现急性昏迷，通常可在两周内死亡。

（3）造血系统伤害　主要表现为恶心、呕吐、腹泻，但很快好转，2～3周无病症之后，出现脱发、经常性流鼻血，再度腹泻，造成极度憔悴，2～6周后死亡。

### 2. 电离辐射的防护

防止放射危害的根本方法是控制辐射源的用量，任何放射工作都应首先考虑在保证应用效果的前提下，尽量减少辐射源的用量。选择危害小的辐射源，如医学脏器显像应选用纯 γ 发射体，而治疗选用纯 β 发射体，有利于防护。X 线诊断和工业探伤，采用灵敏的影像增强装置，可减少照射剂量。防护工作一般分为内外防护两部分。

（1）外防护　除控制放射源外，主要从时间、距离和屏蔽三个方面进行。

时间防护是在不影响工作质量的原则下，设法减少人员辐照时间。如熟练操作技术、减少不必要的停留时间、几个人轮流操作等。

距离防护是在保证效果的前提下，应尽量远离辐射源，在操作中切忌直接用手触摸放射源，使用自动或半自动的作业方式为好。

屏蔽是外防护应用最多、最基本的方法。有固定的，也有移动的；有直接用于辐射源运输储存的，也有用于房间设备以及个人佩带的。屏蔽材料则需根据射线的种类和能量来决定，如 X、γ 射线可用铅、铁、混凝土等物质；β 射线宜用铝和有机玻璃等。

（2）内防护　主要有围封隔离、除污保洁和个人防护三个环节。

围封隔离是采用与外界隔离的原则，把开放源控制在有限的空间内。根据使用放射性核素的放射性毒性大小、用过多少以及操作形式繁简，按照《放射性防护规定》，把放射性工作单位分为三类。一、二类单位不得设于市区，三类和属于二类医疗单位可设于市区。在污染源周围按单位类别要划出一定范围的防护监测区，作为定期监测环境污染的范围。放射性工作场所、放射源以及盛放射性废物的容器等要加上明显的放射性标记，提醒人们注意。对人员和物品出入放射性工作场所要进行有效的管理和监测。

应用放射源不可能完全不污染，应除污保洁，随时监测污染。采取通风过滤的方法，使污染保持在国家规定的限制以下。对放射性"三废"要按国家规定统一存放和处理。

个人防护的总原则是应禁止一切能使放射性核素侵入人体的行为，如饮水、进食、吸烟、用口吸取放射性药物等。要根据不同的工作性质，配用不同的个人防护用具，如口罩、手套、工作服等。

## 二、非电离辐射的危害与防护

不能引起原子或分子电离的辐射称为非电离辐射。如紫外线、红外线、射频电磁波、微波等，都是非电离辐射。

### 1. 紫外线的危害与防护

紫外线在电磁波谱中界于X射线和可见光之间的频带。自然界中的紫外线主要来自太阳辐射、火焰和炽热的物体。凡物体温度达到1200℃以上时，辐射光谱中即可出现紫外线，物体温度越高，紫外线波长越短，强度越大。紫外线辐射按其生物作用可分为三个波段：

（1）长波紫外线辐射　波长$3.20\times10^{-7}\sim4.00\times10^{-7}$m，又称晒黑线，生物学作用很弱；

（2）中波紫外线辐射　波长$2.75\times10^{-7}\sim3.20\times10^{-7}$m，又称红斑线，可引起皮肤强烈刺激；

（3）短波紫外线辐射　波长$1.80\times10^{-7}\sim2.75\times10^{-7}$m，又称杀菌线，作用于组织蛋白及类脂质。

紫外线可直接造成眼睛和皮肤伤害。眼睛暴露于短波紫外线时，能引起结膜炎和角膜溃疡，即电光性眼炎。强紫外线短时间照射眼睛即可致病，潜伏期一般在$0.5\sim24$h，多数在受照后$4\sim24$h发病。首先出现两眼怕光、流泪、刺痛、异物感，并带有头痛、视觉模糊、眼睑充血、水肿。长期暴露于小剂量的紫外线，可发生慢性结膜炎。

不同波长的紫外线，可被皮肤的不同组织层吸收。波长$2.20\times10^{-7}$m以下的短波紫外线几乎可全部被角化层吸收。波长$2.20\times10^{-7}\sim3.30\times10^{-7}$m的中短波紫外线可被真皮和深层组织吸收。红斑潜伏期为数小时至数天。

空气受大剂量紫外线照射后，能产生臭氧，对人体的呼吸道和中枢神经都有一定的刺激，对人体造成间接伤害。

在紫外线发生装置或有强紫外线照射的场所，必须佩带能吸收或反射紫外线的防护面罩及眼镜。此外，在紫外线发生源附近可设立屏障，或在室内和屏障上涂以黑色，可以吸收部分紫外线，减少反射作用。

### 2. 射频辐射的危害与防护

任何交流电路都能向周围空间放射电磁能，形成有一定强度的电磁场。交变电磁场以一定速度在空间传播的过程，称为电磁辐射。当交变电磁场的变化频率达到 100kHz 以上时，称为射频电磁场。

射频电磁场的能量被机体吸收后，一部分转化为热能，即射频的致热效应；一部分则转化为化学能，即射频的非致热效应。射频致热效应主要是机体组织内的电解质分子，在射频电场作用下，使无极性分子极化为有极性分子，有极性分子由于取向作用，则从原来无规则排列变成沿电场方向排列。由于射频电场的迅速变化，偶极分子随之变动方向，产生振荡而发热。在射频电磁场作用下，体温明显升高。对于射频的非致热效应，即使射频电磁场强度较低，接触人员也会出现神经衰弱、自主神经紊乱症状。表现为头痛、头晕、神经兴奋性增强、失眠、嗜睡、心悸、记忆力衰退等。

在射频辐射中，微波波长很短，能量很大，对人体的危害尤为明显。微波除有明显致热作用外，对机体还有较大的穿透性。尤其是微波中波长较长的波，能在不使皮肤热化或只有微弱热化的情况下，导致组织深部发热。深部热化对肌肉组织危害较轻，因为血液作为冷媒可以把产生的一部分热量带走。但是内脏器官在过热时，由于没有足够的血液冷却，有更大的危险性。

微波引起中枢神经机能障碍的主要表现是头痛、乏力、失眠、嗜睡、记忆力衰退、视觉及嗅觉机能低下等。微波对心血管系统的影响，主要表现为血管痉挛、张力障碍症候群。初期血压下降，随着病情的发展血压升高。长时间受到高强度的微波辐射，会造成眼睛晶体及视网膜的伤害。低强度微波也能产生视网膜病变。

防护射频辐射对人体危害的基本措施：减少辐射源本身的直接辐射；屏蔽辐射源、屏蔽工作场所；远距离操作以及采取个人防护等。在实际防护中，应根据辐射源及其功率、辐射波段以及工作特性，采用上述单一或综合的防护措施。

根据一些工厂的实际防护效果，最重要的是对电磁场辐射源进行屏蔽，其次是加大操作距离，缩短工作时间及加强个人防护。

（1）场源屏蔽 利用可能的方法，将电磁能量限制在规定的空间内，阻止其传播扩散。首先要寻找屏蔽辐射源，如高频感应加热介质时，电磁场的辐射源为振荡电容器组、高频变压器、感应线圈、馈线和工作电极等。又如，高频淬火的主要辐射源是高频变压器，熔炼的辐射源是感应炉，黏合塑料源是工作电极。通常振荡电路系统均在机壳内，只要接地良好，不打开机壳，发射出的场强一般很小。

屏蔽材料要选用铜、铝等金属材料，利用金属的吸收和反射作用，使操作地点的电磁场强度减低。屏蔽罩应有良好的接地，以免成为二次辐射源。

微波辐射多为机器内的磁控管、调速管、导波管等因屏蔽不好或连接不严密而泄漏。因此微波设备应有良好的屏蔽装置。

（2）远距离操作　在屏蔽辐射源有困难时，可采用自动或半自动的远距离操作，在场源周围设有明显标志，禁止人员靠近。根据微波发射有方向性的特点，工作地点应置于辐射强度最小的部位，避免在辐射流的正前方工作。

（3）个人防护　在难以采取其他措施时，短时间作业可穿戴专用的防护衣帽和眼镜。

# 项目六　危险化学品泄漏事故及应急救护

危险化学品事故指由一种或数种危险化学品或其能量意外释放造成的人身伤亡、财产损失或环境污染事故。危险化学品事故后果通常表现为人员伤亡、财产损失或环境污染以及其他事件的组合。危险化学品事故具有危险性、复杂性、突发性特点，应急救援工作应遵循统一指挥、分级负责、区域为主、单位自救与社会救援相结合等原则。基本任务是控制危险源、抢救受害人员、组织群众防护与撤离、做好现场清消、消除危害后果、查清事故原因、估算危害程度，向有关部门和社会媒介提供详实情报。危险化学品事故现场一般都比较复杂和混乱，救灾医疗条件艰苦，现场救治应遵循立即就地抢救、先群体后个人、先危重后较轻、防救兼顾、自救与互救相结合等原则。

在化学品的生产、储存和使用过程中，盛装化学品的容器常常发生一些意外的破裂、洒漏等事故，造成化学危险品的外漏，因此需要采取简单、有效的安全技术措施来消除或减少泄漏危险。下面介绍一下化学品泄漏必须采取的应急处理措施。

## 1. 疏散与隔离

在化学品生产、储存和使用过程中一旦发生泄漏，首先要疏散无关人员，隔离泄漏污染区。如果是易燃易爆化学品大量泄漏，这时一定要打"119"报警，请求消防专业人员救援，同时要保护、控制好现场。

## 2. 泄漏源控制

（1）泄漏控制

① 如果在生产使用过程中发生泄漏，要在统一指挥下，通过关闭有关阀门、切断与之相连的设备、管线，停止作业，或改变工艺流程等方法来控制化

学品的泄漏。

② 对容器壁、管道壁堵漏，可使用专用的软橡胶封堵物（圆锥状、楔子状等多种形状和规格的塞子）、木塞子、胶泥、棉纱和肥皂封堵，对于较大的孔洞，还可用湿棉絮封堵、捆扎。需要注意的是，在化工工艺流程中的容器泄漏处直接堵漏时，一般不要轻易关闭阀门或开关，而应先根据具体情况，在事故单位工程技术人员的指导下，正确地采取降温降压措施（我们消防部队可在技术人员的指导下，实施均匀的开花水流冷却），然后再关闭阀门、开关止漏，以防因容器内压力和温度突然升高而发生爆炸。

③ 对不能立即止漏而继续外泄的有毒有害物质，可根据其性质，与水或相应的溶液混合，使其迅速解毒或稀释。

④ 泄漏物正在燃烧时，只要是稳定型燃烧，一般不要急于灭火，而应首先用水枪对泄漏燃烧的容器、管道及其周围的容器、管道、阀门等设备以及受到火焰、高温威胁的建筑物进行冷却保护，在充分准备并确有把握处置事故的情况下，才能灭火。

（2）切断火源  切断火源对化学品的泄漏处理特别重要，如果泄漏物品是易燃品，必须立即消除泄漏污染区域的各种火源。

（3）个人防护  进入泄漏现场进行处理时，应注意安全防护，进入现场救援人员必须配备必要的个人防护器具。

参加泄漏处理人员应对泄漏品的化学性质和反应特征有充分地了解，要于高处和上风处进行处理，严禁单独行动，要有监护人。必要时要用水枪（雾状水）掩护。要根据泄漏品的性质和毒物接触形式，选择适当的防护用品，防止事故处理过程中发生伤亡、中毒事故。

如果泄漏物是有毒的，应使用专用防护服、隔绝式空气面具，立即在事故中心区边界设置警戒线，根据事故情况和事故发展，确定事故波及区域人员的撤离。为了在现场能正确使用和适应，平时应进行严格的适应性训练。

### 3. 泄漏物的处理

（1）围堤堵截  如果化学品为液体，泄漏到地面上时会四处蔓延扩散，难以收集处理。为此需要筑堤堵截或者引流到安全地点。为此需要筑堤堵截或者引流到安全地点。对于储罐区发生液体泄漏时，要及时关闭雨水阀，防止物料沿明沟外流。

（2）稀释与覆盖  向有害物蒸气云喷射雾状水，加速气体向高空扩散。对于可燃物，也可以在现场施放大量水蒸气或氮气，破坏燃烧条件。对于液体泄漏，为降低物料向大气中的蒸发速度，可用泡沫或其他覆盖物品覆盖外泄的物料，在其表面形成覆盖层，抑制其蒸发。

（3）收容（集）  对于大型泄漏，可选择用隔膜泵将泄漏出的物料抽入容器或槽车内；当泄漏量小时，可用沙子、吸附材料、中和材料等吸收中和。

（4）废弃  将收集的泄漏物运至废物处理场所处置。用消防水冲洗剩下的少量物料，冲洗水排入污水系统处理。

需特别注意的是，对参与化学事故抢险救援的消防车辆及其他车辆、装备、器材也必须进行消毒处理，否则会成为扩散源。对参与抢险救援的人员除必须对其穿戴的防化服、战斗服、作训服和使用的防毒设施、检测仪器、设备进行消毒外，还必须彻底地淋浴冲洗躯体、皮肤，并注意观察身体状况，进行健康检查。

# 项目七  中毒窒息事故及应急救护

在化工生产和检修现场，有时由于设备突发性损坏或泄漏致使大量毒物外溢造成作业人员急性中毒。中毒窒息往往病情严重，且发展变化快。因此必须全力以赴、及时抢救。

中毒窒息现场应急处置应遵循下列原则：

## 1. 安全进入毒物污染区

对于高浓度的硫化氢、一氧化碳等毒物污染区以及严重缺氧环境，必须先予以通风。参加救护人员需佩戴供氧式防毒面具。其他毒物也应采取有效防护措施方可入内救护。同时应佩戴相应的防护用品、氧气分析报警仪和可燃气体报警仪。

## 2. 切断毒物来源

救护人员进入现场后，除对中毒者进行抢救外，同时应侦查毒物来源，并采取果断措施切断其来源，如关闭泄漏管道的阀门、堵加盲板、停止加送物料、堵塞泄漏设备等，以防止毒物继续外溢（逸）。对于已经扩散出来的有毒气体或蒸气应立即启动通风排毒设施或开启门窗，以降低有毒物质在空气中的含量，为抢救工作创造有利条件。

### 3. 彻底清除毒物污染，防止继续吸收

救护人员进入现场后，应迅速将中毒者转移至有新鲜空气处，并解开中毒者的颈、脑部纽扣及腰带，以保持呼吸通畅。同时对中毒者要注意保暖和保持安静，严密注意中毒者神志、呼吸状态和循环系统的功能。

救护人员脱离污染区后，立即脱去受污染的衣物。对于皮肤、毛发甚至指甲缝中的污染，都要注意清除。对能由皮肤吸收的毒物及化学灼伤，应在现场用大量清水或其他备用的解毒、中和液冲洗。毒物经口侵入体内，应及时彻底洗胃或催吐，除去胃内毒物，并及时用中和、解毒药物减少毒物的吸收。

### 4. 迅速抢救生命

中毒者脱离染毒区后，应在现场立即着手急救。心脏停止跳动的，立即拳击心脏部位的胸壁或作胸外心脏按压，直接对心脏内注射肾上腺素或异丙肾上腺素，抬高下肢使头部低位后仰。呼吸停止者的，赶快做人工呼吸，做好用口对口吹气法。剧毒品不适宜用口对口法时，可使用史氏人工呼吸法。人工呼吸与胸外心脏按压可同时交替进行，直至恢复自主心搏和呼吸。急救操作不可动作粗暴，造成新的损伤。眼部溅入毒物，应立即用清水冲洗，或将脸部浸入满盆清水中，张眼并不断摆动头部，稀释洗去毒物。

### 5. 及时解毒和促进毒物排出

发生急性中毒后应及时采取各种解毒及排毒措施，降低或消除毒物对机体的作用。如采用各种金属配位剂与毒物的金属离子配合成稳定的有机配合物，随尿液排出体外。

毒物经口引起的急性中毒。若毒物无腐蚀性，应立即用催吐或洗胃等方法清除毒物。对于某些毒物亦可使其变为不溶的物质以防止其吸收，如氯化钡、碳酸钡中毒，可口服硫酸钠，使胃肠道尚未吸收的钡盐成为硫酸钡沉淀而防止吸收。氨、铬酸盐、铜盐、汞盐、羧酸类、醛类、脂类中毒时，可给中毒者喝牛奶、生鸡蛋等缓解剂。烷烃、苯、石油醚中毒时，可给中毒者喝一汤匙液体石蜡和一杯含硫酸镁或硫酸钠的水。一氧化碳中毒应立即吸入氧气，以缓解机体缺氧并促进毒物排出。

### 6. 送医院治疗

经过初步急救，速送医院继续治疗。

# 项目八 化学烧伤事故及应急救护

## 1. 化学烧伤的特点及致伤机理

化学烧伤不同于一般的热力烧伤，具有化学烧伤危害的物质与皮肤的接触时间一般比热烧伤的长，因此某些化学烧伤可以是局部很深的进行性损害，甚至通过创面等途径吸收，导致全身各脏器的损害。

(1) 局部损害。局部损害的情况与化学物质的种类、浓度及与皮肤接触的时间等都有关系。化学物质的性能不同，局部损害的方式也不同。如酸凝固组织蛋白，碱则皂化脂肪组织；有的毁坏组织的胶体状态，使细胞脱水或与组织蛋白结合；有的则因本身的燃烧而引起烧伤，如磷烧伤；有的本身对健康皮肤并不致伤，但由于大爆炸燃烧致皮肤烧伤，进而引起毒物从创面吸收，加深局部的损害或引起中毒等。局部损害中，除皮肤损害外，黏膜受伤的机会也较多，尤其是某些化学蒸气或发生爆炸燃烧时更为多见。因此，化学烧伤中眼睛和呼吸道的烧伤比一般火焰烧伤更为常见。

(2) 全身损害化学烧伤的严重性不仅在于局部损害，更严重的是有些化学药物可以从创面、正常皮肤、呼吸道、消化道黏膜等吸收，引起中毒和内脏继发性损伤，甚至死亡。有的烧伤并不太严重，但由于有合并中毒，增加了救治的困难，使治愈效果比同面积与深度的一般烧伤差。由于化学工业迅速发展，能致伤的化学物品种类繁多，有时对某些致伤物品的性能一时不了解，更增加了抢救困难。

## 2. 危险化学品导致化学烧伤的处理原则

化学烧伤的处理原则同一般烧伤相似，应迅速脱离事故现场，终止化学物质对机体的继续损害；采取有效解毒措施，防止中毒；进行全面体检和化学监测。

(1) 脱离现场与危险化学品隔离 为了终止危险化学品对机体继续损害，应立即脱离现场，脱去被化学物质浸渍的衣服，并迅速用大量清水冲洗。其目的一是稀释，二是机械冲洗，将化学物质从创面和黏膜上冲洗干净，冲洗时可能产生一定的热量，所以冲洗要充分，可使热量逐渐消散。

头、面部烧伤时，要注意眼睛、鼻、耳、口腔内的清洗。特别是眼睛，应首先冲洗，动作要轻柔，一般清水即可，如有条件可用生理盐水冲洗。如发现眼睑痉挛、流泪，结膜充血，角膜上皮肤及前房混浊等，应立即用生理盐水或蒸馏水冲洗。用消炎眼药水、眼膏等以预防继发性感染。局部不必用眼罩或纱布包扎，但应用单层油纱布覆盖以保护裸露的角膜，防止干燥导致损害。

石灰烧伤时，在清洗前应将石灰去除，以免遇水后石灰产生热，加深创面损害。

有些化学物质则要按其理化特性分别处理。大量流动水的持续冲洗，比单纯用中和剂拮抗的效果更好。用中和剂的时间不宜过长，一般20min即可，中和处理后仍需再用清水冲洗，以避免因为中和反应产生热而给机体带来进一步地损伤。

（2）防止中毒　有些化学物质可引起全身中毒，应严密观察病情变化，一旦诊断有化学中毒可能时，应根据致伤因素的性质和病理损害的特点，选用相应的解毒剂或对抗剂治疗，有些毒物迄今尚无特效解毒药物。在发生中毒时，应使毒物尽快排出体外，以减少其危害。一般可使用静脉补液和利尿剂，以加速排尿。

### 3. 群体性化学灼伤的应急与救护

（1）群体化学灼伤系指一次性发生3人以上的化学灼伤　对以往化工系统伤亡事故分析，死亡人数最多的前三位原因依次为：①爆炸事故，占总死亡人数的25％；②中毒、窒息事故，占总死亡人数的15％；③高处坠落事故，占总死亡人数的14％。而属前两位的死亡病例，相当一部分均存在不同程度的化学灼伤。因此，对这样一种突发性、群体性、多学科性疾病，如何组织抢救、如何开展应急救援，已成为救援工作中的重要问题。

（2）群体性化学灼伤的分类　一般按烧伤人数分为轻度（伤员人数10～50名）、中度（烧伤人数51～250名）、重度（伤员人数251名以上）三种。若综合考虑伤员的严重程度、救护力量的动员范围，以及对社区影响等复杂因素，可将群体性化学灼伤事故分为一般性、重大及灾害性事故三大类，见表4-3。群体性化学灼伤的应急救护，主要指后两者。

表 4-3　群体性化学灼伤事故的分类

| 分　类 | 灼伤人数/人 | 死亡人数/人 | 救护力量调动 |
| --- | --- | --- | --- |
| 一般性群体化学灼伤事故 | 4～10 | 1～3 | 主要限于事故单位内 |
| 重大化学灼伤事故 | 11～100 | 4～30 | 需区域性或行业性救援 |
| 灾害性化学灼伤事故 | 超过100 | 超过30 | 需跨区域或社会救援 |

注：灼伤人数不到4人，一般称为个别性化学灼伤，不属于群体性化学灼伤的范畴

（3）群体性化学灼伤现场救护处理原则 群体性化学灼伤发生时所有救护人员及现场抢险组成员在现场救援时，必须佩戴性能可靠的个人防护用品。具体的处理原则如下：

① 任何化学物灼伤，首先要脱去污染的衣服，用自来水冲洗 2～30min（眼睛灼伤冲洗不少于 10min），并用石蕊 pH 试纸测试接近中性为止。灼伤面积大、有休克症状者冲洗要从速、从简。人数较多时可用临近水源（河、塘、湖、海等）进行冲洗。常见的化学灼伤急救处理方法见表 4-4。

表 4-4 常见化学灼伤急救处理方法

| 灼伤物质名称 | 急救处理方法 |
| --- | --- |
| 碱类：氢氧化钠、氢氧化钾、氨、碳酸钠、碳酸钾、氧化钙 | 立即用大量水冲洗，然后用 2%醋酸溶液洗涤中和，也可用 2%以上的硼酸水湿敷。氧化钙灼伤时，可用植物油洗涤 |
| 酸类：硫酸、盐酸、硝酸、高氯酸、磷酸、乙酸、甲酸、草酸、苦味酸 | 立即用大量水冲洗，再用 5%碳酸氢钠水溶液洗涤中和，然后用净水冲洗 |
| 碱金属、氰化物、氢氰酸 | 先用大量的水冲洗，然后用 0.1%高锰酸钾溶液冲洗，再用 5%硫化铵溶液冲洗 |
| 溴 | 用水冲洗后，再用 10%硫代硫酸钠溶液洗涤，然后涂碳酸氢钠糊剂或用 1 体积（25%）+1 体积松节油+10 体积乙醇（95%）的混合液处理 |
| 铬酸 | 先用大量的水冲洗，然后用 5%硫代硫酸钠溶液或 1%硫酸钠溶液洗涤 |
| 氢氟酸 | 立即用大量水冲洗，直至伤口表面发红，再用 5%碳酸氢钠溶液洗涤，再涂以甘油与氧化镁（2：1）悬浮剂，或调上如意金黄散，然后用消毒纱布包扎 |
| 磷 | 如有磷颗粒附着在皮肤上，应将局部浸入水中，用刷子清除，不可将创面暴露在空气，自觉火红用油脂涂抹，再用 1%～2%硫酸铜溶液冲洗数分钟，然后以 5%碳酸氢钠溶液洗去残留的硫酸铜，最后用生理盐水湿敷，用绷带扎好 |
| 苯酚 | 用大量水冲洗，或用 4 体积乙醇（7%）与 1 体积氯化铁（1/3mol/L）混合液洗涤，再用 5%碳酸氢钠溶液湿敷 |
| 氯化锌、硝酸银 | 用水冲洗，再用 5%碳酸氢钠溶液洗涤，涂油膏即磺胺粉 |
| 三氯化砷 | 用大量水冲洗，再用 2.5%氯化铵溶液湿敷，然后涂上 2%二巯基丙醇软膏 |
| 焦油、沥青（热烫伤） | 以棉花沾乙醚或二甲苯，消除粘在皮肤上的焦油或沥青，然后涂上羊毛脂 |

② 选择上风向、距离最近的医务室或卫生所为现场急救场所，安排烧伤外科医师负责接诊、收治登记，初步进行灼伤面积的估计，进行初步分类，并

标注颜色标记，以便分别进行不同方法急救处理。

③ 灼伤创面经清创后用一次性敷料包扎，以免二次损伤或污染。对某些化学物质灼伤，如氢氟酸灼伤，可考虑使用中和剂，但注意创面上不要抹有颜色的外用药，以免影响创面的观察。

④ 对合并有内脏破裂、气胸、骨折等严重外伤者，应优先进行处理，并尽快安排转送去有手术条件的医院。

⑤ 对中度以上严重灼伤伤员，应迅速建立静脉通道，以利于液体复苏，降低休克发生率或使伤员平稳度过休克关，为以后治疗创造条件。

⑥ 所有伤员须先行清创、包扎处理，转运途中若创面暴露，既增加护理难度，又增加感染机会。转送途中应有医护人员护送，应转送至设有烧伤中心或专科病房的医院为佳。

# 项目九　心肺复苏术

20 世纪 60 年代至今，心肺复苏术一直是全球最为推崇也是应用最为广泛的急救技术。在人们的日常生活中，有可能会遇到身边有人出现心跳骤停的紧急情况，心跳骤停会引起全身组织细胞严重缺血、缺氧和代谢障碍，如果不及时抢救会立刻失去生命。学习掌握心肺复苏的方法，能为进一步抢救直至挽回心搏骤停伤病员的生命而赢得最宝贵的时间。

## 1. 心肺复苏的定义

心肺复苏（CPR）技术是对心脏骤停、呼吸停止或有微弱的呼吸与心跳的重度中毒或窒息者采取的一种有效的"救命技术"。即用心脏按压形成暂时的人工循环恢复对心脏的自主搏动，用人工呼吸代替自主呼吸。

心肺复苏核心技术包括基础生命支持（BLS）、高级生命支持（ALS）、延续生命支持三个阶段。其中基础生命支持（BLS）是危险化学品事故现场常用的院前急救术。

## 2. 心肺复苏的临床表现

心搏骤停的主要临床表现为意识突然丧失、心音及大动脉搏动消失。一般心脏停搏 3～5s，病人有头晕和黑蒙；停搏 5～10s，由于脑部缺氧而引起晕厥，即意识丧失；停搏 10～15s 可发生阿-斯综合征，伴有全身性抽搐及大小便失禁等；停搏 20～30s 呼吸断续或停止，同时伴有面色苍白或紫绀；停搏

60s 出现瞳孔散大；如停搏超过 4～5min，往往因中枢神经系统缺氧过久而造成严重的不可逆损害。详见表 4-5 步骤操作及时间表。

心搏骤停的识别一般并不困难，最可靠且出现较早的临床现象是意识突然丧失和大动脉搏动消失，一般轻拍病人肩膀并大声呼喊以判断意识是否存在，以食指和中指触摸颈动脉以感觉有无搏动，如果两者均不存在，就可做出心搏骤停的诊断，并应该立即实施初步急救和复苏。如在心搏骤停 5min 内争分夺秒给予有效的心肺复苏，病人有可能获得复苏成功且不留下脑和其他重要器官组织损害的后遗症；但若延迟至 5min 以上，则复苏成功率极低，即使心肺复苏成功，也难免造成病人中枢神经系统不可逆性的损害。因此在现场识别和急救时，应分秒必争并充分认识到时间的宝贵性，注意不应要求所有临床表现都具备齐全才肯定诊断，不要等待听心音、测血压和心电图检查而延误识别和抢救时机。

**表 4-5　步骤操作及时间表**

| 时　间 | 步　骤 | 重　点 |
|---|---|---|
| 4～10s | 判断意识,高声求助,摆放体位 | 检查时,回忆 CPR 程序 |
| 5～10s | 检查脉搏 | 不要花费更长时间 |
| 30～40s | 实施胸外心脏按压,人工呼吸 | 按压定位准确 |
| 5s | 开放气道 | 必须畅通气道 |
| 5～6s | 口对口吹气 | 注意胸部隆起 |
| 10s | 检查呼吸、循环体征 | 如无呼吸、脉搏,继续 CPR |

继续 CPR,每 5 个周期(约 2min)停 10s 检查呼吸、脉搏

### 3. 心肺复苏的意义

心脏和大脑需要不断地供给氧气。如果中断供氧 3～4min 就会造成不可逆性损害。在正常温度下，心跳停止 3s 伤病员感到头昏，10～20s 伤病员发生昏厥，30～40s 瞳孔散大，40s 左右出现抽搐，60s 后呼吸停止。所以，在某些意外事故中，如触电、溺水、脑血管和心血管意外，一旦发现心跳、呼吸停止，首要的抢救措施就是迅速进行心肺复苏术，以保持有效通气和血液循环，保证重要脏器的氧气供应。

大量事实表明，抢救生命的黄金时间是 4min，现场及时施行有效的心肺复苏术，可有 50% 的概率救活伤病员。在畅通气道的前提下进行有效的人工呼吸、胸外心脏按压，不仅使心肺的功能得以恢复，更重要的是可使带有新鲜氧气的血液到达大脑和其他重要器官，给心、脑等重要脏器官组织提

供基本的供血和供氧，为进一步的治疗赢得时间。对于心跳、呼吸骤停的伤病员，心肺复苏术成功与否的关键是抢救时间，复苏施行越早，存活的可能性越大。

### 4. 心肺复苏实施步骤

基础生命支持（BLS）又称初步急救或现场急救，目的是在心脏骤停后，立即以徒手方法争分夺秒地进行复苏抢救，以使心搏骤停病人心、脑及全身重要器官获得最低限度的紧急供氧（通常按正规训练的手法可提供正常血供的25％～30％）。BLS的基础包括突发心脏骤停（SCA）的识别、紧急反应系统的启动、早期心肺复苏（CPR）、迅速使用自动体外除颤仪（AED）除颤。《2010美国心脏协会心肺复苏及心血管急救指南》中包含一个比较表，其中列出了成人、儿童和婴儿基础生命支持的关键操作元素（不包括新生儿的心肺复苏）。这些关键操作元素包含在表4-6中。

表 4-6　成人、儿童和婴儿的关键基础生命支持步骤

| 内容 | 建议 | | |
|---|---|---|---|
| | 成人 | 儿童 | 婴儿 |
| 识别 | 无反应(所有年龄) | | |
| | 没有呼吸或不能正常呼吸(即仅仅是喘息) | 不呼吸或仅仅是喘息 | |
| | 对于所有年龄,在10s内未扪及脉搏(仅限医务人员) | | |
| 心肺复苏程序 | C-A-B | | |
| 按压速率 | 每分钟至少100次 | | |
| 按压幅度 | 至少5cm | 至少1/3前后径大约5cm | 至少1/3前后径大约4cm |
| 胸廓回弹 | 保证每次按压后胸廓回弹<br>医务人员每2min交换一次按压职责 | | |
| 按压中断 | 尽可能减少胸外按压的中断<br>尽可能将中断控制在10s以内 | | |
| 气道 | 仰头抬颏法(医务人员怀疑有外伤:推举下颌法) | | |
| 按压-通气比率<br>(置入高级气道之前) | 30：2<br>1或2名施救者 | 30：2<br>单人施救者<br>15：2<br>2名医务人员施救者 | |
| 通气:在施救者未经培训或经过培训但不熟练的情况下 | 单纯胸外按压 | | |

| 内容 | 建议 | | |
|---|---|---|---|
| | 成人 | 儿童 | 婴儿 |
| 使用高级气道通气（医务人员） | 每6～8s 1次呼吸（每分钟8～10次呼吸）<br>与胸外按压不同步<br>大约每次呼吸1秒时间<br>明显的胸廓隆起 | | |
| 除颤 | 尽快连接并使用 AED。尽可能缩短电击前后的胸外按压中断；每次电击后立即从按压开始心肺复苏 | | |

（1）评估和现场安全　急救者在确认现场安全的情况下轻拍患者的肩膀，并大声呼喊"你还好吗?"检查患者是否有呼吸。如果没有呼吸或者没有正常呼吸（即只有喘息），立刻启动应急反应系统。BLS 程序已被简化，已把"看、听和感觉"从程序中删除，实施这些步骤既不合理又很耗时间，基于这个原因，《2010 心肺复苏指南》强调对无反应且无呼吸或无正常呼吸的成人，立即启动急救反应系统并开始胸外心脏按压。

（2）启动紧急医疗服务（EMS）并获取 AED

① 如发现患者无反应无呼吸，急救者应启动 EMS 体系（拨打 120），取来 AED（如果有条件），对患者实施 CPR，如需要时立即进行除颤。

② 如有多名急救者在现场，其中一名急救者按步骤进行 CPR，另一名启动 EMS 体系（拨打 120），取来 AED（如果有条件）。

③ 在救助淹溺或窒息性心脏骤停患者时，急救者应先进行 5 个周期（或 2min）的 CPR，然后拨打 120 启动 EMS 系统。

（3）脉搏检查　对于非专业急救人员，不再强调训练其检查脉搏，只要发现无反应的患者没有自主呼吸就应按心搏骤停处理。对于医务人员，一般以一手食指和中指触摸患者颈动脉以感觉有无搏动（搏动触点在甲状软骨旁胸锁乳突肌沟内）。检查脉搏的时间一般不能超过 10s，如 10s 内仍不能确定有无脉搏，应立即实施胸外按压。

（4）胸外按压（circulation，C）　胸外心脏按压是通过人工对心脏的挤压按摩，从而强迫心脏做功，促进血液循环使心脏复苏，逐渐恢复正常心肌功能。危险化学品导致人员中毒的事故现场一般采取胸外按压的方法。胸外按压的具体操作如下：

① 确保患者仰卧于平地上或用胸外按压板垫于其肩背下，急救者可采用跪式或踏脚凳等不同体位，将一只手的掌根放在患者胸部的中央，胸骨下半部上，将另一只手的掌根置于第一只手上。手指不接触胸壁。

② 按压部位。成人的挤压部位在胸骨的中 1/3 段与下 1/3 段的交界处；若患者为儿童，抢救者以单手掌根挤压，手臂伸直，垂直向下用力，挤压部位在胸骨中 1/3 段；若患者为婴儿，抢救者将食指放在在两乳头连线的中点与胸骨正中线交叉点的下方一横指处，以单手的中指和无名指合并平贴放在胸骨定位的食指旁进行挤压，挤压时将食指抬起或另一手放在婴儿背下。

③ 按压姿势（图 4-1）。抢救者的上半身前倾，两肩位于双手的正上方，两臂伸直，垂直向下用力，借助于上半身的体重和肩、臂部肌肉的力量进行按压；按压时双肘须伸直，垂直向下用力按压，成人按压频率至少为 100 次/min，下压深度至少为 5cm，每次按压之后应让胸廓完全回复。

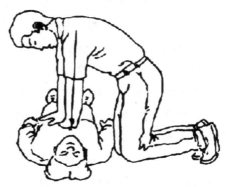

图 4-1　胸外心脏按压姿势

④ 按压时间与放松时间各占 50％左右，放松时掌根部不能离开胸壁，以免按压点移位。

⑤ 按压应平稳、有规律地进行，不能冲击式按压或中断按压，每次按压后，双手放松使胸骨恢复到按压前的位置，放松时双手不要离开胸壁，一方面使双手位置保持固定，另一方面，减少胸骨本身复位的冲击力，以免发生骨折，每次按压后，让胸廓回复到原来的位置再进行下一次按压。

为了尽量减少因通气而中断胸外按压，对于未建立人工气道的成人，《2010 年国际心肺复苏指南》推荐的按压-通气比率为 30∶2。对于婴儿和儿童，双人 CPR 时可采用 15∶2 的比率。如双人或多人施救，应每 2min 或 5 个周期 CPR（每个周期包括 30 次按压和 2 次人工呼吸）更换按压者，并在 5s 内完成转换，因为研究表明，在按压开始 1～2min 后，操作者按压的质量就开始下降（表现为频率和幅度以及胸壁复位情况均不理想）。因此国际心肺复苏指南强调持续有效胸外按压，快速有力，尽量不间断，因为过多中断按压，会使冠脉和脑血流中断，复苏成功率明显降低。

（5）开放气道（airway，A）　在《2010 美国心脏协会心肺复苏及心血管急救指南》中有一个重要改变是在通气前就要开始胸外按压。胸外按压能产生血流，在整个复苏过程中，都应该尽量减少延迟和中断胸外按压。而调整头部位置，实现密封以进行口对口呼吸，拿取球囊面罩进行人工呼吸等都要花费时间。采用 30∶2 的按压通气比开始 CPR 能使首次按压延迟的时间缩短。

舌肌松弛、舌根后坠、咽后壁下垂是造成呼吸不通畅的常见原因，有时食物、痰、呕吐物、血块、泥沙等也能堵住气道的入口。因此，开放气道，保持呼吸道通畅是心肺复苏的第一步抢救技术。常用的开放气道的方法有压额仰头抬颏法和托下颌法，注意在开放气道同时应该用手指挖出病人口中异物或呕吐物，有假牙者应取出假牙。

① 压额仰头抬颏法　如无颈部创伤，可采用压额仰头抬颏法（图4-2）开放气道，用于解除舌根后坠阻塞的效果最佳。具体操作：首先解开患者的上衣，暴露胸部，松开裤带，急救者位于伤员一侧；为完成仰头动作，应把一只手放在患者前额，用手掌按向下压前额并向后推使头部后仰，颈项过伸；另一只手的食指与中指放在下颌骨仅下颏或下颌角处，向上举颏并使牙关紧闭，下颌向上抬动。注意手指勿用力压迫患者颈前、颏下部软组织，否则有可能压迫气道而造成气道梗阻。

② 托颌法　对疑有颈部外伤者，为避免损伤其脊椎，只采用托颌动作，而不配合使头后仰或转动的其他手法。具体操作方法：把手放置在患者头部两侧，肘部支撑在患者躺的平面上，握紧下颌角，用力向上托下颌，如患者紧闭双唇，可用拇指把口唇分开（图4-3）。如果需要进行口对口呼吸，则将下颌持续上托，用面颊贴紧患者的鼻孔。

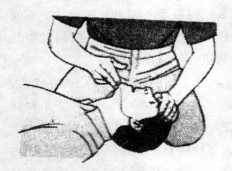
图 4-2　压额仰头抬颏法

图 4-3　托颌法

（6）人工呼吸（breathing，B）　给予人工呼吸前，正常吸气即可，无需深吸气；所有人工呼吸（无论是口对口、口对面罩、球囊-面罩或球囊对高级气道）均应该持续吹气1s以上，保证有足够量的气体进入并使胸廓起伏；如第一次人工呼吸未能使胸廓起伏，可再次用仰头抬颏法开放气道，给予第二次通气；过度通气（多次吹气或吹入气量过大）可能有害，应避免。

实施口对口人工呼吸是借助急救者吹气的力量，使气体被动吹入肺泡，通过肺的间歇性膨胀，以达到维持肺泡通气和氧合作用，从而减轻组织缺氧和二氧化碳滞留。方法为：将受害者仰卧置于稳定的硬板上，托住颈部并使头后仰，用手指清洁其口腔，以解除气道异物，急救者以右手拇指和食指捏紧病人的鼻孔，用自己的双唇把病人的口完全包绕，然后吹气 1s 以上，使胸廓扩张；吹气完毕，施救者松开捏鼻孔的手，让病人的胸廓及肺依靠其弹性自主回缩呼气，同时均匀吸气，以上步骤再重复一次。对婴儿及年幼儿童复苏，可将婴儿的头部稍后仰，把口唇封住患者的嘴和鼻子，轻微吹气入患者肺部。如患者面部受伤则可妨碍进行口对口人工呼吸，可进行口对鼻通气。深呼吸一次并将嘴封住患者的鼻子，抬高患者的下巴并封住口唇，对患者的鼻子深吹一口气，移开救护者的嘴并用手将受伤者的嘴敞开，这样气体可以出来。在建立了高级气道后，每 6～8s 进行一次通气，而不必在两次按压间才同步进行（即呼吸频率 8～10 次/min）。在通气时不需要停止胸外按压。

（7）AED 除颤　室颤是成人心脏骤停的最初发生的较为常见而且是较容易治疗的心律。对于心室纤维性颤动（简称室颤）患者，如果能在意识丧失的 3～5min 内立即实施 CPR 及除颤，存活率是最高的。对于院外心脏骤停患者或在监护心律的住院患者，迅速除颤是治疗短时间 VF 的好方法。

（8）单人与双人心肺复苏术

① 单人心肺复苏术。同一救护员顺次转换口对口人工呼吸及胸外按压。胸部按压数：人工呼吸数＝5∶2。重复一轮按压和通气后，要检查颈动脉及有无自主呼吸。

② 双人心肺复苏术由两位救护者各在伤病员一边，分别进行口对口人工呼吸及胸外按压，胸部按压数：人工呼吸数＝5∶1，要有机衔接。在每次轮换时，两位救护员分别负责检查脉搏和呼吸。

### 4. 注意事项

① 任何急救开始的同时，均应及时拨打急救电话。

② 口对口吹气量不宜过大，胸廓稍起伏即可。吹气时间不宜过长，过长会引起急性胃扩张、胃胀气和呕吐。吹气过程要注意观察伤病员气道是否通畅，胸廓是否被吹起。

③ 胸外心脏按压只能在伤病员心脏停止跳动的情况下才能施行。

④ 口对口吹气和胸外心脏按压应同时进行，严格按吹气和按压的比例操作，吹气和按压的次数过多或过少都会影响复苏的成败。

⑤ 胸外心脏按压的位置必须准确。不准确容易损伤其他脏器。按压的力度要适宜，过于猛烈容易使胸骨骨折，引起气胸、血胸；按压的力度过轻，胸

腔压力小，不足以推动血液循环。

⑥ 施行心肺复苏术时应将伤病员的衣扣及裤带解松，以免引起内脏损伤。

⑦ 救护时要充满信心，现场救护不要犹豫不决。不要把时间耗在反复检查心跳、呼吸的过程中。

⑧ 对于危重症，千万不能只等待专业人员急救。

⑨ 应使用心肺复苏模型进行心肺复苏术的训练，严禁在健康人身上进行操作训练。

⑩ 救护员定期参加心肺复苏术培训，巩固应急救护的知识。

**6. 心肺复苏有效指标**

（1）颈动脉搏动　按压有效时，每按压一次可触摸到颈动脉一次搏动，若中止按压搏动亦消失，则应继续进行胸外按压，如果停止按压后脉搏仍然存在，说明病人心搏已恢复。

（2）面色（口唇）　复苏有效时，面色由紫绀转为红润，若变为灰白，则说明复苏无效。

（3）其他　复苏有效时，可出现自主呼吸，或瞳孔由大变小并有对光反射，甚至有眼球活动及四肢抽动。

**7. 终止抢救的标准**

现场 CPR 应持续不间断地进行，不可轻易作出停止复苏的决定，如符合下列条件者，现场抢救人员方可考虑终止复苏：

① 患者呼吸和循环已有效恢复。

② 无心搏和自主呼吸，CPR 在常温下持续 30min 以上，EMS 人员到场确定患者已死亡。

③ 有 EMS 人员接手承担复苏或其他人员接替抢救。

# 项目十　受害人搬运术

搬运是指用人工或简单的工具将伤病员从发病现场移动到能够治疗的场所，或经过现场救治的伤员移动到运输工具上。搬运时，如方法和工具选择不当，轻则加重病人痛苦，重者造成二次损害，甚至是终身瘫痪。搬运要根据不同的伤员和病情，因地制宜地选择合适的搬运方法和工具，而且动作要轻、快。下面介绍几种常见、常用的搬运方法。

## 1. 单人搬运法

单人搬运法有扶行法、抱持法、背负法、肩法等（图 4-4）。

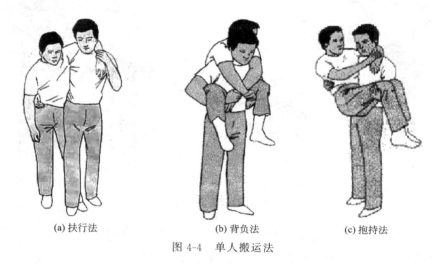

(a) 扶行法                (b) 背负法                (c) 抱持法

图 4-4　单人搬运法

（1）扶行法　扶行法适宜清醒的伤病者。没有骨折、伤势不重、能自己行走的伤病者。

救护者站在身旁，将一侧上肢绕过救护者颈部，用手抓住伤病者的手，另一只手绕到伤病者背后，搀扶行走。

（2）背负法　背负法适用老幼、体轻、清醒的伤病者。如有上、下肢和脊柱骨折，则不能用此法。

救护者朝向伤病者蹲下，让伤员将双臂从救护员肩上伸到胸前，两手紧握。救护员抓住伤病者的大腿，慢慢站起来。

（3）抱持法　抱持法适于年幼伤病者，体轻者没有骨折、伤势不重，是短距离搬运的最佳方法。如有脊柱或大腿骨折禁用此法。

救护者蹲在伤病者的一侧，面向伤员，一只手放在伤病者的大腿下，另一只手绕到伤病者的背后，然后将其轻轻抱起。

## 2. 双人搬运法

双人搬运法有轿杠式搬运法、双人拉车式搬运法（图 4-5）。

（1）轿杠式搬运法　轿杠式搬运法适用于清醒的伤病者。两名救护者面对面各自用右手握住自己的左手腕。再用左手握住对方右手腕，然后，蹲下让伤病者将两上肢分别放到两名救护者的颈后，再坐到相互握紧的手上。两名救护者同时站起，行走同时迈出外侧的腿，保持步调一致。

(a) 轿杠式　　　　　　　　　　　　　(b) 双人拉车式

图 4-5　双人搬运法

（2）双人拉车式搬运法　双人拉车式适于意识不清的伤病者。将伤病者移上椅子、担架或在狭窄地方搬运伤者。

两名救护者，一人站在伤病者的背后将两手从伤病者腋下插入，把伤病者两前臂交叉于胸前，再抓住伤病者的手腕，把伤病者抱在怀里，另一人反身站在伤病者两腿中间将伤病者两腿抬起，两名救护者一前一后地行走。

### 3. 多人搬运法

多人搬运法适用于脊柱受伤的伤员（图 4-6）。

两人专管头部的牵引固定，使头部始终保持与躯干成直线的位置，维持颈部不动；另两人托住臂背，两人托住下肢，协调地将伤员平直放到担架上。六人可分两排，面对面站立，将伤员抱起。

图 4-6　多人搬运法

### 4. 担架搬运法

担架搬运法是搬运伤员最佳方法，重伤员长距离运送应采用此法。没有担架可用椅子、门板、梯子、大衣代替；也可用绳子和两条竹竿、木棍制成临时担架。

运送伤员应将担架吊带扣好或固定好。伤员四肢不要太靠近边缘，以免附加损伤。运送时头在后、脚在前。途中要注意呼吸道通畅及严密观察伤情变化。

## 5. 脊柱骨折搬运法

对疑有脊柱骨折伤员，应尽量避免脊柱骨折处移动，以免引起或加重脊髓损伤。搬运时应准备硬板床置于伤员身旁，保持伤员平直姿势，由 2～3 人将伤员轻轻推滚或平托到硬板上（图 4-7）。疑有颈椎骨折的伤员，需平卧于硬板床上，头两侧用沙袋固定，搬动时保持颈项与躯干长轴一致。不可让头部低垂、转向一侧或侧卧（图 4-8）。

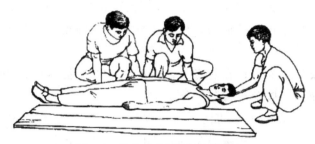

图 4-7　脊柱骨折-推滚式搬运法

附：离体组织器官运送　离体组织器官应用无菌或清洁敷料包裹好，放入塑料袋或直接放入加盖的容器中。当气温高于 10℃ 时，外周以冰块包围保存（图 4-9）。

上图：错误的搬运法　下图：正确的搬运法

图 4-8　颈椎、脊柱骨折的搬运法

图 4-9　离体组织器官运送

## 6. 搬运伤员的注意事项

① 搬运伤员之前要检查伤员的生命体征和受伤部位，重点检查伤员的头

部、脊柱、胸部有无外伤，特别是颈椎是否受到损伤。

② 必须妥善处理好伤员。首先要保持伤员的呼吸道的通畅，然后对伤员的受伤部位要按照技术操作规范进行止血、包扎、固定。处理得当后，才能搬动。

③ 在人员、担架等未准备妥当时，切忌搬运。搬运体重过重和神志不清的伤员时，要考虑全面。防止搬运途中发生坠落、摔伤等意外。

④ 在搬运过程中要随时观察伤员的病情变化。重点观察呼吸、神志等，注意保暖，但不要将头面部包盖太严，以免影响呼吸。一旦在途中发生紧急情况，如窒息、呼吸停止、抽搐时，应停止搬运，立即进行急救处理。

⑤ 在特殊的现场，应按特殊的方法进行搬运。火灾现场，在浓烟中搬运伤员，应弯腰或匍匐前进；在有毒气泄漏的现场，搬运者应先用湿毛巾掩住口鼻或使用防毒面具，以免被毒气熏倒。

⑥ 搬运脊柱、脊髓损伤的伤员。放在硬板担架上以后，必须将其身体与担架一起用三角巾或其他布类条带固定牢固，尤其颈椎损伤者，头颈部两侧必须放置沙袋、枕头、衣物等进行固定，限制颈椎各方向的活动，然后用三角巾等将前额连同担架一起固定，再将全身用三角巾等与担架围定在一起。

# 模块五 电气、仪表及自动化

## 项目一 化工生产安全用电

### 一、触电是怎么回事?

人体是导体,人体触及带电体时,有电流通过人体,这就是触电。一般人体对电流反应如表 5-1 所示。

表 5-1 人体对电流的敏感度

| 电流等级 | 人体感觉 |
|---|---|
| AC 0.1~0.2mA | 对人体无害反而能治病 |
| AC 1mA 或 DC 5mA | 引起麻痹的感觉 |
| 不超过 AC 10mA 或 DC 50mA | 人尚可摆脱电源 |
| 达到 100mA 时 | 只要很短时间就可使人心跳停止 |

电流对人体的危险与电流大小、通电时间长短、电流通过人体的部位等有关。譬如,干燥环境下,人体电阻大;皮肤出汗或身体潮湿时,人体电阻会下降;触电接触面积越大,电阻越小。

### 二、常见触电事故

#### 1. 单相电触电

在图 5-1(a) 中,人员站在地面上,与大地没有绝缘保护(即没有穿戴电工绝缘触鞋,或没有站在距离地面一定距离的干燥绝缘的木凳上等),当碰到一根火线和大地之间形成回路时，导致单相电触电。当人员与地面绝缘，或触碰到零线时，一般不会触电，如图 5-1(b) 所示。

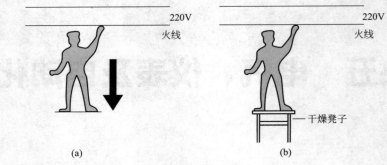

图 5-1　单相电触电

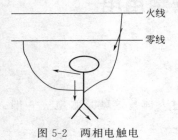

图 5-2　两相电触电

## 2. 两相电触电

两相电触电（图 5-2）一定会触电，因为即使人员与大地绝缘，也会有火线和零线之间的电流通过人体。

## 3. 外壳漏电触电

某些化工电气设备的金属外壳漏电时，工作人员触碰外壳，发生触电事故。因此，必须将金属外壳接地，工作人员穿绝缘鞋。放置设备漏电导致人员触电，如图 5-3 所示。

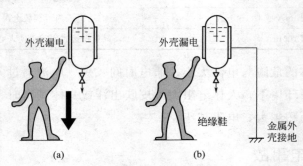

图 5-3　设备外壳漏电导致触电

## 4. 高压电弧触电

高压带电设备所带电压达几千伏、几万伏甚至是几十万伏。在人体离它们较近时，高压线或高压设备所带高电压，有可能击穿它们与人体之间的空气，于是发生通过人体产生的放电现象，如图 5-4 所示。

**5. 跨步电压触电**

由于高压线路触地，导致电流向四周扩散，且越远电流越小（一般安全距离 30 m 以外），人靠近时两腿之间将承受电压，从而导致触电，如图 5-5 所示。

图 5-4　高压电弧触电

图 5-5　跨步电压触电

# 三、触电急救

（1）当发现有人触电后，如果触电人尚未脱离电源，设法使触电人迅速地脱离电源。与此同时，还应防止触电人在脱离电源后可能造成的第二次伤害（如倒地后摔伤或从高空落下），对此应采取有效的预防措施，避免触电事故的扩大。

（2）如果触电人脱离电源后，仅是神志不清，呼吸及心脏无异常，应使其平躺在环境较好、空气清新的处所，保持环境的安静，将衣服解开，使呼吸通畅及血液循环不发生障碍，并密切观察，请医生诊治。必要时可使其嗅一点氨水。

（3）如果触电人呼吸停止，在脱离电源后要立即进行人工呼吸。若心脏也停止跳动，还应该进行胸外心脏按压以助其血液循环，并及时请医生。如果触电人呼吸停止、心脏也不跳动，但没有致命的外伤，只能认为是假死。假死的触电人生命能否得救，绝大多数情况下取决于能否使其迅速脱离电源并及时正确地施救，这期间任何迟疑、中断都可能增加触电人死亡的概率。事实证明，触电后 1min 内即开始施救，90％的触电人都能救活；经过 6min 才施救时，只有 10％才能救活；6min 后才施救的，能救活的寥寥无几。

（4）低压系统中，使人脱离电源可采取如下措施：

① 触电人所触及的电线必须切断；

② 触电人所触及的电源插头迅速拔下；

③ 触电人所触及的电源是明敷设导线绝缘损坏，用绝缘物将导线挑开，并应防止可能存在的跨步电压；

④ 触电人是在梯子上触电，特别应防止其脱离电源后造成损伤；

⑤ 触电人是在架空线路上触电，使其脱离电源应拉开符合总开关。

（5）在高压系统中发生触电时，要迅速通知有关部门停电，但要特别注意：

① 设法尽快使触电人脱离电源。

② 救护人要注意自身安全，不可再触电。

③ 采取有效措施，防止触电人脱离电源后造成二次伤害。使触电人脱离电源后，要立即采取急救措施，常采用的急救方法有人工呼吸法及胸外心脏按压法两种。不要因打电话叫救护车而延误抢救时间，即使在救护车上，也不能终止抢救。

## 四、用电安全检查

① 检查电气线路和设备的绝缘是否完好，必要时还应测量其绝缘电阻值是否合格；

② 各类电气设备的保护接地和保护接零是否可靠，保护装置是否符合要求；

③ 检查各项移动电器的触电保安器和使用电压是否合格，是否符合要求；

④ 新安装的电气设备，其安装位置是否合理，是否安全可靠；

⑤ 绝缘手套、绝缘靴、绝缘垫等安全用具是否齐全，必要时应进行耐压检查；

⑥ 电气灭火器材是否齐全、有效；

⑦ 检查各班组的电气安全制度的执行情况是否得到落实。

## 五、用电安全教育

对化工工人的用电安全教育，要做到用电安全"十不准"。

① 任何人不准玩弄电气设备和开关；

② 非电工不准拆装、修理电气设备和用具，发现破损的电线、开关、灯头及插座应及时与电工联系修理；

③ 不准私拉乱接电气设备，更不准将电器电源线直接插入插座内；

④ 不准使用绝缘损坏的电气设备；

⑤ 不准私用电气设备和灯泡取暖；

⑥ 不准用水冲洗电气设备，也不要用湿手和金属物扳带电的电气开关；

⑦ 熔丝熔断，不准调换容量不符的熔丝；

⑧ 不准擅自移动电气安全标志、围栏等安全设施；

⑨ 不准使用检修中机器的电气设备；

⑩ 不准在带电导线、带电设备附近使用火炉或喷灯，也不要靠近暖气设备或蒸汽管等。在带电设备周围不能使用钢卷尺、皮卷尺进行测量工作。

# 项目二　常用电气元件和基本电路分析

## 一、常用电气元件

### 1. 刀开关 QS

如图 5-6 所示，用于接通和断开电路。一般不用于带负荷开关和频繁开关，主要问题有：

① 无灭弧装置，触点容易烧蚀甚至熔焊不能断开；

② 保护方式单一，采用传统的熔断丝，不能反复使用，不能对电动机进

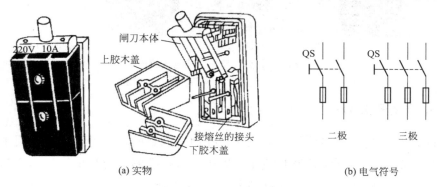

(a) 实物　　　　　　　　　　　　(b) 电气符号

图 5-6　瓷底胶盖刀开关及其电气符号

行热过载保护；

③ 负载只能是小功率（5kW 以下）的电动机；

④ 停电时不能自动切断，若忘记拉下开关，来电时会自动启动。

**例 5-1** 三相交流异步电动机的长动控制（起-保-停控制），如图 5-7 所示。

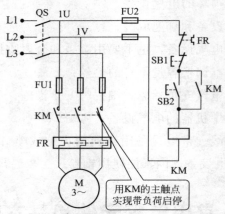

图 5-7　三相交流异步电动机的长动控制

## 2. 空气开关（或断路器）QF

用于接通和断开电路，应用广泛，具有短路、过载、欠压失压保护，图 5-8 为不同样式的空气开关及其电气符号。空气具有脱扣电流，超过后自动跳闸。图 5-9 的空气开关还具有漏电保护功能。

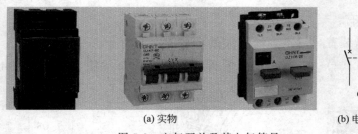

(a) 实物　　　　　　　　　　　　　　(b) 电气符号

图 5-8　空气开关及其电气符号

## 3. 转换开关 QS

转换开关是一种多档位、多段式、控制多回路的主令电器，主要用于各种控制线路的转换。万能转换开关还可以用于直接控制小容量电动机的启动、调速和换向。转换开关及其电气符号如图 5-10 所示。

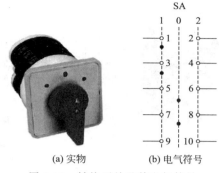

图 5-9　漏电保护空气开关　　　　图 5-10　转换开关及其电气符号

（a）实物　　　（b）电气符号

## 4. 熔断器 FU

用于短路保护，包括熔体和熔管，如图 5-11 所示。

（a）螺旋式熔断器　　　（b）圆筒帽形熔断器　　　（c）电气符号

图 5-11　熔断器及其电气符号

熔体电流选择：

（1）纯电阻性负载

$$I_{fN} \geqslant I_N \tag{5-1}$$

式中，$I_{fN}$ 为熔体的额定电流；$I_N$ 为负载的额定电流。

（2）阻感负载

如交流异步电动机或泵，熔体的额定电流

$$I_{fN} \geqslant (1.5 \sim 2.5)I_N \tag{5-2}$$

## 5. 交流接触器 KM

用来接通或切断交流主电路和控制电路的自动控制电器。交流接触器及其电气符号如图 5-12 所示。

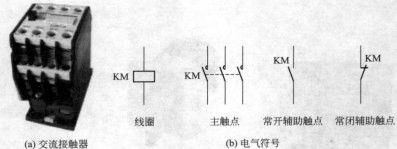

(a) 交流接触器          (b) 电气符号

图 5-12　交流接触器及其电气符号

## 6. 中间继电器 KA

作用与交流接触器类似，只是其容量更小、触点更多，因此一般用于信号传递。中间继电器及其电气符号如图 5-13 所示。

(a) 中间继电器          (b) 电气符号

图 5-13　中间继电器及其电气符号

## 7. 时间继电器 KT

用于接通或断开延时控制，电气符号如图 5-14 所示。

图 5-14　时间继电器电气符号

## 8. 热继电器 FR

用于过载保护，电气符号如图 5-15 所示。

| 发热元件 | 常开触点 | 常闭触点 |

图 5-15　热继电器电气符号

## 9. 按钮 SB

普通按钮不具有机械锁定功能，即松开后会自动弹回；但急停一般是具有机械锁定功能的。按钮及其电气符号如图 5-16 所示。

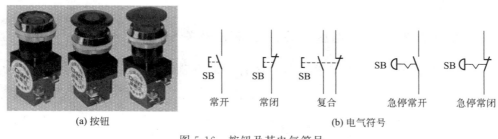

(a) 按钮

常开　　常闭　　复合　　急停常开　　急停常闭

(b) 电气符号

图 5-16　按钮及其电气符号

## 10. 旋转开关

旋转开关分为不带钥匙和带钥匙两种，如图 5-17 所示。

(a) 不带钥匙的旋转开关及其电气符号　　　(b) 带钥匙的旋转开关及其电气符号

图 5-17　旋转开关及其电气符号

## 11. 行程开关 SQ

一般用于限位保护或位置定位。限位开关及其电气符号如图 5-18 所示。

## 12. 接近开关 SQ

根据不同机理，分为电感式、电容式、光电式、磁电式等多种。与行程开

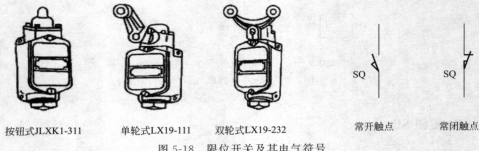

按钮式JLXK1-311    单轮式LX19-111    双轮式LX19-232    常开触点    常闭触点

图 5-18    限位开关及其电气符号

关的主要区别是不需要触碰，只需要物体接近即可。限位开关及其电气符号如图 5-19 所示。

### 13. 压力开关 SP、温度开关 ST、液位开关 SL

到达指定压力或温度，常开触点闭合、常闭触点断开。电气符号如图 5-20 所示。

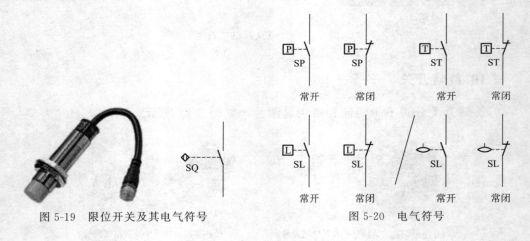

图 5-19　限位开关及其电气符号　　　　　图 5-20　电气符号

### 14. 蜂鸣器 HA 和指示灯 HL

电气符号如图 5-21 所示。

### 15. 电动机与发电机

电气符号如图 5-22 所示。

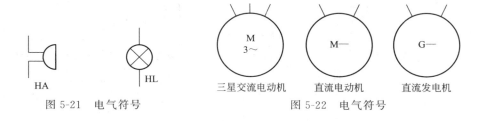

图 5-21　电气符号　　　　　　　　　　　图 5-22　电气符号

# 二、常用电路分析

## 1. 照明电路

照明电路主要有熔断器 FU、开关 SA 和照明灯 HL 组成，如图 5-23 所示。由于工作原理简单，这里不再分析。

当出现灯不亮时，可以使用万用表进行检查：

① 使用万用表的交流电压测量挡，检测 L、N 是否有交流 220V 电压；

② 再检查熔断器是否熔断，使用万用表的二极管挡测量熔断器的好坏，如果损坏则更换；

③ 电源和熔断器正常时，在断电情况下，使用万用表的二极管挡测量接线是否正常，开关是否正常；

④ 如果电源、熔断器和线路都正常时，检测照明灯是否正常。

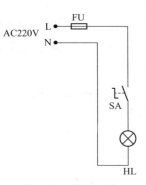

图 5-23　照明电路

## 2. 三相交流电动机的点动/长动控制

（1）电路分析　图 5-24（a）中，闭合开关 QS，熔断器 FU1 正常，当交流接触器线圈得电从而使主触点闭合时，电动机运转。

图 5-24（b）中，熔断器 FU2 正常，电动机无过载，热继电器的热元件 FR 未发热，热继电器的常闭触点 FR 保持常闭时，按下按钮 SB，交流接触器 KM 线圈得电，KM 主触点闭合，电动机运转；松开按钮 SB，KM 线圈失电，KM 主触点闭合恢复为常开，电动机失电停止。

图 5-24（c）中，熔断器 FU2 正常，电动机无过载，热继电器的热元件 FR 未发热，热继电器的常闭触点 FR 保持常闭时：

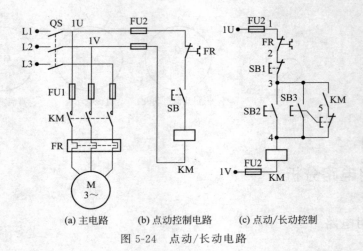

(a) 主电路    (b) 点动控制电路    (c) 点动/长动控制

图 5-24　点动/长动电路

情况一：按下按钮 SB2，交流接触器 KM 线圈得电，KM 主触点闭合，KM 常开辅助触点也闭合，从而形成自锁，因此松开按钮 SB2 时，电动机依然运转；当按下按钮 SB1 时，KM 线圈失电，电动机停止。

情况二：按下复合按钮 SB3，SB3 常开触点闭合、常闭触点断开，交流接触器 KM 线圈得电，KM 主触点闭合，电动机运转，松开 SB3 电动机停止。

（2）电路的保护环节　保护环节包括短路保护、过载保护、欠压和零压保护等。

① 短路保护　由熔断器 FU1、FU2 分别实现主电路和控制电路的短路保护。

② 过载保护　采用热继电器 FR 来实现电动机的长期过载保护。

③ 欠压和零压保护　通过接触器 KM 的自锁触点来实现。当电源停电或者电源电压严重下降，使接触器 KM 由于铁心吸力消失或减小而释放时，电动机停转，接触器辅助常开触点 KM 断开并失去自锁。欠压保护可以防止电压严重下降时电动机在负载情况下的低压运行；也能防止电源电压恢复时，电动机突然起动运转，造成设备和人身事故。

# 项目三　自动控制系统的认识

图 5-25 是一个典型的储液罐，工业生产中通常作为工序中的中间容器，从前一道工序中的物料流入容器，经过工艺处理后经阀门流出容器，送入下一道工序。在液位控制过程中可以发现，阀门该容器的流出量，阀门的开度变化

会影响容器内的液位高度。为解决这一问题，通常将容器内某一高度设定为正常工作高度 $H$，同时设定高度上限 $H_H$ 与高度下限 $H_L$。当液面高度上升时，加大阀门开度，反之，当液面高度下降时，减小阀门开度，通过阀门开合度的控制始终保持液面高度 $H$ 处于高度上限和高度下限之间。

图 5-25 液位人工控制系统

操作人员经历如下步骤：

### 1. 眼看

通过视觉观察液面当前的高度值，通过神经网络将结果反馈给大脑。

### 2. 大脑判断

大脑比较当前液面高度与操作人员经验中正常高度是否相同，差值为多少，判断是否要改变阀门开度。

### 3. 手动控制阀门

根据大脑的判断结果，通过手去改变阀门开度，以改变流量，保持液位始终在正常工作高度。

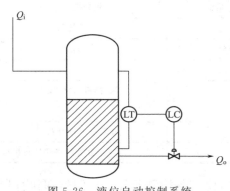

图 5-26 液位自动控制系统

眼、脑、手在这一过程中分别承担检测装置、运算装置（控制器）和执行装置三个任务，来完成测量、求偏差和纠正偏差的过程。由于人工控制受到的生理限制，已经满足不了现代工业大型、快速的生产速度，为解决这一问题，可以设计一套自动控制系统替代人工控制系统。如图 5-26 所示。

在图 5-26 中，利用变送器取代人眼作为测量装置，用控制器取代大脑作为运算装置，用电磁控制阀取代人工控制阀作为执行装置。

（1）测量装置 图 5-26 中 LT 表示液位变送器，它可以根据被测量的液位改变输出的电信号大小，并发送出去。

（2）控制器　图 5-26 中以 LC 表示液位控制器，它接收变送器 LT 送来的电信号，并转换为高度信号，将其与工艺要求的高度进行比较，得出偏差结果。再将结果转换为电信号发送出去。

（3）执行装置　通常是指控制阀，它和普通的阀门一样，但它可以自动根据控制器送来的电信号的值改变自身开合度。

在化工类控制流程图中，一般以小圆圈表示某些自动化装置，在圆圈内按照一定规则编写一位或多位字母，第一位字母一般表示被测变量，后继字母表示仪表的功能，常用的字母及其含义如表 5-2 所示。

表 5-2　常用仪表功能字母标号

| 字母 | 第一位字母 | | 后继字母 |
| --- | --- | --- | --- |
| | 被测变量 | 修饰词 | 功能 |
| A | 分析 | | 报警 |
| C | 电导率 | | 控制（调节） |
| D | 密度 | 差 | |
| E | 电压 | | 检测元件 |
| F | 流量 | 比（分数） | |
| I | 电流 | | 指示 |
| K | 时间或是时间顺序 | | 自动-手动操作器 |
| L | 物位 | | |
| M | 水分或湿度 | | |
| P | 压力或真空 | | |
| Q | 数量或件数 | 积分、累积 | 积分累积 |
| R | 放射性 | | 记录或打印 |
| S | 速度或频率 | 安全 | 开关、联锁 |
| T | 温度 | | 传送 |
| V | 黏度 | | 阀、挡板、百叶窗 |
| W | 力 | | 套管 |
| Y | 供选用 | | 继动器或计算器 |
| Z | 位置 | | 驱动、执行或未分类的终端执行机构 |

在自动控制系统的组成中，一般除了需要具备检测元件、控制器和执行器外，完整的控制系统还需要被控对象，简称对象。图 5-26 中的水管就是该系统的控制对象。化工生产中，各种塔器、反应器、换热器、泵、压缩机以及各种容器、存储罐等都是常见的被控对象。复杂的生产设备中可能存在多个控制系统，在确定被控对象时，不一定是整个生产设备。例如讨论进料流量的控制

对象时，被控对象仅仅为进料管道及阀门，而不包括容器本身。

# 项目四　计算机控制系统

## 一、概述

　　用于一般数值计算和信息处理的计算机称为通用计算机（简称通用机）。通用机主要是同使用机器的人交流信息。通用机（图 5-27）由主机和外部设备组成，主机包括运算器、控制器和主存储器（俗称内存储器）。外部设备包括输入设备、输出设备和外部存储器，如键盘、CRT 显示器、打印机、磁带和磁盘等，起着人机联系和扩展主机存储能力的作用，它们是主机正常工作和便于人们使用所必需的设备。

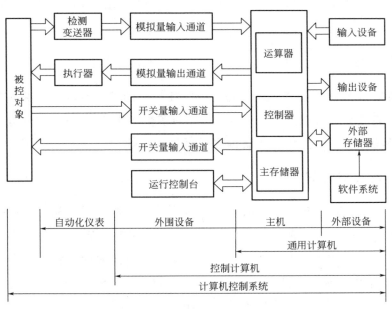

图 5-27　计算机系统的基本组成

　　用于工业生产过程控制的计算机称为工业控制机（简称控制机或工控机）。工控机除了与人交流信息外，还要自动地控制生产过程，它还必须与被控制的对象直接交流信息。这是控制机与通用机根本不同的地方。为此，作为工控机必须具备直接从生产过程获取信息，经过主机加工处理后，把控制信息馈送给生产过程的能力。这种能力表现在主机与被控对象之间直接进行信息的交换和传递上，具有这种能力的设备称为过程通道，也称外围设备。

过程通道一般只接受和输出有一定量程范围的电信号。生产过程中的各种非电量，要通过检测仪表和变送器转换成统一的电信号输入到过程通道。过程通道输出的信号通过执行机构对现场设备进行控制。因此，外围设备包括模拟量输入通道、模拟量输出通道、开关量输入通道、开关量输出通道。它们通过检测仪表、变送器和执行机构等自动化仪表与生产过程接口。

由于工业控制过程的操作要求有别于一般的信息处理计算机的操作要求，因此外围设备除了过程通道以外，还包括一个运行操作台。它是建立运行人员与计算机控制系统之间的接口。通过运行操作台，运行人员可以了解生产过程的状态，监视和控制生产过程。

## 二、计算机控制系统的特点

由于计算机本身的特点，计算机控制系统与通用计算机相比，具有以下特点及要求：

### 1. 环境适应性强

能够适应各种恶劣工业环境是对控制计算机的基本要求。一般认为，控制计算机应能够在环境温度为 $4 \sim 64 ℃$，相对湿度不大于 $95\%$，有少量粉尘、震动、电磁场、腐蚀性气体等干扰因素的环境下工作。

### 2. 控制实时性好

计算机控制系统是一个实时控制系统。要求控制计算机能对生产过程随机出现的问题及时进行处理，否则可能造成生产过程的破坏。另外，为了及时地向运行人员反映生产过程的状态，控制计算机采集的参数和状态也要求及时地通过 CRT 集中地显示出来。为此，控制计算机应配备实时时钟和完善的中断系统，在实时操作系统的管理下进行工作。

### 3. 运行可靠性高

控制计算机的可靠性是计算机控制系统应用成败的关键。必须采取必要的措施，保证控制计算机自身运行的可靠性，如采用可靠性高的元器件及具备自诊断程序，及时发现计算机本身潜伏的各种故障，并进行报警。在结构上采用冗余和分散的结构等。

### 4.有完善的人机联系方式

计算机控制系统必须具有完善的人机联系方式，因为当生产过程或控制系统出现异常时，常常需要运行人员手动干预生产操作过程，或者采取紧急措施。要求人机联系方式简单、直观、明确、规范。

### 5.有丰富的软件

计算机控制系统的一个重要特点就在于它是由来自生产过程的状态驱动的，而这些事件的发生往往是实时随机的。实时操作系统的首要任务是调度一切可利用的资源完成实时控制任务，其次才着眼于提高计算机系统的使用效率。实时操作系统的一个重要特点是要满足过程控制对时间的限制和要求。这与通用操作系统有显著的差别。除个别系统外，实时操作系统都应是多任务、多道程序的操作系统。为了满足实时性的要求，计算机控制系统一般要有完善的实时操作系统、数据库管理系统和文件管理系统。另外，随着被控生产过程的不同，常常要求采用不同的控制方案或控制算法，从而要求计算机控制系统能够灵活地组成用户所需要的各种控制方案，所有这些功能都需要有软件的支持。因此，不仅计算机制造厂要提供丰富的软件，用户也需要在应用软件的开发上给予足够的重视，这样才能使计算机控制系统更好地发挥作用。一般计算机控制系统中的软件结构如图 5-28 所示。

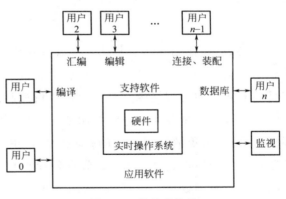

图 5-28  软件的结构

## 三、集散控制系统

集散控制系统（Total Distributed Control System，DCS 控制系统）是以微处理器为基础的对生产过程进行集中监视、操作、管理和分散控制的集中分散控制系统，简称为 DCS 系统。该系统将若干台微机分散应用于过程控制，全部信息通过通信网络由上位管理计算机监控，实现最优化控制，通过 CRT 显示器、通信网络、键盘、打印机等，进行集中操作、显示和报警。整个装置继承了常规仪表分散控制和计算机集中控制的优点，克服了常规仪表功能单

一、人-机联系差以及单台微型计算机控制系统危险性高度集中的缺点，既在管理、操作和显示三方面集中，又在功能、负荷和危险性三方面分散。集散系统综合了计算机技术、通信技术、过程控制技术和显示技术，在现代化生产过程控制中起着重要的作用。

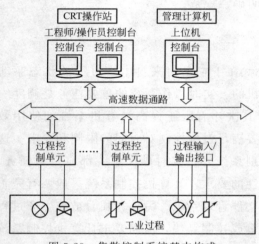

图 5-29　集散控制系统基本构成

## 1. 集散控制系统的基本组成

集散控制系统通常由过程控制单元、过程输入/输出接口单元、CRT 显示操作站、管理计算机和高速数据通路五个主要部分组成，其基本结构如图 5-29 所示。

（1）过程输入/输出接口　过程输入/输出接口又称数据采集装置（采集站），主要是过程非控变量专门设置的数据采集系统，它不但能完成数据采集和预处理，而且还可以对实时数据进一步加工处理，供 CRT 操作站显示和打印，实现开环监视，也可以通过通信系统将所采集到的数据传输到监控计算机。在有上位机的情况下，它还能以开关量和模拟信号的方式，向过程终端元件输出计算机控制命令。

（2）过程控制单元　过程控制单元又称现场控制单元或基本控制器（或闭环控制站），是集散控制系统的核心部分，主要完成连续控制、顺序控制、算术运算、报警检查、过程 I/O、数据处理和通信等功能等。该单元在各种集散控制系统中差别较大：控制回路有 2～64 个；固有算法有 7～212 种，各类型 PID、非线性增益、位式控制、选择性控制、函数计算、多项式系数、Smith 预估等，工作周期为 0.1～2s。

（3）CRT 操作站　CRT 操作站是集散控制系统的人机接口装置，一般配有高分辨率、大屏幕的色彩 CRT、操作者键盘、工程师键盘、打印机、硬拷贝机和大容量存储器。操作员可通过操作者键盘在 CRT 显示器上选择各种操作和监视用的画面、信息画面和用户画面等；控制工程师或系统工程师可利用工程师键盘实现控制系统组态、操作站系统的生产和系统的维护。

（4）高速数据通路　高速数据通路又称高速通信总线、公路等，实际是一种具有高速通信能力的信息总线，一般由双绞线、同轴电缆或光导纤维构成。

为了实现集散控制系统各站之间数据的合理传送，通信系统必须采用一定的网络结构，并遵循一定的网络通信协议。

集散控制系统网络标准体系结构为：最高级为工厂主干网络（称计算机网络级），负责中央控制室与上级管理计算机的连接，采用 MAP（制造自动化协议）、Ethernet（以太网）、IEEE8802 等通信协议；第二级为过程控制网络（称工业过程数据公路级），负责中央控制室各控制装置间的相互连接，能支持集中智能、分散智能、分级智能及其组合的控制系统；最低一级为现场总线级，负责安装在现场的智能检测器和智能执行器与中央控制室控制装置间的相互连接。

（5）管理计算机　管理计算机又称上位计算机，它功能强、速度快、存储容量大。通过专门的通信接口与高速数据通路相连，可综合监视系统的各单元，管理全系统的所有信息。也可用高级语言编程，实现复杂运算、工厂的集中管理、优化控制、后台计算以及软件开发等特殊功能。

### 2. 集散控制系统的特点

集散控制系统采用以微处理器为核心的"智能技术"，凝聚了计算机的最先进技术，成为计算机应用最完善、最丰富的领域，这是集散控制系统有别于其他系统装置的最大特点。

集散控制系统采用分级梯阶结构，是从系统工程出发，考虑系统功能分散、危险分散、提高可靠性、强化系统应用灵活性、降低投资成本、便于维修和技术更新等优化选择而得出的。

分级梯阶结构如图 5-30 所示，通常分为四级：第一级为现场控制级，根据上层决策直接控制过程或对象；第二级为过程控制（管理）级，根据上层给定的目标函数或约束条件、系统辨识的数学模型得出优化控制策略，对过程控制进行设定点控制；第三级为生产管理级，根据运行经验，补偿工况变化对控制规律的影响，维持系统在最佳状态运行；第四级为工厂管理级，其任务是决策、计划、管理、调度与协调，根据系统总任务或总目标，规定各级任务并决策协调各级任务。

（1）分散控制　集散控制系统将控制与显示分离，现场过程受现场控制单元控制，每个控制单元可以控制若干个回路，完成各自功能。各个控制单元又有相对独立性。一个控制单元出现故障仅仅影响所控制的回路而对其它控制单元控制的回路无影响。各个现场控制单元本身也具有一定的智能，能够独立完成边界控制、逻辑控制、批量控制等工作。因此集散系统负荷均匀分散，在本

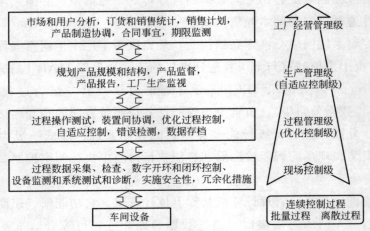

| 市场和用户分析，订货和销售统计，销售计划，产品制造协调，合同事宜，期限监测 | 工厂经营管理级 |
| 规划产品规模和结构，产品监督，产品报告，工厂生产监视 | 生产管理级（自适应控制级） |
| 过程操作测试，装置间协调，优化过程控制，自适应控制，错误检测，数据存档 | 过程管理级（优化控制级） |
| 过程数据采集、检查、数字开环和闭环控制、设备监测和系统测试和诊断，实施安全性，冗余化措施 | 现场控制级 |
| 车间设备 | 连续控制过程 批量过程 离散过程 |

图 5-30 集散控制系统功能分层

质上将危险性分散。

（2）强有力地人机接口功能 集散控制系统中 CRT 操作站与现场控制单元分离。操作人员通过 CRT 和操作键盘可以监视现场部分或全部生产装置乃至全厂的生产情况，按预定的控制策略通过系统组态组成各种不同的控制回路，并可调整回路中任一常数，对机电设备进行各种控制。CRT 屏幕显示信息丰富多彩，除了类似于常规记录仪表显示参数、记录曲线外，还可以显示各种流程图、控制画面、操作指导画面等，各种画面可以切换。这一切比起常规仪表控制来说，仪表显示屏和操作台可以大大减小，但是功能增强，操作、管理方便。

（3）局部网络通信技术 集散控制系统的数据通信网络是典型的工业局部网。传输实时控制信息，进行全系统综合管理，对分散的过程控制单元和人机接口单元进行控制、操作管理。信道传输速率可达 $5\sim10\mathrm{Mbit/s}$，响应时间仅为数百微秒，误码率低于 $10^{-8}\sim10^{-10}$。大多数分散型控制系统的通信网络采用光纤传输，通信的安全性和可靠性大大提高，通信协议向标准化方向发展。

（4）系统扩展灵活方便，安装调试方便 由于集散控制系统采用模块式结构和局部网络通信，因此用户可以根据实际需要方便地扩大或缩小系统规模，组成所需要的单回路、多回路系统。在控制方案需要变更时，只需重新组态编程，与常规仪表控制系统相比，省却了许多换表、接线等工作。集散控制系统的各个模件都安装在标准机柜内，模件之间采用多芯电缆、标准化接插件相连，与过程的连接采用规格化端子板，到中控室操作站只需要铺设同轴电缆进行数据传递，所以布线量大大减少。系统调试采用专用调试软件，方便、省时。

(5) 丰富的软件功能　集散控制系统可以完成从简单的单回路控制到复杂的多回路的最优化控制；可以实现连续反馈控制，也可以实现离散顺序控制；可以执行从常规的 PID 运算到 Smith 预估等各种运算；可以实现监控、显示、打印、报警、历史数据存储等日常全部操作要求。用户通过选用集散控制系统提供的控制软件包、操作显示软件包和打印软件包等，就能达到所需的控制目的。

(6) 高可靠性　通常，系统的可靠性用平均无故障时间间隔（MTBF）和平均故障修复时间（MTTR）来表征。目前大多数集散控制系统的 MTBF 达 50000h 以上，MTTR 一般只有 5min 左右。集散控制系统使用高度集成化的元器件，采用表面安装技术，大量使用 CMOS 器件减小功耗，并且在很高的水准上对每个元部件进行一系列可靠性的测试等。集散控制系统中各级人机接口、控制单元、过程接口、电源、控制用 I/O 插件均采用冗余化配置；信息处理器、通信接口、内部通信总线、系统通信网络均采取冗余化措施，并采用容错技术来保证软件的冗余。集散控制系统采用故障自检、自诊断技术，包括符号检测技术、动作间隔和响应时间的监视技术、微处理器及接口和通道的诊断技术、故障信息和故障判断技术等。

### 3. 集散控制系统的结构与功能

现场控制站、CRT 操作站（操作员站、工程师站）是集散系统的基本组成部分，起到"集中监视和集中管理，分散控制"的作用。

(1) 现场控制站　现场控制站是完成对过程现场 I/O 信号处理，并实现直接数字控制（DDC）的网络节点。

① 现场控制站的功能

a. 将各种现场发生的过程变量（流量、压力、液位、温度、电流、电压、功率以及各种状态等）进行数字化，并将这些数字化后的量存放在存储器中，形成一个与现场过程变量一致的、能一一对应的、并按实际运行情况实时地改变和更新地现场过程变量的实时映像。

b. 将本站采集到的实时数据通过网络送到操作员站、工程师站及其它现场 I/O 控制站，以便实现全系统范围内的监督和控制，现场 I/O 控制站还可接收由操作员站、工程师站下发的信息，以实现对现场的人工控制或对本站的参数设定。

c. 在本站实现局部自动控制、回路的计算及闭环控制、顺序控制等，这些算法一般是一些经典的算法，也可是非标准算法、复杂算法等。

② 现场控制站的结构 现场控制站可以远离控制中心，安装在靠近过程区的地方，以消除长距离传输的干扰。其结构为机柜、供电电源、信号输入/输出转换、运算电路主机板、通信控制、冗余结构等。

a.机柜 实现现场控制单元上述各功能的硬件（插板）安装在由多层机架组成的机柜中。

b.运算电路主机插板 运算电路主机插板也称主机板，是现场控制单元的核心，它包括 CPU、存储器、寄存器等。通常，各种功能的印刷电路模板（输入/输出模板、主机板等）分插在机箱的插座内。该机箱的底版也由印刷电路板制成，含有模板间交换信息的内总线及与现场总线联系的外总线。它可完成反馈控制、顺序控制、算术运算等功能。

在现场控制单元中有一定量的存储区，一部分是永久存储区，另一部分是可寻址的存储区。在永久存储区中存有计算机程序指令、控制常用的功能算法子程序。可寻址的存储区大部分用作组态区。在这个存储区内被置入操作数、常量、上下限报警值、输入/输出的编址以及其他所有计算机应用的特殊信息。

为了保证掉电时存储器中能保持数据不丢失，配备掉电保护电路是十分重要的。几乎所有厂家均提供掉电保护功能，可使数据在掉电后长达一年之久不丢失。

每一现场控制单元采用分时处理方式，根据组态的不同，对不同的回路完成不同的测量或控制。

c.信号输入、输出 I/O 插板 来自过程对象的被测信号通过输入插板进入现场控制单元，然后按一定的算法进行数据处理，并通过输出插板向执行控制设备送出调节或报警等信息。因为现场控制单元中的 CPU 采用的是二进制数进行信息处理，而过程输入信号种类繁多，过程输出信号要求又有不同，因此过程输入、输出插板的主要功能就是对来自现场的检测信号和去现场的控制信号进行转换处理。包括信号有效性检查、模数/数模转换、线性化处理、数字滤波、数据存储等内容。

常见的输入、输出插板主要有开关量输入插板（8 点、16 点、32 点）、开关量输出插板（8 点、16 点、32 点）、开关量输入/输出混合插板、模拟量输入插板（8 路、16 路）、模拟量输出插板（8 路、16 路）、模拟量输入/输出混合插板。

d.信号的连接 在集散控制系统中，接线有两种：一种是软接线，另一种是硬接线。按组态要求，将各种功能算法用程序连接起来的过程称为软接线，这是集散控制系统与模拟仪表不同的特点之一，而将实体的硬设备通过电缆连接起来的过程就是硬接线。

为了将来自过程现场的测量信号输入现场控制单元，或将控制量、报警等控制信号由现场控制单元送出，就必须采用合适的电缆线将现场控制单元与现场的输入、输出设备连接起来。

通常，所有的硬接线都是经过端子实现的。端子可以分布在为输入、输出服务的印刷电路板上，通过薄金属片将端子和插座的引脚相接，插入插座的电缆把输入/输出信号与电路相接，端子可以作为连接电路的印刷电路板的一部分，安装在机柜的背面上。另一种方法是采用专用的端子机柜。专用电缆将这种机柜的端子与分散型控制系统现场控制单元的输入/输出板的插座相连。

双绞线和屏蔽线常用于模拟信号与现场控制单元的连接。220V（或110V）交流供电线和24V直流供电线不必绞合和屏蔽。任何情况下，交流和直流接线不能分布在同一接线槽内，至少离开20cm。另外，大多数厂家需要信号接线只有一个系统接地，防止产生环路电流而引入不真实的干扰电压。

e.供电电源　集散控制系统由直流稳压电源供电，在每一机柜内的设备集中供电。常用的是5V、±12V直流电源。有时这些电源由集中供电的24VDC分压、稳压得到。有些系统采用开关电源、磁心变压器。所有这些电源都来自110V或220VAC的交流电网。

为了保证现场控制单元安全可靠地工作，提供良好地供电电源系统是十分必要的。根据不同的情况，可采用不同的解决电源扰动的办法。

首先，如果最大的扰动是由附近设备的开关引起的，最好采用超级隔离变压路。这种特殊结构的变压器在初级、次级线圈中有额外的屏蔽层，能最大限度地隔离共模干扰。

其次，若系统有严重的电流泄漏问题，引起暂时的电压降低情况，应引入电网调整器。当初级电压在一定范围内变化时，保持次级电压的相对稳定。较经济的电网调整器可用铁磁共振的饱和隔离变压，这些还包括超级隔离变压器的屏蔽技术，使其与电网安全隔离，抑制开关噪声，调整适应初级电压变化。

第三，如果有较严重的停断电现象，就必须采用不间断电源（UPS）。它包括电池、电源充电器及直流-交流逆变器。来自电网的交流电首先与UPS电源输入相接，然后UPS电源的输出与现场控制单元相接。平时，电网给电池充电，并给FCU等插板供电。当有断电发生时，电池经逆变给FCU等插板供电。只要停断电时间不超过UPS电源所允许的限额，现场控制单元就会正常工作。

另外，为了进一步提高可靠性，大多数都采用冗余电源结构。采用主、副两组电源，由两路交替供电，一路出现故障时，切换到另一路。

总之，良好的供电系统是现场控制单元正常工作的前提，必须引起重视。

（2）CRT操作站（操作员站、工程师站） 为了便于过程全面协调合监控，实现过程状态的显示、报警、记录和操作，集散控制系统必须提供相应的操作接口，通常称操作站。其主要功能是为系统运行的操作人员提供人机界面，使操作人员通过操作站及时了解现场状态、各运行参数的当前值、是否有异常情况发生等。典型操作站包括主机系统、显示设备、键盘输入设备、打印输出设备，如图5-31所示。

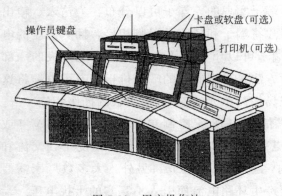

图 5-31 用户操作站

操作站设置在控制室里，在显示由各个控制单元送来的过程数据的同时，对控制单元发出改变设定值、改变回路状态等控制信息。CRT操作站分操作员站和工程师站。

① 操作员站的基本功能是显示和操作。它与键盘一起，完成各种工艺、控制等信息画面的切换和显示。同时通过操作功能键，对系统的运行进行正常管理。

② 工程师站除了具有操作员站的基本功能外，主要具有系统组态、系统测试、系统维护、系统功能管理等功能。

系统组态功能用来生成和变更操作员站和现场控制站的显示、控制要求。其过程为填写标准各种单，由组态工具软件将工作单显示于屏幕上，用会话方式完成各种功能的生成和变更。

系统测试功能用来检查组态后系统的工作情况，包括对反馈控制回路是否已经构成的测试和对顺序控制状态是否合乎指定逻辑的测试。

系统维护功能是对系统硬件状态作定期检查或更改。

系统功能管理主要用来管理系统文件。一是将组态文件（如工作单位）自动加上信息，生成规定格式的文件，便于保存、检索和传送；二是对这些文件进行复制、对照、列表、初始化或重新建立等。

③ CRT显示器是集散控制系统重要的显示设备。通过串行通信接口及视频接口与微机通信，在CRT屏上直观地显示数据、字符、图形，通过系统的

软件和硬件功能，随时增减、修改和变换显示内容，它是人机对话的重要工具，是操作站不可缺少的组成部分。

在 CRT 上显示输出的主要内容有：a. 生产过程状态显示；b. 实时趋势显示；c. 生产过程模拟流程图显示；d. 报警提示显示；e. 关键（控制）数据常驻显示；f. 检测及控制回路模拟显示；g. 数据及报表生成。

④ 键盘、鼠标、触摸屏是人机联系的桥梁和纽带。通过这些输入设备，操作人员可实现对现场的实时监测控制。

⑤ 集散控制系统中常用的外部信息存储设备有半导体存储器和磁盘存储器。

⑥ 打印机是集散控制系统不可缺少的输出设备，用于打印报警的发生和清除情况；记录过程变量的输入、输出；组态状况的调整及数据信息的拷贝；提供永久的、可供多数人阅读的信息记录。通常一个系统配有两台打印机，一台用于记录报警点和突发事件，另一台用作生产记录。

# 项目五　现代化工 HSE 竞赛装置控制系统

## 一、系统概述

现代化工 HSE 竞赛装置是基于浙大中控 Jx-300Xp 系统开发而成的，该系统由工程师站、操作员站、控制站和过程控制网络构成。

工程师站是为专业工程技术人员设计的，内装有相应的组态平台和系统维护工具。通过系统组态平台生成适合与生产工艺要求的应用系统，具体功能包括系统生成、数据库结构定义、操作组态、流程图画面组态、报表程序编制等。而使用系统的维护工具软件实现过程控制网络调试、故障诊断、信号调校等。

操作员站是由工业 PC 机、CRT、键盘、鼠标、打印机等组成的人机系统，使操作人员完成过程监控管理任务的环境。高性能工控机、卓越的流程图机能、多窗口画面显示功能可以方便地实现生产过程信息的集中显示、集中操作和集中管理。

控制站是系统中直接与现场打交道的 IO 处理单元，完成整个工业过程的实时监控功能。控制站可冗余配置，灵活、合理。在同一系统中，任何信号均可按冗余或不冗余连接，详见下文。

过程控制网络实现工程师站、操作员站、控制站的连接，完成信息、控制命令等传输，双重化冗余设计，使得信息传输安全、高速。

竞赛装置控制系统采用三层通信网络结构，如图 5-32 所示。

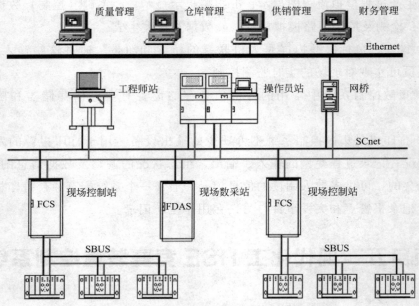

图 5-32　现代化工 HSE 竞赛装置控制系统结构图

最上层为信息管理网，采用符合 TCP/IP 协议的以太网，连接了各个控制装置的网桥以及企业内各类管理计算机，用于工厂级信息传送和管理，是实现全厂综合管理的信息通道。

中间层为过程控制网，采用双高速冗余工业以太网 SCnet Ⅱ 作为其过程控制网络，连接操作员站、工程师站与控制站等，传输各种实时信息。

底层网络为控制站内部网络，采用主控制卡指挥式令牌网，存储转发通信协议，是控制卡各卡件之间进行信息交换的通道。

## 二、系统主要性能指标

### 1. 系统规模

过程控制网络 SCnet Ⅱ 连接系统的工程师站、操作员站和控制站，完成站与站之间的数据交换。

SCnet Ⅱ 可以接多个 SCnet Ⅱ 子网，形成一种组合结构。1 个控制区域包括 15 个控制站、32 个操作员站或工程师站, 总容量 15360 点。

**2. 控制站规模**

JX-300XP 控制系统控制站内部以机笼为单位, 机笼固定在机柜的多层机架上, 每只机柜最多配置 5 只机笼; 1 只电源箱机笼和 4 只卡件机笼 (可配置控制站各类卡件)。

卡件机笼根据内部所插卡件的型号分为两类: 主控制机笼 (配置主控制卡) 和 I/O 机笼 (不配置主控制卡)。主控机笼可以配置 2 块主控卡、2 块数据转发卡、16 块 IO 卡件; IO 机笼可以配置 2 块数据转发卡, 16 块 IO 卡件。主控制卡必须插在机笼最左端的两个槽位。在个控制站内, 主控制卡通过 SBUS 网络可以接接 8 个 IO 或远程 IO 单元 (即 8 个机笼), 8 个机笼必须安装在两个或两个以上的机柜内。

# 三、系统性能

## 1. 工作环境

工作温度: 0~50℃;

存放温度: −40~70℃;

工作湿度: 10%~90%RH, 无凝露;

存放湿度: 5%~95%RH, 无凝露;

大气压力: 62~106kPa;

振动 (工作): 10~150Hz 位移峰幅值为 0.075mm, 加速度小于 9.8m/s$^2$。

## 2. 电源性能

控制站: 双路供电, 220V±10%V AC, 50Hz±5%Hz, 最大 800W, 功率因素校正 (符合 IEC61000-3-2 标准);

操作员站、工程师站和多功能站: 220V±10%V AC, 50Hz±5%Hz, 最大 400W。

(1) 接地电阻

普通场合: <4Ω;

大型用电场合: <1Ω。

(2) 运行速度

采样和控制周期：100ms～5s（逻辑控制）；

100ms～5s（回路控制）；

双机切换时间：＜0.1s。

（3）电磁兼容性　采用铁壳屏蔽封装的具有功率因数校正的高频开关电源，谐波辐射低、对电源网络污染小。

## 四、上电注意事项

系统经检修或停电后重新上电应注意：

1. 系统重新上电前必须确认接地良好，包括接地端子接触、接地端对地电阻（＜4Ω）。

2. 系统上电应严格遵循以下步骤：

（1）控制站

① UPS 输出电压检查；

② 电源箱依次上电检查；

③ 机笼配电检查；

④ 卡件自检、冗余测试等。

（2）操作站

① 依次给操作站的显示器、工控机等设备上电；

② 计算机自检通过后，检查确认 Windows 系统、Advantrol 系统软件及应用软件的文件夹和文件是否正确，磁盘空间应无较大变化。

（3）网络

① 检查网络线缆通断情况，确认连接处接地良好，并及时更换故障线缆；

② 做好双重化网络线的标记，上电前检查确认；

③ 上电后做好网络冗余性能的测试。

# 项目六　测量与仪表

前文提到，控制系统包括检测元件、控制器、执行器及被控对象。对工艺变量的检测是实现控制的基础。在现代化学工业生产过程中，显示仪表是重要的辅助工具。

检测元件一般均为敏感元件，直接响应工艺变量的变化，并将其转换为对应的输出信号，这些输出信号包括位移、电压、电流、电阻等。如热电阻测温时会将温度的变化通过阻值的变化反映出来，而热电偶测温度是将温度转化为热电势。由于检测元件的输出信号种类繁多，一般都需要通过变送器将其转换为标准电气信号（如 4～20mA 的电流信号或 1～5V 的直流电压信号等）再送往显示仪表，便于指示或记录工艺变量，或同时送往控制器对变量进行控制。因此一般将检测元件称为一次仪表，将变送器和显示装置称为二次仪表。

一般来说，生产过程控制对检测仪表有三条基本要求：

① 测量值要正确反映被控变量的值，误差不超过规定的范围。

② 在环境条件下能长期工作，保证测量值的可靠性。

③ 测量值必须迅速反映被控变量的变化，动态响应要迅速。

其中，第一条要求与仪表的精确度等级和量程有关，与仪表的正确使用和正确安装有关；第二条要求与仪表的类型、元件的材质以及仪表的防护措施有关；第三条要求与元件的动态特性有关。

# 一、测量过程及测量误差

在化学工业生产过程中，需要测量的参数是多种多样的。HSE 大赛设备中被测的对象大体可分为四类：压力、温度、物位以及流量。这些参数虽然不同，检测方法和应用的仪表各不相同，但测量的基本原理却有共通之处。

测量过程实质上就是将被测量量化的过程。譬如说，测量一个圆筒的外径，有多种工具可供测量，如卷尺、游标卡尺、直尺等。由于外界环境因素、测量工具本身的精确度、测量人员的主观性等因素，测量的结果不可能绝对准确。由仪表测量得出的结果与被测对象的真实值始终存在差距，这一差距被称为测量误差。

测量误差通常有两种表示方法：绝对误差和相对误差。

绝对误差在理论上是指仪表指示值 $x_i$ 和被测量的真值 $x_t$ 之间的差值，可表示为

$$\Delta = x_i - x_t \qquad (5\text{-}3)$$

所谓真值是指被测物理量客观存在的真实数值，要获取真值是困难的。因此，所谓测量仪表在其标尺范围内各点读数的绝对误差，一般是指用被校表（精确度较低）和标准表（精确度较高）同时对同一被测量进行测量所得到的两个读数之差，可用式(5-4) 表示

$$\Delta = x - x_0 \qquad (5\text{-}4)$$

式中，Δ为绝对误差；$x$为被校表的读数值，$x_0$为标准表的读数值。

测量误差还可以用相对误差来表示。相对误差等于某一点的绝对误差 Δ 与标准表在这一点的指示值 $x_0$ 之比。可表示为

$$\Lambda = \frac{\Delta}{x_0} = \frac{x - x_0}{x_0} \qquad (5-5)$$

式中，Λ为仪表在 $x_0$ 处的相对误差。

## 二、仪表的主要性能参数

### 1. 精确度

上文提到，仪表的测量误差可以用绝对误差表示，但是，仪表在其标尺范围内的各点的绝对误差并不相同，故仪表的"绝对误差"是指该仪表绝对误差的最大值 $\Delta_{max}$。

仪表的准确度不仅与绝对误差有关，与其标尺范围（即测量范围，量程）也有关。比如，两台标尺范围不同的仪表其绝对误差相同，标尺范围大的仪表要比标尺范围小的仪表精确度高。因此，工业仪表经常将绝对误差折合成仪表标尺范围的百分比表示，成为相对百分误差。

$$\delta = \frac{\Delta_{max}}{满量程} \times 100\% \qquad (5-6)$$

根据仪表的使用要求，规定一个在正常情况下允许的最大误差，称为允许误差。允许误差可由公式(5-5)计算获得。

$$P_{max} = \pm \frac{允许的最大误差}{满量程} \times 100\% \qquad (5-7)$$

$P_{max}$ 值越大，仪表的精确度越低，反之，$P_{max}$ 值越小，仪表的精确度越高。由于测量误差的存在，在使用仪表之前必须明确仪表的精度等级。将仪表的允许相对百分误差去掉"±"号及"%"号，便可以用来确定仪表的精确度等级。目前，我国生产的仪表常用的精确度等级有 0.005、0.02、0.05、0.1、0.2、0.4、0.5、1.0、1.5、2.5、4.0 等。如果某台测温仪表的允许误差为 ±1.5%，则认为该仪表的精确度等级符合 1.5 级。如果该仪表允许误差为 0.8%，因为国家规定的仪表等级没有 0.8 级，故认为该仪表的精度等级为 1.0 级。仪表的精度等级一般可用不同的符号形式标志在仪表面板上，如 ⑴.⑸、 ⚠ 等。

一般而言，仪表的测量上限应为被测量的 4/3 倍或 3/2 倍，若被测量波动

较大，还可相应的取为 3/2 倍或 2 倍。为了保证测量值的准确度，通常被测量的值以不低于仪表满量程的 1/3 为宜。

## 2. 变差

变差是指在外界条件不变的情况下，用同一仪表对被测量在仪表全部测量范围内进行正反行程（即被测量逐渐由小到大和逐渐由大到小）测量时，被测量值正行和反行所得到的两条特性曲线之间的最大偏差，如图 5-33 所示。

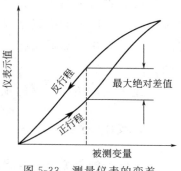

图 5-33　测量仪表的变差

## 3. 灵敏度与灵敏限

灵敏度是指仪表输出变化量 $\Delta\alpha$ 与引起此变化的输入变化量 $\Delta x$ 的比值，即

$$S = \frac{\Delta\alpha}{\Delta x} \tag{5-8}$$

对于模拟式仪表而言，$\Delta\alpha$ 是仪表指针的角位移或线位移。

分辨率又称为仪表灵敏限，是仪表输出能响应和分辨的最小输入变化量。分辨率是灵敏度的一种表示，一般来说仪表的灵敏度越高，则分辨率越高。对于数字式仪表而言，分辨率就是数字显示器最末位数字间隔代表被测量的变化与量程的比值。

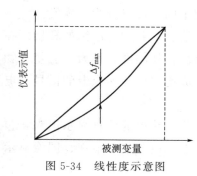

图 5-34　线性度示意图

## 4. 线性度

线性度是表征线性刻度仪表的输出量与输入量的实际校准曲线与理论直线的吻合程度。如图 5-34 所示。通常总是希望测量仪表的输出与输入之间呈线性关系。线性度通常用实际测得的输入-输出特性曲线（称为校准曲线）与理论直线之间的最大偏差与测量仪表量程之比的百分数表示，即

$$\delta_f = \frac{\Delta f_{\max}}{仪表量程} \times 100\% \tag{5-9}$$

式中，$\delta_f$ 为线性度（又称非线性误差）；$\Delta f_{\max}$ 为校准蓝线对于理论直线的最大偏差（以仪表示值的单位计算）。

**5. 反应时间**

当用仪表对被测量进行测量时，被测量突然变化以后，仪表指示值总是要经过一段时间后才能准确地显示出来。反应时间就是用来衡量仪表能不能尽快反映出参数变化的品质指标。仪表反应时间的长短，实际上反映了仪表动态特性的好坏。

除此之外，还有仪表的重复性、再现性、可靠性等指标。

# 三、仪表的分类

工业仪表种类繁多，结构形式各异，根据不同的原则，可以进行相应的分类。

## 1. 按仪表使用的能源分类

按使用的能源来分，工业自动化仪表可以分为气动仪表、电动仪表和液动仪表。目前工业上常用的为电动仪表。电动仪表是以电为能源，信号之间联系比较方便，适宜于远距离传送和集中控制；便于与计算机联用；现在电动仪表可以做到防火、防爆，更有利于电动仪表的安全使用。但电动仪表一般结构较复杂；易受温度、湿度、电磁场、放射性等环境影响。

## 2. 按信息的获得、传递、反映和处理的过程分类

从工业自动化仪表在信息传递过程中的作用不同，可以分为五大类。

（1）检测仪表　检测仪表的主要作用是获取信息，并进行适当的转换。在生产过程中，检测仪表主要用来测量某些工艺参数，如温度、压力、流量、物位以及物料的成分、物性等，并将被测量的大小成比例地转换成电的信号（电压、电流、频率等）或气压信号。

（2）显示仪表　显示仪表的作用是将由检测仪表获得的信息显示出来，包括各种模拟量、数字量的指示仪、记录仪和积算器，以及工业电视、图像显示器等。

（3）集中控制装置　包括各种巡回检测仪、巡回控制仪、程序控制仪、数据处理机、电子计算机以及仪表控制盘和操作台等。

（4）控制仪表　控制仪表可以根据需要对输入信号进行各种运算，例如放大、积分、微分等。控制仪表包括各种电动、气动的控制器以及用来代替模拟控制仪表的微处理机等。

（5）执行器　执行器可以接受控制仪表的输出信号或直接来自操作人员的指令，对生产过程进行操作或控制。执行器包括各种气动、电动、液动执行机构和控制阀。

上述各类仪表在信息传递过程中的关系可以用图 5-35 来表示。

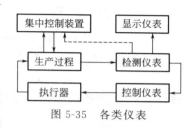

图 5-35　各类仪表

### 3. 按仪表的组成形式分类

（1）基地式仪表　这类仪表的特点是将测量、显示、控制等各部分集中组装在一个表壳里，形成一个整体。这种仪表比较适于在现场做就地检测和控制，但不能实现多种参数的集中显示与控制。

（2）单元组合仪表　将对参数的测量及其变送、显示、控制等各部分，分别制成能独立工作的单元仪表（简称单元，例如变送单元、显示单元、控制单元等）。这些单元之间以统一的标准信号互相联系，可以根据不同要求，方便地将各单元任意组合成各种控制系统，适用性和灵活性都很好。

# 项目七　压力自动控制仪表的选型和使用

## 一、压力单位及测压仪表

压力是指均匀垂直的作用在单位面积上的力，用公式（5-10）表示。

$$P = \frac{F}{S} \tag{5-10}$$

式中，$P$ 为压力；$F$ 为垂直作用力；$S$ 为受力面积。

在国际单位制中，压力单位是帕斯卡，符号为 Pa，它的物理意义是 1N 的力垂直作用在 $1m^2$ 的面积上所产生的压力。在工业生产过程中，Pa 的单位太小，一般用 kPa 和 MPa 作为压力单位，它们之间换算关系如公式（5-11）所示。

$$1MPa = 10^3 kPa = 10^6 Pa \tag{5-11}$$

在压力测量中，常有绝对压力、表压、负压（真空度）之分，其相互关系见图 5-36。绝对真空下的压力称为绝对零压，以绝对零压为基准的压力就是绝对压力。表压是以大气压为基准的压力，所以，表压是绝对压力与大气压力之

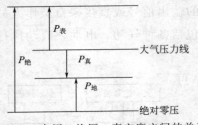

图 5-36 表压、绝压、真空度之间的关系

差。当被测压力低于大气压时，表压为负值，其绝对值称为真空度。真空度是大气压力与绝对压力之差。

因为各种工艺设备和测量仪表通常都处于大气当中，本身就承受着大气压力，所以，工程上常用表压或真空度来表示压力的大小。以后所提到的压力，除特殊说明外，均指表压或真空度。

## 二、常用测压方法

测量压力和真空度的仪表很多，压力检测仪表常用的测压方法有四种。

### 1. 液柱测压法

根据流体静力学原理，将被测压力转换成液柱高度进行测量。如 U 形管压力计、单管压力计、斜管压力计等。这种压力计结构简单、使用方便。但其精度受工作液的毛细管作用、密度及视差等因素影响，测量范围较窄，只能进行就地指示，一般用来测量低压或真空度。

### 2. 弹性测压法

根据弹性元件受力变形的原理，将被测压力转换成弹性元件变形的位移进行测量。如弹簧管压力计、波纹管压力计及膜片式压力计等。这类压力表结构简单、价格低廉、工作可靠、使用方便，常用于精度要求不高，信号无需远传的场合，作为压力的就地检测和监视装置。

### 3. 电气测压法

通过机械或电气元件将被测压力信号转换成电信号（电压、电流、频率等）进行测量和传送，如电容式、电阻式、电感式、应变片式和霍尔片式等压力传感器和压力变送器。这类仪表结构简单、测量范围宽、静压误差小、精度高、调整使用方便，常用于测量快速变化、脉动压力及需远距离传送压力信号的场合。

### 4. 活塞式压力计

它是根据水压机液体传送压力的原理，将被测压力转换成活塞上所加平衡砝码的重量进行测量的。它的测量精度很高，允许误差可小到 $0.05\%\sim$

0.02%，但结构较复杂、价格较贵，一般作为标准型压力测量仪器，可检验其他类型的压力计。

# 三、弹性式压力计

根据各种弹性元件在被测压力的作用下，产生弹性变形的原理来进行压力测量。弹性式压力计简单可靠、读数清晰、便宜耐用、测量范围广，是目前工业生产上应用最为广泛的一种压力指示仪表。

## 1. 常用弹性元件

弹性元件是一种简易可靠的压力敏感元件。它不仅是弹性式压力计的测压元件，也常用作气动单元组合仪表的基本组成元件。

（1）单圈（多圈）弹簧管 单圈弹簧管是弯成270°圆弧的空心金属管，其截面为扁圆形或椭圆形，如图5-37(a)所示。当通以被测压力后，弹簧管自由端会产生位移。单圈弹簧管自由端位移较小，能测量高达1000MPa的压力。多圈弹簧管自由端位移较大，可以测量中、低压和真空度，如图5-37(b)所示。

（2）膜片、膜盒 膜片是由金属或非金属材料做成的具有弹性的薄片，在压力作用下能产生变形，如图5-37(c)所示。膜盒是将两张金属膜片沿周口对焊起来，成一薄壁盒子，里面充以硅油，用来传递压力信号，如图5-37(d)所示。

（3）波纹管 波纹管是一个周围为波纹状的薄壁金属筒体，易于变形，位移很大，常用于微压和低压的测量（一般不超过1MPa），如图5-37(e)所示。

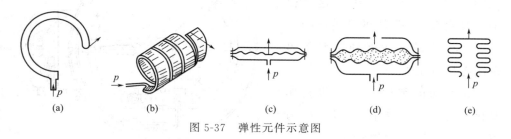

(a)　　　　(b)　　　　(c)　　　　(d)　　　　(e)

图5-37　弹性元件示意图

## 2. 单圈弹簧管压力表

（1）弹簧管测压原理 弹簧管一端封闭，可以自由移动，另一端固定在接头上。当通入被测压力后，由于椭圆形截面在压力的作用下将趋于圆形，弯成圆弧的弹簧管随之产生向外挺直的扩张变形，其自由端移动。当弹簧管由于自身刚度产生的反作用力与被测压力相平衡时，自由端位移一定。显然，被测压力越大，自由端位移越大，测出自由端的位移量，就能反映被测压力的大小，这就是弹簧管的测压原理。

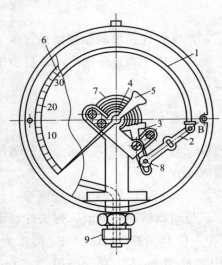

图 5-38　弹簧管压力表

1—弹簧管；2—拉杆；3—扇形齿轮；
4—中心齿轮；5—指针；6—面板；
7—游丝；8—调整螺丝；9—接头

（3）电接点压力表　在生产过程中往往需要把压力控制在规定的范围内，如果超出了这个范围，就会破坏正常的工艺过程，甚至发生事故。在这种情况下可采用电接点压力表。

将普通的弹簧管压力表稍作变化，便可成为电接点信号压力表，它能在压力偏离给定范围时，及时发出报警信号，提醒操作人员注意，并可通过中间继电器构成联锁回路实现压力的自动控制。

图 5-39 是电接点压力表的结构和工作原理示意图。压力表指

（2）弹簧管压力表的结构及动作过程　弹簧管压力表如图 5-38 所示，由测压元件（弹簧管）、传动放大机构（拉杆、扇形齿轮、中心齿轮）及指示机构（指针、面板）几部分构成。

被测压力信号经弹簧管转换成自由端位移信号，通过拉杆使扇形齿轮作逆时针偏转，由于齿轮的啮合作用，中心齿轮顺时针转动，带动同轴的指针偏转，在面板的刻度标尺上指示出被测压力的数值。由于弹簧管自由端的位移与被测压力成正比关系，因此弹簧管压力表的刻度标尺是线性的。

游丝用来克服因扇形齿轮和中心齿轮间的传动间隙而产生的仪表变差。调整螺钉用来调整压力表的量程。

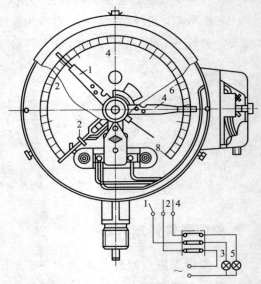

图 5-39　电接点压力表

1,4—静触点；2—动触点；3—绿灯；5—红灯

针上有动触点，表盘上另有两根可调节的指针，用来确定上、下限报警值，指针上分别带有静触点 1 和 4。当压力到达上限给定值时，动触点和静触点 4 接触，红色信号灯电路接通，实现上限报警；当压力低到下限给定值时，动触点与静触点 1 接触，绿色信号灯亮，实现下限报警。

当电接点压力表的动触点和静触点相碰时，会产生火花或电弧。这在有爆炸介质的场合是十分危险的，为此需要采用防爆的电接点压力表。

# 四、电气式压力计

能够通过转换元件把压力转换成电信号输出，然后测量电信号的压力表叫电气式压力计。当压力传感器输出的电信号进一步变换成标准统一信号时，又将它称为压力变送器。这种压力计的测量范围较广，可以远距离传送信号，在工业生产中可以实现压力的集中显示、自动控制和报警，并可与工业控制机联用。

## 1. 应变片式压力传感器

电阻应变式传感器是基于电阻应变原理构成的。主要由电阻应变片、弹性体和检测电路组成。弹性体（弹性元件，敏感梁）在外力作用下产生弹性变形，使粘贴在它表面的电阻应变片（转换元件）产生应变，当应变片产生压缩应变时，其阻值减小；当应变片产生拉伸应变时，其阻值增加。再经相应的测量电路把这一电阻变化转换为电信号（电压或电流），从而完成了将外力变换为电信号的过程。电阻应变片有金属丝或金属箔，如图 5-40 所示。

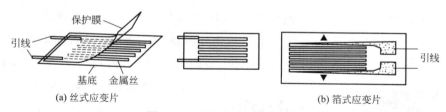

(a) 丝式应变片　　　　　　　　　　　　　　(b) 箔式应变片

图 5-40　应变片式压力传感器

应变片式压力传感器的被测压力可达 25MPa，传感器固有频率在 25000Hz 以上，故有较好的动态性能，适用于快速变化的压力检测。

## 2. 扩散硅式压力传感器

如图 5-41 所示，扩散硅式压力传感器是根据单晶硅的压阻效应工作的。

在一片很薄的单晶硅片上利用集成电路工艺扩散出四小片等值电阻，构成测量桥路。当被测压力变化时，硅片产生应变，从而使电桥四个桥臂的电阻产生微小的应变，电桥失去平衡，其输出电压的大小与被测压力成正比。此信号经过精密的补偿和信号处理，转换成与输入压力信号呈线性关系的标准电流信号输出。扩散硅式压力传感器可直接与二次仪表以及计算机控制系统连接，实现生产过程的自动检测和控制。可广泛应用于各种工业领域中的气体、液体的压力检测。

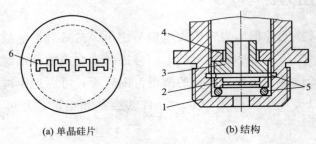

(a) 单晶硅片　　　　　(b) 结构

图 5-41　扩散硅式压力传感器

1—基座；2—单晶硅片；3—导环；4—螺母；5—密封垫圈；6—等效电阻

扩散硅式压力传感器具有精度高、稳定性好、工作可靠、频率响应高、迟滞小、体积小、重量轻、结构简单、安装、调试、使用方便等特点，具有可靠的机械保护和防爆保护，适于在各种恶劣的环境条件下工作，便于数字化显示。

## 3. 压电式压力传感器

当某些材料受到某一方向的压力作用而发生变形时，内部就产生极化现象，同时在它的两个表面上就产生符号相反的电荷；当压力去掉后，又重新恢复不带电状态，这种现象称为压电效应。具有压电效应的材料称为压电材料。

天然形成的石英晶体外形

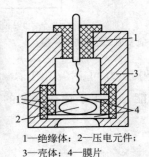

1—绝缘体；2—压电元件；3—壳体；4—膜片

图 5-42　压电式压力传感器

压电材料种类较多，有石英晶体、人工制造的压电陶瓷；还有高分子压电薄膜等。

膜片式压电传感器主要由绝缘化、壳体、膜片和压电元件组成，如图 5-42 所示。压电元件支撑于壳体上，由膜片将被测压力传递给压电元件，再由压电元件输出与被测压力成一定关系的电信号。这种传感器的特点是体积小、动态特性好、耐高温等。

### 4. 电容式差压变送器

电容式变送器是引进美国罗斯蒙特公司技术制造的产品，具有设计原理新颖、品种规格齐全、安装使用简便、本质安全防爆等特点。尤以精度高、体积小、重量轻、坚固耐振、调整方便、长期稳定性高、单向过载保护特性好而著称，产品性能符合我国"IEC"标准。目前已成为最受欢迎的压力、差压变送器。电容式差压变送器如图 5-43 所示。

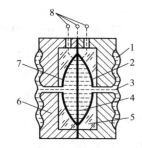

图 5-43　电容式差压变送器
1—隔离膜片；2,7—固定电极；
3—硅油；4—测量膜片；
5—玻璃层；6—底座；8—引线

电容式差压变送器是先将压力的变化转换成电容量的变化，然后再进行测量的。

电容式敏感元件称 $\delta$ 室，具有完全相同的两室，每室由玻璃与金属杯体烧结后，磨出球形凹面，再镀一层金属薄膜，构成电容器的固定极板。测量膜片焊接在两个杯体之间，为电容器的活动极板。杯体外侧焊上隔离膜片，并在膜片内侧的空腔内充满硅油或氟油，以便传递压力。

当被测压力作用于隔离膜片时，通过填充液使测量膜片产生位移，从而改变了可动极板与固定极板间的间距，引起电容量的变化，并通过引线传给测量电路。经测量电路的检测，放大转换成 $4\sim20$mA 的直流电流信号。

当 $\delta$ 室过载时，测量膜片紧贴在球形凹面上，从而保证了单向受压时不致损坏。

电容式压力变送器和绝对压力变送器的工作原理与差压变送器相同，所不同的是低压室的压力是大气压或真空。

## 五、压力表的选用和安装

正确地选用和安装压力表是保证压力检测仪表在生产过程中发挥应有作用的重要环节。

### 1. 压力表的选用

压力表的选用应根据工艺生产过程对压力测量的要求，结合其他各方面的情况，加以全面的考虑和具体的分析，一般应该考虑以下几个方面的问题：

（1）仪表类型的确定　仪表类型的选用必须满足工艺生产的要求。如是否需要远传变送、自动记录或报警；是否进行多点测量；被测介质的物理化学性质是否对测量仪表提出特殊要求；现场环境条件对仪表类型是否有特殊要求等。总之，根据工艺要求来确定仪表类型是保证仪表正常工作及安全生产的重要前提。

如测氨气压力时，应选用氨用表，普通压力表的弹簧管大多采用铜合金，高压时用碳钢，而氨用表的弹簧管采用碳钢材料，不能用铜合金，否则易受腐蚀而损坏。而测氧气压力时，所用仪表与普通压力表在结构和材质上完全相同，只是严禁沾有油脂，否则会引起爆炸。氧气压力表在校验时，不能像普通压力表那样采用变压器油作工作介质，必须采用油水隔离装置，如发现校验设备或工具有油污，必须用四氯化碳清洗干净，待分析合格后再行使用。

（2）仪表量程的确定　仪表的测量范围是指仪表可按规定的精度对被测量进行测量的范围，它是根据操作中需要测量的参数大小来确定的。

测量压力时，为延长仪表的使用寿命，避免弹性元件因受力过大而损坏，压力表的上限值应高于工艺生产中可能的最大压力值；为保证测量值的准确度，所测压力值不能太接近仪表的下限值。一般测量稳定压力时，正常操作压力应介于仪表量程的 $1/3 \sim 2/3$；测量脉动压力时，正常操作压力应介于仪表量程的 $1/3 \sim 1/2$；测量高压时，正常操作压力应介于仪表量程的 $1/3 \sim 3/5$。

所选压力表的量程范围数值应与国家标准规定的数值相一致。我国常用压力表量程范围为 $0.1 \sim 60MPa$。

**例 5-2**　水泵出口最高工作压力为 $0.6MPa$，试确定测量此压力的弹簧管压力表的量程。

**解**　水泵出口压力可按波动较大的压力来考虑，则仪表上限值为：

$$0.6 \times \frac{3}{2} = 0.75MPa$$

根据以上仪表系列值，压力表上限应取 $1.0MPa$，故压力表测量范围为 $0 \sim 1.0MPa$。

（3）仪表精度等级的确定　仪表精度是根据工艺生产上所允许的最大测量误差来确定的，即由控制指标和仪表量程决定。所选用的仪表越精密，其测量结果越精确可靠，但相应的价格也越贵，维护量越大。通常，在满足工艺要求的前提下，应尽可能选用精度较低、价廉耐用的仪表。

**例 5-3**　现要选择一只安装在往复式压缩机出口处的压力表，被测压力的范围为 22～25MPa，工艺要求测量误差不得大于 1MPa，且要求就地显示。试正确选用压力表的型号、精度及测量范围。

**解** 因为往复式压缩机的出口压力脉动较大，所以工作压力最大不得超过仪表量程的 1/2，工作压力最小不得低于仪表量程的 1/3，所以

$$X_{工作max} < M_表 \times (1/2)，M > 25 \times 2 = 50MPa$$

$$X_{工作min} > M \times (1/3)，M < 22 \times (1/3) = 66MPa$$

查附录一，可选用 Y-100 型，测压范围为 0～60MPa 的压力表。

因测量误差不得大于 1MPa，相应引用误差为：

$$\gamma_{max} = \frac{\Delta A_{max}}{标尺上限值 - 标尺下限值} \times 100\% = \frac{1}{60-0} \times 100\% \approx 1.67\%$$

所以应选 1.5 级的仪表。

即所选的压力表为 Y-100 型，测压范围为 0～60MPa，精度为 1.5 级的弹簧管压力表。

## 2. 压力表的安装

压力表的安装正确与否直接影响到测量的准确性和压力表的使用寿命。

（1）测压点的选择

所选择的取压点应能反映被测压力的真实大小。

① 要选在被测介质流束稳定的直管段部分，不要选在管路拐弯、分叉、死角或其他易形成漩涡的地方。

② 测流动介质的压力时，应使取压点与流动方向垂直，取压管内端面与生产设备连接处的内壁应保持平齐，不应有凸出物或毛刺。

③ 测量液体压力时，取压点应在管道水平中心线以下 0°～45°夹角内，使导压管内不积存气体；测量气体压力时，取压点应在管道水平中心线以上 45°～90°夹角内，使导压管内不积存液体；测量蒸汽压力时，取压点应在管道水平中心线以上 0°～45°夹角内，使导压管内有稳定的冷凝液。

（2）导压管铺设

① 导压管粗细要合适，内径为 6～10mm，长度不超过 50m，以减少压力指示的迟缓。如超过 50m，应选用能远距离传送的压力表。

② 导压管水平安装时应保证有 1：10～1：20 的倾斜度，以利于排出其中积存的液体或气体。

③ 当被测介质易冷凝或冻结时，须加保温或伴热管线。

④ 取压口到压力计之间应装有切断阀，以备检修压力计时使用。切断阀

应装在靠近取压口的地方。

（3）压力表的安装

① 压力表应装在易于观察和检修的地方，避免振动和高温。

② 测量 60℃以上热介质压力时，应加装冷凝弯或冷凝圈，以防止弹性元件受介质温度的影响而改变性能；测量腐蚀性介质的压力时，应加装带插管的隔离罐；测量黏稠性介质的压力时，应加装隔离器，以防介质堵塞弹簧管。

③ 压力表连接处应加装适当垫片。被测介质低于 80℃及 2MPa 时，可用橡胶垫片；低于 450℃及 5MPa 时，可用石棉或铅垫片；温度和压力更高时，可用退火紫铜垫片。测氧气压力时，禁用浸油垫片及有机化合物垫片；测乙炔压力时，禁用铜垫片，否则会引起爆炸。

④ 当被测压力较小，压力计与取压口不在同一高度时，由此高度差引起的测量误差应进行修正。

⑤ 为安全起见，测量高压的仪表除选用表壳有通气孔的外，安装时表壳应向墙壁或无人通过之处，以防发生意外。

# 项目八　温度自动控制系统的设计及其仪表的选用

## 一、温度的测量方法

### 1. 温标的概念

温度是表示物体冷热程度的物理参数，它反映了物体内部分子无规则热运动的剧烈程度，物体内部分子热运动越激烈，则物体的温度越高。用来对物体温度的衡量标准即为温标。

国际使用温标定义了热力学温度（符号为 $T$）是基本的物理量，其单位是开尔文（符号为 K），定义 1K 等于水的三相点（水蒸气、水、冰三种形态共存）热力学温度的 1/273.16。定义国际摄氏温度（符号为 $t$）单位为摄氏度（符号为℃）。

即国际开尔文温度和国际摄氏温度的转换关系为

$$t = T - 273.15(℃) \tag{5-12}$$

### 2. 温度测量的方法和类型

温度测量方法通常分为接触式和非接触式两种。

（1）接触式测温仪表　温度计的感温元件与被测物体有良好的热接触，两者达到热平衡时，温度计显示的即被测物体的温度值。这种方法测量的准确度较高，但由于温度计感温元件与被测物直接接触，会打破被测物体的热平衡状态，同时，感温元件要防止被腐蚀，因此对元件的结构、性能要求较高。

（2）非接触式测温仪表　温度计的感温元件不与被测物体接触，也不改变被测物体热平衡状态。它是利用物体的热辐射性能能随温度的变化而变化。这种方法一般用于测量 1000℃ 以上的高温物体的温度。测量的准确度受环境条件的影响，需要对测量值进行环境参数补偿校正才能获取真实的温度。

常用的测温仪表的种类及优缺点见表 5-3。

表 5-3　常用测温仪表的种类及优缺点

| 测温方式 | 温度计种类 | | 常用测温范围/℃ | 测温原理 | 优点 | 缺点 |
|---|---|---|---|---|---|---|
| 接触式 | 膨胀式 | 玻璃液体 | −50～600 | 液体体积随温度变化的性质 | 结构紧凑、牢固可靠 | 准确度低，量程和使用范围有限 |
| | | 双金属 | −80～600 | 固体热膨胀变形量随温度变化 | | |
| | 压力式 | 液体 | −30～600 | 气体和液体容积一定时压力会随着温度变化 | 耐振、坚固、防爆、价格低廉 | 准确度低、测温范围小、响应速度慢 |
| | | 气体 | −20～350 | | | |
| | | 蒸汽 | 0～250 | | | |
| | 热电偶 | 铂铑-铂 | 0～1600 | 金属导体的热电效应 | 测温范围宽、准确度高、可远传、可多点、可集中测量 | 需冷端温度补偿，低温测量不准确 |
| | | 镍铬-镍硅 | 0～1200 | | | |
| | | 镍铬-考铜 | 0～600 | | | |
| | 热电阻 | 铂电阻 | −200～500 | 金属导体或半导体的热阻效应 | 测温范围宽、准确度高、可远传、可多点、可集中测量 | 不能测高温，环境影响较大 |
| | | 热电阻 | −50～150 | | | |
| | | 热敏电阻 | −50～300 | | | |
| 非接触式 | 辐射式 | 辐射式 | 400～2000 | 利用物体全辐射能随温度变化的性质 | 测温时，不破坏被测物热平衡 | 低温段测量不准确，环境条件会影响准确度 |
| | | 光学式 | 700～3200 | | | |
| | | 比色式 | 900～1700 | | | |
| | 红外线 | 热敏探测 | −50～3200 | 利用传感器转换进行测温 | 不破坏热平衡，响应快 | 易受外界干扰 |
| | | 光电探测 | 0～3500 | | | |
| | | 热电探测 | 200～2000 | | | |

## 二、热电阻式温度变送器

现代化工 HSE 竞赛中使用的温度测量仪表如表 5-4 所示。

表 5-4　HSE 装置中的温度测量仪表

| 序号 | 仪表位号 | 仪表用途 | 仪表位置 | 规格型号 |
|------|----------|----------|----------|----------|
| 1 | TI-101 | 预热前原料温度 | 远传 | 仿真铂热电阻 |
| 2 | TI-102 | 预热后原料温度 | 远传 | 仿真铂热电阻 |
| 3 | TI-103 | 反应后物料温度 | 远传 | 仿真铂热电阻 |
| 4 | TI-104 | 冷却后物料温度 | 远传 | 仿真铂热电阻 |
| 5 | TI-204 | 循环水或蒸汽温度 | 远传 | 仿真铂热电阻 |
| 6 | TI-205 | 反应釜釜内温度 | 远传 | 仿真铂热电阻 |

下面着重介绍一下热电阻式温度计。

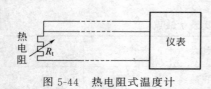

图 5-44　热电阻式温度计

热电阻温度计是由热电阻（感温元件）、显示仪表（不平衡电桥或平衡电桥）以及连接导线所组成。如图 5-44 所示。值得注意的是连接导线采用三线制接法。

热电阻是热电阻温度计的测温（感温）元件，是这种温度计的最主要部分，是金属体。

### 1. 测温原理

热电阻温度计是利用金属导体的电阻值随温度变化而变化的特性（电阻温度效应）来进行温度测量的。热电阻温度计与热电偶温度计的测量原理是不相同的。热电阻温度计是把温度的变化通过测温元件——热电阻转换为电阻值的变化来测量温度的；而热电偶温度计则把温度的变化通过测温元件——热电偶转化为热电势的变化来测量温度的。

热电阻温度计适用于测量 $-200 \sim +500℃$ 范围内液体、气体、蒸汽及固体表面的温度。它与热电偶温度计一样，也是有远传、自动记录和实现多点测量等优点。另外热电阻的输出信号大、测量准确。

### 2. 工业常用热电阻

虽然大多数金属导体的电阻值随温度的变化而变化，但是它们并不都能作为测温用的热电阻。作为热电阻的材料一般要求是电阻温度系数、电阻率要大；热容量要小；在整个测温范围内，应具有稳定的物理、化学性质和良好的复制性；电阻值随温度的变化关系，最好是线性。

（1）铂电阻金属　铂易于提纯，在氧化性介质中，甚至在高温下其物理、化学性质都非常稳定。但在还原性介质中，特别是在高温下很容易被沾污，使铂丝变脆，并改变了其电阻与温度间的关系。

因此，要特别注意保护。工业上常用的铂电阻有两种，一种是 $R_0 = 10\Omega$，对应的分度号为 Pt10。另一种是 $R_0 = 100\Omega$，对应的分度号为 Pt100。

（2）铜电阻金属　铜易加工提纯，价格便宜；它的电阻温度系数很大，且电阻与温度呈线性关系；在测温范围为 $-50 \sim +150℃$ 内，具有很好的稳定性。其缺点是温度超过 150℃ 后易被氧化，氧化后失去良好的线性特性；另外，由于铜的电阻率小（一般为 $0.017\Omega \cdot mm^2/m$），为了要绕得一定的电阻值，铜电阻丝必须较细，长度也要较长，这样铜电阻体就较大，机械强度也降低。工业上用的铜电阻有两种，一种是 $R_0 = 50\Omega$，对应的分度号为 Cu50。另一种是 $R_0 = 100\Omega$，对应的分度号为 Cu100。

### 3. 热电阻的结构

热电阻的结构形式有普通型热电阻、铠装热电阻和薄膜热电阻三种。

（1）普通型热电阻　主要由电阻体、保护套管和接线盒等主要部件所组成。其中保护套管和接线盒与热电偶的基本相同。

（2）铠装热电阻　将电阻体预先拉制成型并与绝缘材料和保护套管连成一体。这种热电阻体积小、抗震性强、可弯曲、热惯性小、使用寿命长。

（3）薄膜热电阻　它是将热电阻材料通过真空镀膜法，直接蒸镀到绝缘基底上。这种热电阻的体积很小、热惯性也小、灵敏度高。

## 三、测温仪表的选用及安装

温度测量仪表的选用如下。

（1）就地温度仪表的选用

① 精确度等级

a.一般工业用温度计：选用 1.5 级或 1 级。

b.精密测量用温度计：选用 0.5 级或 0.2 级。

② 测量范围

a.最高测量值不大于仪表测量范围上限值 90%，正常测量值在仪表测量范围上限值的 1/2 左右。

b.压力式温度计测量值应在仪表测量范围上限值的 1/2～3/4。

③ 双金属温度计　在满足测量范围、工作压力和精确度的要求时，应被优先选用于就地显示。

④ 压力式温度计　适用于 $-80℃$ 以下低温、无法近距离观察、有振动及

精确度要求不高的就地或就地盘显示。

⑤ 玻璃温度计　仅用于测量精确度较高、振动较小、无机械损伤、观察方便的特殊场合。不得使用玻璃水银温度计。

（2）温度检测元件的选用

① 根据温度测量范围，参照表5-5选用相应分度号的热电偶、热电阻或热敏热电阻。

② 铠装式热电偶适用于一般场合；铠装式热电阻适用于无振动场合；热敏热电阻适用于测量反应速度快的场合。

（3）特殊场合适用的热电偶、热电阻

① 温度高于870℃、氢含量大于5％的还原性气体、惰性气体及真空场合，选用钨铼热电偶或吹气热电偶。

② 设备、管道外壁和转体表面温度，选用端（表面）式、压簧固定式或铠装热电偶、热电阻。

③ 含坚硬固体颗粒介质，选用耐磨热电偶。

④ 在同一检出（测）元件保护管中，要求多点测量时，选用多点（支）热电偶。

⑤ 为了节省特殊保护管材料（如钽），提高响应速度或要求检出（测）元件弯曲安装时可选用铠装热电偶、热电阻。

⑥ 高炉、热风炉温度测量，可选用高炉、热风炉专用热电偶。

表 5-5　温度检出（测）元件

| 检出（测）元件名称 | 分号度 | 测量范围/℃ | 备注 | 检出（测）元件名称 | 分号度 | 测量范围/℃ | 备注 |
|---|---|---|---|---|---|---|---|
| 铜热电阻 $R_0 = 50\Omega$ | Cu50 | $-50 \sim 150$ | R100/$R0 = 1.248$ | 铁-康铜热电偶 | J | $-200 \sim 800$ | |
| $R_0 = 100\Omega$ | Cu100 | | | | | | |
| 铂热电阻 $R_0 = 10\Omega$ | Pt10 | $-200 \sim 650$ | R100/$R0 = 1.385$ | 康-铜热电偶 | T | $-200 \sim 400$ | |
| $R_0 = 50\Omega$ | Pt50 | | | | | | |
| $R_0 = 100\Omega$ | Pt100 | | | 铂铑$_{10}$-铂铜热电偶 | S | $0 \sim 1600$ | |
| △镍热电阻 $R_0 = 100\Omega$ | Ni100 | $-60 \sim 180$ | R100/$R0 = 1.617$ | | | | |
| $R_0 = 500\Omega$ | Ni500 | | | 铂铑$_{13}$-铂铜热电偶 | R | $0 \sim 1600$ | |
| $R_0 = 1000\Omega$ | Ni1000 | | | | | | |

| 检出(测)元件名称 | 分号度 | 测量范围/℃ | 备注 | 检出(测)元件名称 | 分号度 | 测量范围/℃ | 备注 |
|---|---|---|---|---|---|---|---|
| △热敏电阻 | | −40～150 | | 铂铑$_{30}$-铂铑$_6$热电偶 | B | 0～1800 | |
| △铁电阻 | | −272～−250 | | 钨铼 5-钨铼 26热电偶 | WRe5-WRe26 | 0～2300 | |

注：△为待发展。

## 四、测温元件的安装

接触式测温仪表所测得的温度都是由测温（感温）元件来决定的。在正确选择测温元件和二次仪表之后，如不注意测温元件的正确安装，那么，测量精度仍得不到保证。工业上，一般是按下列要求进行安装的。

（1）测温元件的安装要求

① 在测量管道温度时，应保证测温元件与流体充分接触，以减少测量误差。因此，要求安装时测温元件应迎着被测介质流向插入，至少须与被测介质正交（成90°），切勿与被测介质形成顺流。如图 5-45 所示。

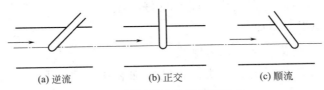

(a) 逆流　　　　　(b) 正交　　　　　(c) 顺流

图 5-45　测温元件安装示意图之一

② 测温元件的感温点应处于管道中流速最大处。一般来说，热电偶、铂电阻、铜电阻保护套管的末端应分别越过流束中心线 5～10mm、50～70mm、25～30mm。

③ 测温元件应有足够的插入深度，以减小测量误差。为此，测温元件应斜插安装或在弯头处安装，如图 5-46 所示。

④ 若工艺管道过小（直径小于80mm），安装测温元件处应接装扩大管，如图 5-47 所示。

⑤ 热电偶、热电阻的接线盒面盖应向上，以避免雨水或其他液体、脏物进入接线盒中影响测量，如图 5-48 所示。

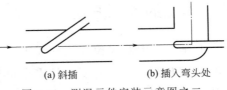

(a) 斜插　　　　　(b) 插入弯头处

图 5-46　测温元件安装示意图之二

图 5-47　小工艺管道上测温元件安装示意图

图 5-48　热电偶或热电阻安装示意图

⑥ 为了防止热量散失，测温元件应插在有保温层的管道或设备处。

⑦ 测温元件安装在负压管道中时，必须保证其密封性，以防外界冷空气进入，使读数降低。

（2）布线要求

① 按照规定的型号配用热电偶的补偿导线，注意热电偶的正、负极与补偿导线的正、负极相连接，不要接错。

② 热电阻的线路电阻一定要符合所配二次仪表的要求。

③ 为了保护连接导线与补偿导线不受外来的机械损伤，应把连接导线或补偿导线穿入钢管内或走槽板。

④ 导线应尽量避免有接头。应有良好的绝缘。禁止与交流输电线合用一根穿线管，以免引起感应。

⑤ 导线应尽量避开交流动力电线。

⑥ 补偿导线不应有中间接头，否则应加装接线盒。另外，最好与其他导线分开敷设。

# 项目九　物位自动控制系统的设计及其仪表的选用

## 一、物位的检测方法

工业生产中对物位仪表的要求多种多样，主要的有精度、量程、经济和安全可靠等方面。其中首要的是安全可靠。测量物位仪表的种类很多，如表 5-6 所示。

表 5-6　常用物位检测方法

| 类别 | | 适用对象 | 安装位置 | 测量原理 |
|---|---|---|---|---|
| 直读式 | 金属管式 | 液体 | 侧面 | 连通器静压平衡 |
| | 玻璃板式 | 液体 | 侧面 | |

| | 类别 | 适用对象 | 安装位置 | 测量原理 |
|---|---|---|---|---|
| 差压式 | 压力式 | 液位、料位 | 侧面、底端 | 液体静压力与高度成正比 |
| | 吹气式 | 液位 | 顶端 | 吹气管鼓出气泡后吹气管内压力基本等于液柱静压 |
| | 差压式 | 液位、界面 | 侧面 | 容器液位与想通的差压计正、负压室压力差相等 |
| 浮力式 | 浮子式 | 液位、界面 | 侧面 | 液体的浮力让浮子上下移动 |
| | 翻板式 | 液位 | 侧面、弯通管 | 浮子上的永磁铁带动翻板翻动 |
| | 沉筒式 | 液位、界面 | 内外浮筒 | 浮筒沉入介质,观测浮筒 |
| | 随动式 | 液位、界面 | 顶端、侧面 | 液位上升导致感应电动势的变化 |
| 机械接触式 | 重锤式 | 液位、界面 | 顶端 | 探头与物位的接触力 |
| | 旋翼式 | 料位 | 顶端 | |
| | 音叉式 | 液位、料位 | 顶端、侧面 | |
| 电气式 | 电感式 | 液位 | 顶端 | 把物位变化转化为标准电信号 |
| | 电容式 | 液位、料位 | 侧面、顶端 | |
| 其他 | 超声波式 | 液位、料位 | 顶端、侧面、底置 | 物位不同导致超声波波形变化 |
| | 辐射式 | 液位、料位 | 顶端、侧面 | 核辐射的穿透特性 |
| | 光学式 | 液位、料位 | 侧面 | 光源遮挡 |
| | 热学式 | 液位、料位 | | 微波或红外线被介质吸收量的不同 |

# 二、差压式液位计

## 1. 工作原理

差压式液位计是利用容器内的液位改变时,由液柱产生的静压也相应变化的原理工作的,如图 5-49(a) 所示,当被测容器敞口时,气相压力为大气压,差压计的负压室通大气即可。设大气压为 $p_0$,液位高度为 $H$,介质密度为 $\rho$,变送器正压室压力为 $p_+$,变送器负压室压力为 $p_-$,重力加速度为 $g$,则有正、负压室的压力分别为:

$$p_+ = p_0 + H\rho g \tag{5-13}$$

$$p_- = p_0 \tag{5-14}$$

正、负压室的压差为:

$$\Delta p = p_+ - p_- = H\rho g \tag{5-15}$$

被测介质的密度是已知的,因而,变送器所测差压与液位高度 $H$ 成正比,只要测出差压,就可以测出液位高度。

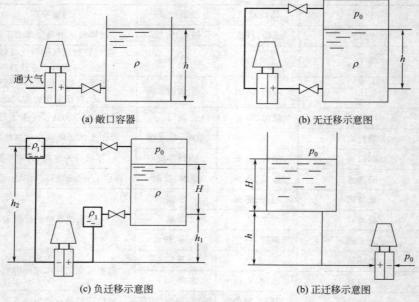

(a) 敞口容器                    (b) 无迁移示意图

通大气

$\rho_1$

$h_2$

$h_1$

$H$

$\rho$

$p_0$

$\rho_1$

(c) 负迁移示意图

$H$

$h$

$p_0$

$p_0$

(b) 正迁移示意图

图 5-49  差压变送器侧液位示意图

对密闭储槽或反应罐，因容器上部空间压力不固定，设液面上的压力为 $p_0$，此时也可用压力计来测量液位，只需将差压计的负压室与容器的气相相连接即可，如图 5-49（b）所示，则正、负压室的压力分别为：

$$p_+ = p_0 + H\rho g \qquad\qquad (5\text{-}16)$$

$$p_- = p_0 \qquad\qquad (5\text{-}17)$$

正、负压室的压差为：

$$\Delta p = p_+ - p_- = H\rho g \qquad\qquad (5\text{-}18)$$

仍然是只要测出差压，就可以测出液位高度。

## 2. 零点迁移问题

（1）无迁移  使用差压变送器或差压计测量液位时，若作用在变送器正、负压室的差压 $\Delta p = H\rho g$，当被测液位 $H = 0$ 时，$\Delta p = 0$，此时作用在变送器正、负压室的压力相等，变送器的输出为下限值；当 $H = H_{\max}$ 时，变送器的输出为上限值，这种情况即为无迁移。如图 5-49（b）所示情形。

（2）负迁移  在生产中有时为防止储槽内液体和气体进入变送器的取压室而造成管线堵塞或腐蚀，以及保持负压室的液柱高度恒定，在变送器正、负压室与取压点间分别装有隔离罐，并充以隔离液，如图 5-49（c）所示。若被测介

质密度为 $\rho$，隔离液密度为 $\rho_1$，则正、负压室的压力分别为：

$$p_+ = h_1\rho_1 g + H\rho g + p_0 \tag{5-19}$$

$$p_- = h_2\rho_1 g + p_0 \tag{5-20}$$

正、负压室的压差为：

$$\Delta p = p_+ - p_- = (h_1 - h_2)\rho_1 g + H\rho g \tag{5-21}$$

当被测液位 $H = 0$ 时，$\Delta p = (h_1 - h_2)\rho_2 g < 0$，此时，负压室比无迁移时多了一项压力，其大小为 $(h_2 - h_1)\rho_1 g$，显然，变送器的输出小于下限值；而当 $H = H_{max}$ 时，变送器的输出小于上限值。为了使仪表的输出能正确反映出液位的大小，也就是当被测液位为零或最大值时，分别与变送器的输出下限或输出上限相对应，可在变送器中加一弹簧装置，由弹簧装置预加一个力，抵消固定差压 $(h_2 - h_1)\rho_1 g$ 的影响，这种方法称为"迁移"。当 $H = 0$ 时，$\Delta p < 0$ 的情况，称为负迁移。

迁移弹簧的作用，其实质是改变变送器的零点，但不改变量程范围。迁移和调零是都是使变送器输出的起始值与被测量起始点相对应，只不过零点调整量较小，而迁移调整量较大。

迁移同时改变了测量范围的上、下限，相当于测量范围的平移，它不改变量程的大小。

（3）正迁移　由于工作条件的不同，有时会出现正迁移的情况，如图 5-49（d）所示。

此时，正、负压室的压力分别为：

$$p_+ = h\rho g + H\rho g + p_A \tag{5-22}$$

$$p_- = p_A \tag{5-23}$$

正、负压室的压差为：

$$\Delta p = p_+ - p_- = h\rho g + H\rho g \tag{5-24}$$

当 $H = 0$ 时，$\Delta p = h\rho g > 0$，变送器的输出大于下限值，通过调整迁移弹簧，可使 $H = 0$ 时，变送器的输出为下限值。当 $H = 0$ 时，$\Delta p > 0$ 的情况，称为正迁移。

在差压变送器的规格中，一般都注有是否带迁移装置。如差压变送器型号后缀"A"表示带正迁移；后缀"B"则表示带负迁移。一台差压变送器只能带有一种迁移形式，必须根据现场要求正确选择。

### 3. 用法兰式差压变送器测量液位

在化工生产中，有时会遇到具有腐蚀性或含有杂质、结晶颗粒及高黏度、易凝固液体的液位测量，如果使用普通的差压变送器会出现引压管线被腐蚀或堵塞的情况，此时，就需要使用法兰式差压变送器。变送器的法兰直接与容器上的法兰相连。

作为敏感元件的测量头（金属膜盒），经毛细管与变送器的测量室相通。在膜盒、毛细管和测量室所组成的封闭系统中充有硅油，作为压力传递介质，并使被测液体不进入毛细管和变送器，以免堵塞。

法兰式差压变送器的测量部分及气动转换部分的动作原理与普通差压变送器相同。

法兰式差压变送器按其结构形式可分为单法兰和双法兰，法兰的构造又分为平法兰和插入式法兰两种。

## 三、电接点水位计

现代化工 HSE 装置仅有一个仿真电接点水位计，下面着重介绍一下电接点水位计。

传统的平衡容器测量水位的方法虽然经过多方改进，但准确度仍然受到限制。利用炉水与蒸汽的导电能力的差别设计的电接点水位计得到了广泛的应用。电接点水位计基本上克服了汽包压力变化的影响，可用于锅炉启停及变参数运行中。另外，电接点水位发送器离汽包很近，电接点至二次仪表全部是电气信号传递，所以这种仪表不仅延迟小，而且没有机械传动所产生的变差和刻度误差，不需要进行误差计算与调整，不需要复杂的校验装置，使得仪表的检修与校验工作大为简化。该型仪表构造简单、体积小，不需要进行误差计算和调整，省去了笨重的差压计、传压导管和阀门，减少了金属消耗，减轻了工人的检修劳动强度。

虽然电接点水位计是为了适应锅炉变参数运行而出现的，但它也适用于高低压加热器、除氧器、蒸发器、凝汽器等的水位测量和其他导电液体的水位测量。

（1）工作原理　电接点水位计是利用汽、水介质的电阻率相差很大的性质来实现水位测量的，它属于电阻式水位测量仪表。在 360℃ 以下，纯水的电阻率小于 $10^6 \Omega \cdot cm$，蒸汽的电阻率大于 $10^8 \Omega \cdot cm$，由于炉水含盐，电阻率较纯水低，因此炉水与蒸汽的电阻率差距就更大了。电接点水位计可以用于 22MPa 压力以下的汽包锅炉的水位测量，该水位计主要由水位容器、电接点及水位显示仪表等构成，如图所示。电接点水位计能把水位信号转变为一系列的电路开关信号，由点亮的灯的数量就可知道水位的高低。

（2）电接点及水位容器

① 电接点　电接点是电接点水位计的核心部件，它不仅要与金属管壁可靠绝缘，而且要能耐受汽包压力及汽水的化学腐蚀，所以其制作要求和材料要求很高。

我国生产的电接点主要是超纯氧化铝瓷管做绝缘子和以聚四氟乙烯做绝缘子两大类。前者用于高压、超高压锅炉，后者用于中、低压锅炉。

② 水位容器　水位容器通常用直径 76mm 或 89mm 的 20 号无缝钢管制造，其内壁加工的较光滑，用以减少湍流；容器的水侧连通管应加以保温。水位容器的壁厚根据工作强度要求选择，强度根据介质工作压力、温度及容器壁开孔个数、间距来计算。为了保证容器有足够的强度，安装电接点的开孔位置通常呈 120°或 90°夹角，在筒体上分 3 列或 4 列排列。一般在正常水位附近，电接点的间距较小，以减少水位监视的误差。

（3）显示电路　电接点水位计的显示方式主要有氖灯显示、双色显示和数字显示三种。竞赛装置中采用数字显示，后续做具体表述。

# 四、物位仪表的选用

物位包括液位、界位和料位。物位检测仪表种类繁多、性能各异，又各有所长、各有所短。因此，应全面综合被测对象的特点、工艺测量要求和性价比进行合理选用。

## 1. 仪表型号的选用

根据被测对象的特点，例如是检测液位还是检测料位或界位；是检测密闭容器中的物位还是敞口容器中的物位；是否需要克服液体的泡沫所造成的假液位的影响；以及接触介质的压力、温度、黏度、腐蚀性、稳定性如何；是否含有固体颗粒、脏污、结焦及黏附等；考虑工艺测量的要求，例如是现场指示还是远传显示；是连续检测还是定点检测；及仪表的安装场所，包括仪表的安装高度及仪表使用环境的防爆等级、干扰程度等选用仪表型号。同时还要考虑性价比。

## 2. 测量范围的选用

根据工艺测量要求选用仪表测量范围。

## 3. 精度等级的选用

根据工艺生产所允许的最大绝对误差确定仪表的精度等级。

对大多数工艺对象的液面和界面测量，选用差压式仪表、沉筒式仪表或浮子式仪表便可满足要求。如不满足时，可选用电容式、电阻式、核辐射式、超声波式等物位检测仪表。

# 项目十　流量自动控制系统的设计及其仪表的选用

## 一、流量测量仪表的分类

在化工生产中，经常需要测量生产过程中各种介质的流量，以便为生产操作和管理、控制提供依据。同时，为了进行经济核算，也需要知道在一段时间内流过的介质总量。所以，流量测量是化工生产过程中的重要环节之一。

流量是指单位时间内流过管道某一截面的流体数量。流量包括瞬时流量和总量（累积流量）。瞬时流量是指单位时间内流过管道某一截面的流体数量的大小；而在某一段时间内流过管道的流体流量的总和，即某段时间内瞬时流量的累加值，称为总量。

流量可用体积流量和质量流量来表示，瞬时流量常用单位有 $m^3/h$（米$^3$/小时）、$l/h$（升/小时）、$t/h$（吨/小时）、$kg/h$（千克/小时）等；总量常用单位有 $t$、$m^3$。

一般用来测量瞬时流量的仪表称为流量计；测量流体总量的仪表称为计量表。

测量流量的方法很多，其测量原理和所用仪表结构形式各不相同。常用流量测量的分类方法如下：

① 速度式流量计　速度式流量计根据流体力学原理进行流量测量，即以流体在管道内的流速为测量依据来计算流量。常用仪表有差压式流量计、转子流量计、靶式流量计、电磁流量计、涡轮流量计等。

② 容积式流量计　容积式流量计以单位时间内排出流体的固定容积的数目为测量依据来计算流量。常用仪表有椭圆齿轮流量计、腰轮流量计、活塞式流量计等。

③ 质量式流量计　质量式流量计以流体流过的质量为测量依据。一般分为直接式和间接式两种。直接式可直接测量质量流量，如热力式、科氏力式、动量式、差压式等；而间接式是用密度与体积流量经过运算求得质量流量的，如温度压力补偿式、密度补偿式等。质量式流量计的被测流量数值不受流体的

温度、压力、黏度等变化的影响，是一种发展中的流量测量仪表。

## 二、电磁流量计

现代化工 HSE 技能竞赛装置中使用的流量测量仪表是仿真式电磁流量计，下面着重介绍一下电磁流量计。

在进行流量测量时，如果被测介质具有导电性，则可以使用电磁流量计来测量。

### 1. 工作原理

电磁流量计是根据法拉第电磁感应原理来测量流量的。如图 5-50 所示，将一个直径为 $D$ 的管道放在一个均匀磁场中，并使之垂直于磁力线方向。管道由非导磁性材料制成，如果是金属管道，内壁上要装有绝缘衬里。当导电液体在管道中流动时，便会切割磁力线，如果在与测量管轴线和磁力线相垂直的管壁上安装一对检测电极，当导电液体沿测

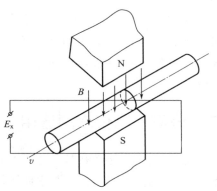

图 5-50　电磁流量计原理图

量管轴线运动时，导电液体切割磁力线产生感应电势，其大小与磁场、管道及流速有关。可推得

$$Q = \frac{\pi DE}{4B} \tag{5-25}$$

式中　$E$——感应电势；

　　　$B$——磁感应强度；

　　　$D$——电极间距（测量管内直径）。

显然，只要测出感应电势 $E$，就可知道被测流量 $Q$ 的大小。因而电磁流量计适用于测量封闭管道中导电液体和浆液的体积流量，如洁净水、污水、各种酸碱盐溶液，泥浆、矿浆、纸浆以及食品方面的液体等，广泛应用于冶金、造纸、水处理、化工、轻工、纺织、电力和采矿等行业。

### 2. 基本结构

电磁流量计主要由电磁流量变送器和电磁流量转换器两部分组成。电磁流量变送器将被测介质的流量转换为感应电势，经电磁流量转换器放大为电流信

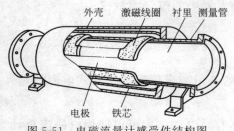

外壳　激磁线圈　衬里　测量管

电极　铁芯

图 5-51　电磁流量计感受件结构图

号输出，然后由二次仪表进行流量的显示、记录、积算和调节。

电磁流量计感受件结构图如图 5-51 所示，为了避免磁力线被管道壁所短路，降低涡流损耗，测量导管应由非导磁的高阻材料制成，一般为不锈钢、玻璃或某些具有高电阻率的铝合金。在用不锈钢等导电材料做导管时，测量导管内壁及内壁与电极之间必须有绝缘衬里，以防止感应电势被短路。衬里材料根据工作温度不同，常用耐酸搪瓷、橡胶、聚四氟乙烯等。电极与管内衬里平齐，电极材料常用非导磁不锈钢制成，也有用铂、金或镀铂、镀金的不锈钢制成。

## 三、流量检测仪表的选用

流量检测仪表应根据工艺生产过程对流量测量进行要求，按经济原则，合理选用。选用时，一般需考虑如下因素：

### 1. 仪表类型的选用

仪表类型的选用应能满足工艺生产的要求。选用时，应了解被测流体的种类，确定被测介质是气体、液体、蒸汽、浆液还是粉粒等；了解操作条件，包括工作压力和工作温度的大小；了解被测介质的流动工况，究竟是层流、紊流、脉动流、单相流还是双相流等；了解被测介质的物理性质，包括密度、黏度、电导率、腐蚀性等。当被测介质流量较大且波动也较大时，可选用节流装置，若被测介质是导电液体，可选用电磁流量计，但其价格较高。当流量较小时，可选用转子流量计或容积式流量测量仪表，这类仪表的最小流速测量可达 $0.1m^3/h$ 以下。选用时，还应了解流量仪表的功能，究竟是作指示、记录还是积算，最后综合各方面情况进行选用。

### 2. 仪表测量范围的选用

根据被测介质的流量范围，选用流量检测仪表的流量测量范围。对方根刻度仪表来说，最大流量不超过满刻度的 95%，正常流量为满刻度的 70%～80%，最小流量不小于满刻度的 30%；对线性刻度仪表来说，最大流量不超过满刻度的 90%，正常流量为满刻度的 50%～70%，最小流量不小于满刻度的 10%。

### 3. 仪表精度的选用

仪表的精度等级是根据工艺生产中所允许的最大绝对误差和仪表的测量范围来确定的。一般来说，仪表的精度等级越高，价格越贵，操作维护要求也越高。因此，选择时应在满足要求的前提下，尽可能选用精度较低、结构简单、价格便宜、使用寿命较长的流量仪表。

此外，选用流量检测仪表时，还应考虑现场安装和使用条件，以及允许压力损失、仪表价格和安装费用等经济性指标。

# 项目十一　Advantrol-Pro 软件的认识与应用

DCS（Distribute Control System）即分布式计算机控制系统，又被称为集散控制系统，综合了计算机（Computer）、通信（Communication）、显示（CRT）和控制（Control）的 4C 技术，其基本思想就是分散控制、集中操作、分级管理、配置灵活、组态方便。分布式计算机控制系统所有的信息管理、回路控制都是基于软硬件结合实现的。其中，软件包括 Advantrol-Pro。

Advantrol-Pro 软件包是基于 Windows 2000 操作系统的自动控制应用软件平台，在 Supcon Webfield 系列集散控制系统中完成系统组态、数据服务和实时监控功能。可作为 DCS 初学者的入门软件使用，具有很高的学习和使用价值。

## 一、实时监控操作说明

实时监控软件是控制系统的上位机监控软件，通过鼠标和操作员键盘的配合使用，可以方便地完成各种监控操作。实时监控软件的运行界面是操作人员监控生产过程的工作平台。在这个平台上，操作人员通过各种监控画面监视工艺对象的数据变化情况，发出各种操作指令来干预生产过程，从而保证生产系统正常运行。熟悉各种监控画面，掌握正确的操作方法，有利于及时解决生产过程中出现的问题，保证系统的稳定运行。实时监控操作可分为三种类型的操作，即监控画面切换操作、设置参数操作和系统检查操作。

### 1. 监控操作注意事项

为了保证 DCS 的稳定和生产的安全，在监控操作中应注意以下事项：

① 在第一次启动实时监控软件前完成用户授权设置。

② 操作人员上岗前须经过正规操作培训。

③ 在运行实时监控软件之前，如果系统剩余内存资源已不足 50%，建议重新启动计算机（重新启动 Windows 不能恢复丢失的内存资源）后再运行实时监控软件。

④ 在运行实时监控软件时，不要同时运行其他的软件（特别是大型软件），以免其他软件占用太多的内存资源。

⑤ 不要进行频繁的画面翻页操作（连续翻页超过 10s）。

**2. 启动实时监控软件**

正确启动实时监控软件是实现监控操作的前提。由于组态时为各操作小组配置的监控画面及采用的网络策略不同，启动时一定要正确选择。

实时监控软件启动操作步骤如下：

（1）点击［开始/程序］中的"实时监控"命令，弹出实时监控软件启动的"组态文件"对话框，如图 5-52 所示。

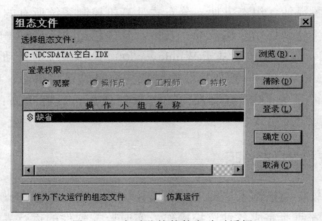

图 5-52　实时监控软件启动对话框

选择组态文件：通过下拉列表框选择组态索引文件，若要打开新的组态监控，可通过浏览按钮查找新的组态文件。

登录权限：选择登录的级别。

作为下次运行的组态文件：选中此选项后，下次系统启动时自动运行实时监控软件，并以本次设定的所有选项作为缺省设置，直接启动监控画面。

仿真运行：在未与控制站相连时，可选择此选项，以便观察组态效果。

浏览按钮：选择组态索引文件。

清除按钮：清除"选择组态文件"选项下的文件列表。

登录按钮：用户登录。

确定按钮：进入监控画面。

取消按钮：退出实时监控软件启动对话框。

（2）点击"浏览"命令，弹出组态文件查询对话框，如图 5-53 所示。

图 5-53　文件查询对话框

（3）选择要打开的组态索引文件（扩展名为.IDX，保存在组态文件夹的 Run 子文件夹下），点击"打开"返回到图 5-53 所示的界面。

（4）点击"登录"按钮，弹出登录对话框，如图 5-54 所示。

图 5-54　登录对话框

（5）选择登录人员的用户名，输入密码，点击"确定"返回到图 5-54 所示的界面。

（6）在操作小组名称列表中选择操作小组，点击"确定"按钮，弹出选择网络策略对话框，如图 5-55 所示。

（7）网络策略确定了登录操作小组所用数据的来源。选择相应的网络策略（如：本地策略），点击"确定"按钮，进入实时监控画面，如图 5-56 所示。

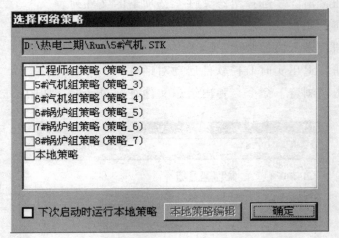

图 5-55　选择网络策略对话框

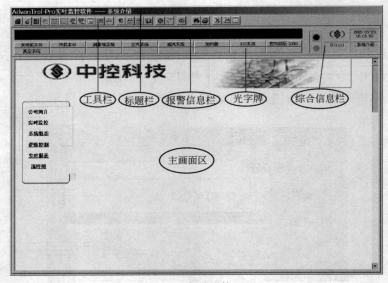

图 5-56　实时监控画面

标题栏：显示当前监控画面名称。

工具栏；放置操作工具图标。

报警信息栏：滚动显示最近产生正在报警的信息。窗口一次最多显示 5 条，其余的可以通过窗口右边的滚动条来查阅。报警信息根据产生的时间依次排列，第一条报警信息永远是最新产生的报警信息。每条报警信息显示：报警时间、位号名称、位号描述、当前值、报警描述和报警类型。

光字牌：光字牌用于显示光字牌所表示的数据区的报警信息。

综合信息栏：显示系统标志、系统时间、当前登录用户和权限、当前画面名称、系统报警指示灯、工作状态指示灯等信息。

主画面：显示监控画面。

### 3. 监控操作按钮一览

监控画面中有 23 个形象直观的操作工具图标如图 5-57 所示，这些图标基本包括了监控软件的所有总体功能。各功能图标的说明如表 5-7 所示。

图 5-57　操作工具图

表 5-7　操作按钮说明一览表

| 图标 | 名称 | 功能 |
|------|------|------|
| | 操作规程 | 说明控制系统操作规程。可根据工程实际进行修改 |
| | 系统服务 | 包含"报表后台打印""启动实时报警打印""报警声音更改""打开系统服务"等功能 |
|  | 查找位号 | 快速查找 I/O 位号 |
|  | 打印图标 | 打印当前的监控画面 |
|  | 前页 | 在多页同类画面中进行前翻 |
|  | 后页 | 在多页同类画面中进行后翻 |
|  | 翻页 | 左击在多页同类画面中进行不连续页面间的切换；右击在任意画面中切换 |
|  | 报警一览 | 显示系统的所有报警信息 |
|  | 总貌画面 | 显示系统总貌画面 |
|  | 分组画面 | 显示控制分组画面 |
|  | 调整画面 | 显示调整画面 |
| | 趋势画面 | 显示趋势图画面 |
|  | 流程图 | 显示流程图画面 |
| | 弹出式流程图 | 显示弹出式流程图 |
| | 报表画面 | 显示最新的报表数据 |

| 图标 | 名称 | 功能 |
|---|---|---|
|  | 数据一览 | 显示数据一览画面 |
|  | 故障诊断 | 显示控制站的硬件和软件运行情况 |
|  | 口令 | 改变 AdvanTrol 监控软件的当前登录用户以及进行选项设置 |
|  | 报警确认 | 对报警一览中的报警信息进行确认 |
|  | 消音 | 屏蔽报警声音 |
|  | 退出系统 | 退出 AdvanTrol 监控软件 |
|  | 载入组态 | 监控软件中重载打开新的操作小组文件 |
|  | 操作记录一览 | 显示系统所有操作记录 |

### 4. 参数设置操作

在系统启动、运行、停车过程中，常常需要操作人员对系统初始参数、回路给定值、控制开关等进行赋值操作以保证生产过程符合工艺要求。这些赋值操作大多是利用鼠标和操作员键盘在监控画面中完成的。常见的参数设置操作方法有：

（1）在调整画面中进行赋值操作 通过数值、趋势图以及内部仪表来显示位号的信息。调整画面显示的位号类型有模拟量输入、自定义半浮点量、手操器、自定义回路、单回路、串级回路、前馈控制回路、串级前馈控制回路、比值控制回路、串级变比值控制回路、采样控制回路等。

调整画面如图 5-58 所示。

在权限足够的情况下（此时可操作项为白底），在调整画面中可进行的赋值操作有：

设置回路参数：若调整画面是回路调整画面，则可在画面中设置各种回路参数，包括手自动切换、调节器正反作用设置、PID 调节参数、回路给定值 SV、回路阀位输出值 MV。

设置自定义变量：若调整画面是自定义变量调整画面，则可在画面中设置变量值。

手工置值模入量：若调整画面是模入量调整画面，则可在画面中手工置值模入量。

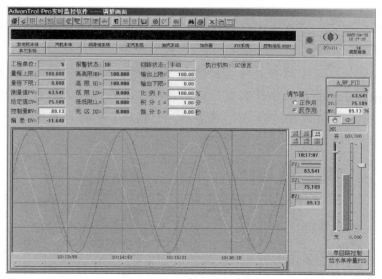

图 5-58 实时监控调整画面

（2）在分组画面中进行赋值操作　分组画面如图 5-59 所示：

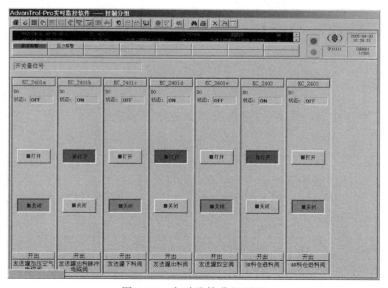

图 5-59 实时监控分组画面

在权限足够的情况下，在分组画面（仪表盘）中可进行的赋值操作有：

开出量赋值：开出量可在仪表盘中直接赋值。

自定义开关量赋值：自定义开关量可在仪表盘中直接赋值。

（3）在流程图中进行赋值操作　在权限足够的情况下，在流程图画面中可进行的赋值操作方法有：

命令按钮赋值：点击赋值命令按钮（参见自定义键组态说明）直接给指定的参数赋值。

开关量赋值：点击动态开关，在弹出的仪表盘中对开关量进行赋值。

模拟量数字赋值：右击动态数据对象，在弹出的右键菜单中选择"显示仪表"，将弹出图 5-60 或图 5-61 所示仪表盘，在仪表盘中可直接用数字量或滑块为对象赋值。

图 5-60　显示仪表（回路）

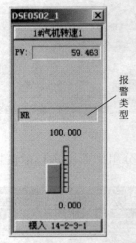

图 5-61　显示仪表（模入量）

其中仪表盘中可以显示的报警类型如表 5-8 所示。

表 5-8　报警类型表

| 报警类型 | 描述 | 颜色 | 信号类型 |
| --- | --- | --- | --- |
| 正常 | NR | 绿色 | 模入 |
| 高限 | HI | 黄色 | 模入 |
| 低限 | LO | 黄色 | 模入 |
| 高高限 | HH | 红色 | 模入 |
| 低低限 | LL | 红色 | 模入 |
| 正偏差 | +DV | 黄色 | 回路 |
| 负偏差 | −DV | 黄色 | 回路 |

斜波赋值：右击动态数据对象，在弹出的右键菜单中选择"显示位号仪表"，将弹出图 5-62 所示仪表盘，在仪表盘中输入每次改变的百分比，点击◁、▷或≪、≫即可以百分比形式增加或减小对象值。

（4）操作员键盘赋值　在操作员键盘上有 24 个空白键，可以在组态时将其定义为赋值键，启动监控画面后，点击赋值键即可为指定的参数赋值。

图 5-62　位号仪表盘

## 5. 报警操作

报警监控方式主要有报警一览、光字牌、音响报警、流程图动画报警等。用于显示系统的所有报警信息，根据组态信息和工艺运行情况动态查找新产生的报警并显示符合条件的报警信息。在报警信息列表中可以显示实时报警信息和历史报警信息两种状态。实时报警列表每过 1s 检测一次位号的报警状态，并刷新列表中的状态信息。历史报警列表只是显示已经产生的报警记录。

（1）报警一览　如图 5-63 所示，报警一览画面用于动态显示符合组态中位号报警信息和工艺情况而产生的报警信息，查找历史报警记录以及对位号报警信息进行确认等。画面中分别显示了报警序号、报警时间、数据区（组态中定义的报警区缩写标识）、位号名、位号描述、报警内容、优先级、确认时间和消除时间等。

（2）光字牌　光字牌用于显示光字牌所表示的数据区的报警信息。在二次

图 5-63　实时监控报警一览画面

计算中进行组态，根据组态内容不同，会有不一样的布局，光字牌未组态或者组态为 0 行时，监控界面报警信息栏只显示实时报警信息。光字牌组态为 1 行或者 2 行时，监控界面报警信息栏有部分用于显示光字牌，如图 5-64 所示。光字牌组态为 3 行时，监控界面报警信息栏全部用于显示光字牌，此时需通过报警一览来查看全部报警信息。

图 5-64　光字牌组态为 2 行时报警信息栏的状态

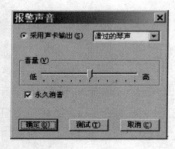

图 5-65　报警声音设置对话框

（3）音响报警　音响报警可以在系统组态中设置，也可以在实时监控画面中进行设置。如图 5-65 所示的报警声音设置对话框，任何位号（在系统组态中设置音响报警的位号除外）产生的任何报警都将发出此对话框中设置的报警声音。点击选中"永久消音"选项后，所有报警（包括系统组态中设置的音响报警）都将不再发出报警声。

在系统组态中设置的音响报警的优先级高于实时监控画面中设置的音响报警的优先级。即当两种报警同时发生时，听到的是系统组态中设置的报警声音。

（4）流程图动画报警　若在系统组态制作流程图时，设置了对象动画报警（如显示/隐藏、闪烁等，具体操作：右键单击对象，在弹出的列表中选择动态特性），则在流程图监控画面中，发生报警时，相应的对象产生动画，提醒操作员进行报警处理。

### 6. 报表浏览打印操作

报表打印分报表自动实时打印和手动打印历史报表两种情况。

若要实现报表的实时打印，则可在监控画面中点击系统图标◈，在弹出的对话框中选中报表后台打印。

若要手动打印历史报表，可在监控画面中点击图标▣，弹出报表画面，如图 5-66 所示。

在报表画面中选择需要打印的报表，点击"打印输出"按钮，即可打印指

图 5-66 历史报表浏览画面

| 报表名称: PVCReport1 | 生成时间: 2005-06-15 14:06:48 | | | 打印输出 | 保存 | | | | |
|---|---|---|---|---|---|---|---|---|---|
| | | 2005-06-15 14:04:48 | | | | | | | |
| | | 2005-06-15 14:05:48 | | | | | | | |
| | A | 2005-06-15 14:06:48 | | E | F | G | H | I | J |
| | | 2005-06-15 14:07:48 | | | | | | | |
| 1 | | 2005-06-15 14:08:48 | | 操作组1班报表 | | | | | |
| 2 | | 年 月 日 | | | | 备注 | | | |
| 3 | 时间 | TI2401 | TI2402 | TI2403 | TI2404 | TI2405 | TI2406 | TI2407 | TI2408 | TI2409 |
| 4 | 14:05:54 | 76.30 | 199.80 | 149.40 | 133.38 | 174.45 | 199.90 | 155.65 | 109.01 | 140.03 |
| 5 | 14:06:00 | 81.94 | 199.90 | 155.79 | 126.20 | 169.23 | 199.75 | 149.25 | 101.48 | 142.63 |
| 6 | 14:06:06 | 87.50 | 199.46 | 161.90 | 118.82 | 163.61 | 199.07 | 142.56 | 93.96 | 144.87 |
| 7 | 14:06:12 | 93.04 | 198.43 | 167.61 | 111.40 | 157.60 | 197.80 | 135.62 | 86.44 | 146.73 |
| 8 | 14:06:18 | 98.49 | 196.87 | 172.99 | 103.88 | 151.30 | 195.99 | 128.49 | 79.07 | 148.16 |
| 9 | 14:06:24 | 103.77 | 194.72 | 177.92 | 96.36 | 144.71 | 193.65 | 121.17 | 71.74 | 149.19 |
| 10 | 14:06:30 | 108.90 | 192.08 | 182.41 | 88.84 | 137.82 | 190.72 | 113.74 | 64.61 | 149.78 |
| 11 | 14:06:36 | 113.84 | 188.91 | 186.42 | 81.41 | 130.74 | 187.30 | 106.27 | 57.68 | 149.92 |
| 12 | 14:06:42 | 118.57 | 185.20 | 189.93 | 74.04 | 123.51 | 183.44 | 98.75 | 50.98 | 149.67 |
| 13 | 14:06:48 | 123.04 | 181.00 | 192.96 | 66.86 | 116.14 | 179.04 | 91.23 | 44.54 | 149.01 |

定的报表。

此外，弹出报表画面后，可对报表内容进行修改，修改完成后点击"保存"按钮保存修改后的报表。

### 7. 趋势画面浏览操作

根据组态信息和工艺运行情况，以一定的时间间隔记录一个数据点，动态更新趋势图，并显示时间轴所在时刻的数据。每页最多显示 8 * 4 个位号的趋势曲线，在组态软件中进行操作组态时确定曲线的分组，运行状态下可在实时趋势与历史趋势面面间切换。

点击趋势图图标 ，进入趋势画面如图 5-67 所示。（图的趋势布局方式为 2 * 2）

点击趋势页标题（图为"New Page"）将弹出选择菜单，可以选择将其中一个趋势图扩展，其他几个暂时不显示。

点击趋势控件中的位号名，去掉"√"，可使对应曲线不显示。

 ：使趋势画面进入静止状态，再次点击将恢复实时状态。

 ：显示前一页或后一页趋势画面。

100% ：选择每次翻过一页的百分之几。

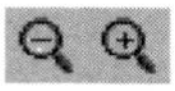

 ：减少和增加记录点数。记录点数越多，趋势曲线越紧缩。

TI_2407 ：选择在控件中显示哪个位号的纵坐标。

 ：时间和位号设置（如图 5-68 所示）。

① 起始时间、终止时间 用于选择需要查看的曲线段，在显示的有效范

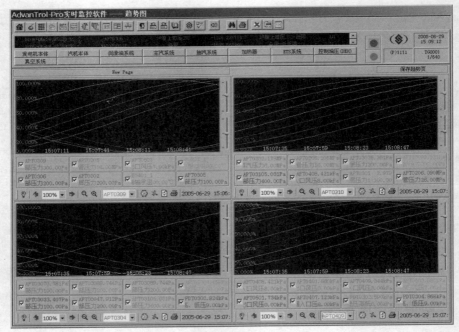

图 5-67　实时监控趋势画面

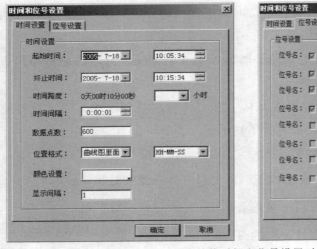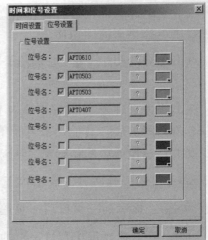

图 5-68　历史趋势时间和位号设置对话框

围内起始时间应比终止时间小 100s 以上。

    ② 时间间隔　单位为时：分：秒，不能超过 23：59：59。

    ③ 数据点数　范围在 100～1200。

    ④ 位置格式　可以选择在曲线图里面或是外面。

⑤ 显示间隔　1～10 之间的整数。

⑥ 终止时间－起始时间＝时间间隔＊数据点数。

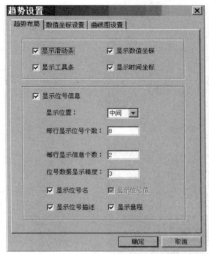：设置趋势图的显示特性，如图 5-69 所示。

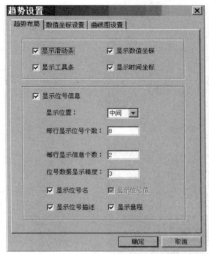

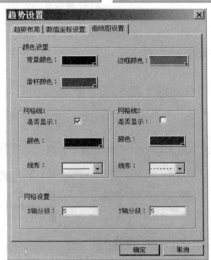

图 5-69　趋势设置

① 趋势布局　分别对一些选项进行选择，包括是否显示滑动条、工具条、数值坐标、时间坐标等以及显示的各位号信息进行设置。

② 数值坐标设置　对数值坐标的上下限及其他内容进行设置。

③ 曲线图设置　对颜色、网格线及网格进行设置。

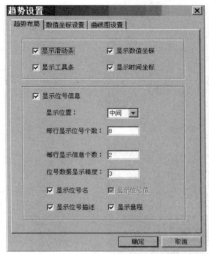：趋势图画面刷新。

: 打印属性设置，如图 5-70 所示，设置完毕后，点击确定即可打印指定位号的趋势曲线。

图 5-70　趋势图打印设置

## 8. 故障诊断画面操作

在监控画面中点击图标 将显示故障诊断画面，如图 5-71 所示。

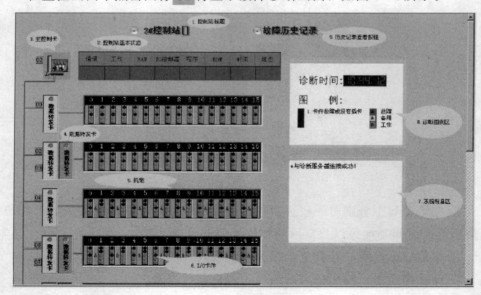

图 5-71　趋势图故障诊断画面

（1）控制站选择　在控制站标题处显示为当前处于实时诊断状态的控制站，用户可单击此处切换当前实时诊断的控制站。

（2）控制站基本状态诊断　在控制站基本状态信息区内显示当前处于实时诊断状态的控制站的基本信息，包括控制站的网络通信情况，工作/备用状态，主控制卡内部 RAM 存储器状态，I/O 控制器（数据转发卡）的工作情况，主控制卡内部 ROM 存储器状态，主控制卡时间状态，组态状态。绿色表示工作正常，红色表示存在错误，主控制卡为备用状态时，工作项显示为黄色备用。第二行表示冗余控制卡的基本信息，如组态未组冗余卡件，则该行为空。

（3）主控制卡诊断　在故障诊断画面中可以直观显示当前控制站中主控制卡的工作情况，控制卡左边标有该控制卡的 IP 号，绿色表示该控制卡当前正常工作，黄色表示该控制卡当前备用状态，红色表示该控制卡故障。单卡表示控制站为单主控制卡，双卡表示控制站为冗余控制卡。

明细信息包括　网络通信状况、主机工作状况、组态情况、RAM 状态、回路状态、时钟状态、堆栈状态、两冗余主机协调情况、ROM 状态、是否支持手动切换、时间状态、I/O 控制器状态。

（4）数据转发卡诊断　数据转发卡和主控制卡相似，直观显示了当前控制站每个机笼中的数据转发卡工作状态。左侧显示数据转发卡编号，绿色表示工作状态，黄色表示备用状态，红色表示出现故障无法正常工作。非冗余卡显示为单卡，冗余卡显示为双卡。

（5）I/O 卡件诊断　机笼上标有 I/O 卡件在机笼中的编号（0♯～15♯），"&"号表示互为冗余的两块 I/O 卡件。

（6）故障历史记录查看　点击"故障历史记录"按钮可以查看历史故障。

## 二、使用权限

对于 DCS 系统来说，可分为操作员站、控制站、工程师站、服务器站以及其他功能站。其中需要设计组态的是操作员站。操作员站主要完成人机界面的功能，一般采用桌面型通用计算机系统，如个人计算机或图形工作站。其配置与常规的桌面系统相同，但要求有大尺寸的显示器和高性能的图形处理器，有时随着监控点的增多还会使用多屏幕，以拓宽操作员的观察范围。为了提高画面的显示速度，一般还会配置较大的内存。

HSE 操作员站设三种操作员类型：超级用户、学生用户和教师用户。其中，超级用户拥有全部权限，可随意修改软件内容，教师用户和学生用户为受限用户。

# 项目十二　现代化工 HSE 技能竞赛装置中的传感器应用

## 一、开关量、数字量和模拟量

开关量一般是指触点的"开"与"关"的状态，在数字电路中也表示高电平和低电平。在竞赛装置中，只有开关功能的阀门输出的均为开关量，仪表位号以 HV 表示。如表 5-9 所示。

表 5-9　现代化工 HSE 技能竞赛装置中的开关量

| 序号 | 位号 | 名称 | 序号 | 位号 | 名称 |
|---|---|---|---|---|---|
| 1 | HV101 | E101 管程进口阀 | 17 | HV206 | P201 出口阀 |
| 2 | HV102 | E101 壳程进口阀 | 18 | HV207 | R201 进料阀 |
| 3 | HV103 | E101 壳程出口阀 | 19 | HV208 | R201 进料阀 |
| 4 | HV104 | E101 壳程进口阀 | 20 | HV209 | R201 真空/空气阀 |
| 5 | HV105 | E102 管程进口阀 | 21 | HV210 | R201 氮气阀 |
| 6 | HV106 | E102 管程进口阀 | 22 | HV211 | R201 夹套蒸汽阀 |
| 7 | HV107 | E102 壳程出口阀 | 23 | HV212 | R201 夹套循环水阀 |
| 8 | HV108 | E102 壳程进口阀 | 24 | HV213 | P202 出口阀 |
| 9 | HV109 | E102 管程出口阀 | 25 | HV214 | P202 进口阀 |
| 10 | HV110 | R101 壳程排水阀 | 26 | HV215 | R201 出料阀 |
| 11 | HV111 | E101 氮气阀 | 27 | HV218 | R201 放空阀 |
| 12 | HV201 | V201 进料阀 | 28 | HV219 | V201 氮气阀 |
| 13 | HV202 | V201 氮气阀 | 29 | HV223 | V201 放空阀 |
| 14 | HV203 | V201 排水阀 | 30 | HV301 | 消防蒸汽阀 |
| 15 | HV204 | V201 出料阀 | | | |
| 16 | HV205 | P201 进口阀 | | | |

在时间和数量上都是离散的物理量称为数字量。把表示数字量的信号叫数字信号。把工作在数字信号下的电子电路叫数字电路。例如：用电子电路记录从自动生产线上输出的零件数目时，每送出一个零件便给电子电路一个信号，使之记 1，而平时没有零件送出时加给电子电路的信号是 0，计数值不变。可见，零件数目这个信号无论在时间上还是在数量上都是不连续的，因此它是一个数字信号。最小的数量单位就是 1 个。

在时间或数值上都是连续的物理量称为模拟量。把表示模拟量的信号叫模拟信号。把工作在模拟信号下的电子电路叫模拟电路。例如：热电偶在工作时输出的电压信号就属于模拟信号，因为在任何情况下被测温度都不可能发生突跳，所以测得的电压信号无论在时间上还是在数量上都是连续的。而且，这个电压信号在连续变化过程中的任何一个取值都有具体的物理意义，即表示一个相应的温度。竞赛装置中的模拟量如表5-10所示。

表5-10　现代化工 HSE 技能竞赛装置中的模拟量

| 序号 | 仪表位号 | 仪表用途 | 序号 | 仪表位号 | 仪表用途 |
|---|---|---|---|---|---|
| 1 | TI-101 | 预热前原料温度 | 12 | TI-204 | 循环水或蒸汽温度 |
| 2 | TI-102 | 预热后原料温度 | 13 | TI-205 | 反应釜釜内温度 |
| 3 | TI-103 | 反应后物料温度 | 14 | PIA-206 | 反应釜釜内压力 |
| 4 | TI-104 | 冷却后物料温度 | 15 | IIA-207 | 反应釜搅拌电机电流 |
| 5 | PI-101 | 预热后原料压力 | 16 | PI-208 | 进料泵出口压力 |
| 6 | PI-102 | 反应后物料压力 | 17 | PI-209 | 循环水泵出口压力 |
| 7 | AIA-101 | 有毒气体报警 | 18 | P-101 | 进料泵 DCS/现场开关操作 |
| 8 | AIA-103 | 可燃气体报警 | | | |
| 9 | LIA-201 | 原料槽液位 | 19 | P-102 | 循环水泵 DCS/现场开关操作 |
| 10 | LI-202 | 原料槽液位 | | | |
| 11 | FIQ-203 | 进料流量 | | | |

# 二、现代化工 HSE 竞赛装置中的数据流

## 1. 数据采集与处理的硬件结构

现代化工 HSE 竞赛装置是基于浙大中控 Jx-300xp 系统进行设计的，竞赛装置通过 DCS 仿真技术模拟现场工艺，通过各种卡件模拟采集和模拟输出开关量与模拟量。在竞赛装置中的主控制机笼中，与数据量采集有关的卡件如表5-11 所示。

表5-11　现代化工 HSE 技能竞赛装置中的数据卡件

| 卡件序号 | 卡件类型 | 卡件数量 |
|---|---|---|
| XP233 | 数据转发卡 | 1 |
| XP243 | 主控卡件 | 1 |
| XP322 | 电流信号输出卡 | 3 |
| XP362 | 晶体管开关量输出卡 | 5 |
| XP363 | 干触点输入量输入卡 | 6 |

（1）XP243 主控卡（又称主控制卡） XP243 是控制站软硬件的核心，协调控制站内软硬件关系和各项控制任务。它是一个智能化的独立运行的计算机系统，可以自动完成数据采集、信息处理、控制运算等各项功能。通过过程控制网络与过程控制级（操作员、工程师站）相连，接收上层的管理信息，并向上传递工艺装置的特性数据和采集到的实时数据，向下通过 SBUS 和数据转发卡的程控交换与智能 I/O 卡件实时通信，实现与 I/O 卡件的信息交换（现场信号的输入采样和输出控制）。

（2）XP233 数据转发卡 XP233 是 I/O 机笼的核心单元，是主控卡连接 I/O 卡件的中间环节，它一方面驱动 SBUS 总线，另一方面管理本机笼的 I/O 卡件。通过数据转发卡，一块主控制卡可扩展 1～8 个 I/O 机笼，即可以扩展 1～128 块不能的 I/O 卡件，如图 5-72 所示。

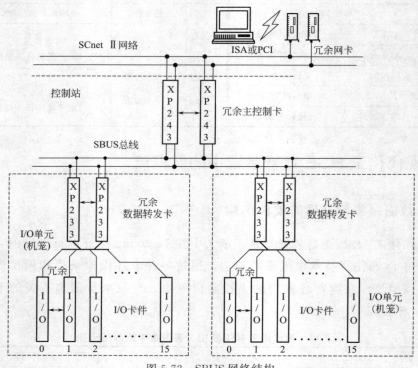

图 5-72 SBUS 网络结构

（3）XP322 电流信号输出卡 XP322 模拟信号输出卡为 4 路点点隔离型电流信号输出卡。作为带 CPU 的高精度智能化卡件，具有实时监测输出信号的功能，它允许主控制卡监控输出电流。

XP322 的原理框图如图 5-73 所示。

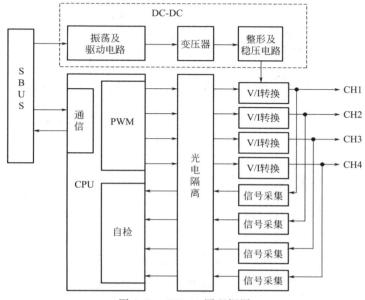

图 5-73　XP322 原理框图

（4）XP362 晶体管开关量输出卡　XP362 是智能型 8 路无源晶体管开关触点输出卡，可通过中间继电器驱动电动执行装置，采用光电隔离，不提供中间继电器的工作电源，具备输出自检功能。其原理框图如图 5-74 所示。

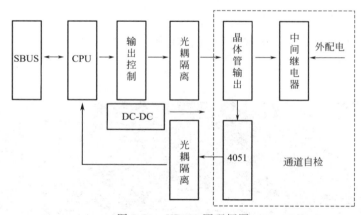

图 5-74　XP362 原理框图

（5）XP363 干触点开关量输入卡　XP363 是智能型 8 路干触点开关量输入卡，采用光电隔离，卡件提供隔离的 24V 直流巡检电压，具有自检功能。其原理框图如图 5-75 所示。

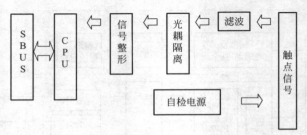

图 5-75　XP363 原理框图

## 2. 数据采集与处理的过程分析

控制系统通信网络共分两层,如图 5-72 所示。其中第一层网络是过程控制网,称为 SCnet Ⅱ;第二层网络是控制站内部 I/O 控制总线,称为 SBUS。

各操作站与操作站之间、操作站与工程师站之间、操作站或工程师站与机柜之间均通过 SCnet Ⅱ网络通信,操作站和控制站内部通过 SBUS 总线通信。

竞赛装置中涉及开关量和模拟量的控制,利用 XP322 作为模拟量输出模块,XP363 作为开关量输入模块。开关量和模拟量与卡件的连接均以二线制方法连接,以 1 号 XP363 开关量输入卡件为例,接线图如图所示。图中,现场开关以二线制与卡件相连,当阀门闭合则对外输出高电平,当阀门断开则对外输出低电平。XP363 作为开关量采集模块可以采集阀门输出的电平,从而判断阀门的开合状态。

操作站经由 SCnet Ⅱ接收到数据后在显示器中以 Advantrol-Pro 软件中的组态显示,如图 5-76 所示。

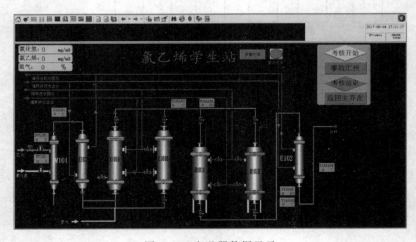

图 5-76　变送器数据显示

# 附件1  评分标准

本赛项成绩由机评成绩（70％）和现场裁判评分（30％）两部分组成。

## 一、机评评分项目

对事故判断（10％）、事故处理步骤的完整性（40％）、次序性（30％）、时效性（20％）进行评分，选手操作完成后由计算机自动给出分数。

### 1. 事故汇报（10分）

评判方式　对事故判断是否正确进行评分，正确10分，错误0分。

### 2. 步骤完整性（40分）

评判方式　对事故处理步骤是否完全进行确认。
评判依据　事故应急处理操作卡规定的处理步骤。

### 3. 步骤次序性（30分）

评判方式　评判事故处理的操作顺序。
评判依据　事故应急处理操作卡规定的操作顺序。

### 4. 完成时效性（20分）

评判方式　评判事故处理时间。
评分原则　事故处理时间越短，分数越高。

## 二、现场裁判评分项目

根据参赛队员的个体防护情况和现场处置措施等评分项目，由裁判进行现场评分。

### 1. 物料标识

扣分依据　缺少、标识错误、物料流向反（每处扣0.5分）。

### 2. 重大危险源安全警示牌

扣分依据　缺少或标识错误扣1分。

### 3. 危险化学品安全周知卡

扣分依据　缺少、标识错误每处扣 1 分。

### 4. 安全帽佩戴

扣分依据　未戴、未系扣、跑动中掉落扣 1 分。

### 5. 防护服选择

考核方式　根据事故选择防护服。
扣分依据　选择错误扣 1 分。

### 6. 护目镜佩戴

扣分依据　根据事故类型应戴未戴的扣 1 分。

### 7. 防护手套选择

根据事故类型选择穿戴防护手套。
扣分依据　未戴、选择错误扣 1 分。

### 8. 防毒面具选择

根据事故类型选择佩戴防毒面具。
扣分依据　未戴、选择错误扣 1 分。
空气呼吸器　气阀未开、面罩未戴好、事故处理过程中未看气压表、面罩与气瓶连接管未连扣 1 分，扣完为止。

### 9. 静电消除

扣分依据　未进行静电消除扣 1 分。

### 10. 风向标识别

扣分依据　救人后顺风向跑动，扣 3 分。逆风向或侧风向跑动得分。

### 11. 心肺复苏

扣分依据　抢救失败扣 3 分，模拟人头未后仰扣 1 分，按压手势错误扣 1 分。

**12. 洗眼器**

扣分依据 根据事故类型洗眼器应开未开扣 2 分。

**13. 现场隔离**

扣分依据 未进行现场隔离的扣 2 分。

**14. 盲板隔离**

扣分依据 盲板 2 处的,1 处未进行隔离或未在规定的时间节点隔离扣 1 分;盲板 1 处的,未隔离或未在规定的时间节点隔离扣 2 分。

# 附件 2 设备阀门安防清单

## 一、设备一览表

| 序号 | 设备位号 | 设备名称 | 规格型号 |
|------|---------|---------|---------|
| 1 | E101 | 原料预热器 | Φ219×1000 |
| 2 | E102 | 产品冷却器 | Φ219×1000 |
| 3 | R101 | 塔式反应器 | Φ273×2500 |
| 4 | V201 | 原料储槽 | Φ426×1000 |
| 5 | R201 | 反应釜 | Φ426×800 |
| 6 | P201 | 进料泵 | MS60/0.37 |
| 7 | P202 | 循环水泵 | MS60/0.37 |
| 8 | P302 | 空气压缩机 | V0.25/7 |
| 9 | V301 | 空气缓冲罐 | Φ450×1700 |
| 10 | P301 | 排净系统 | GP-125 |
| 11 | X301 | 蒸汽模拟系统 | 中控规格 |
| 12 | X302 | 火焰模拟系统 | 中控规格 |

## 二、现场阀门一览表

| 序号 | 位号 | 名称 | 序号 | 位号 | 名称 |
|---|---|---|---|---|---|
| 1 | HV101 | E101 管程进口阀 | 17 | HV206 | P201 出口阀 |
| 2 | HV102 | E101 壳程进口阀 | 18 | HV207 | R201 进料阀 |
| 3 | HV103 | E101 壳程出口阀 | 19 | HV208 | R201 进料阀 |
| 4 | HV104 | E101 壳程进口阀 | 20 | HV209 | R201 真空/空气阀 |
| 5 | HV105 | E102 管程进口阀 | 21 | HV210 | R201 氮气阀 |
| 6 | HV106 | E102 管程进口阀 | 22 | HV211 | R201 夹套蒸汽阀 |
| 7 | HV107 | E102 壳程出口阀 | 23 | HV212 | R201 夹套循环水阀 |
| 8 | HV108 | E102 壳程进口阀 | 24 | HV213 | P202 出口阀 |
| 9 | HV109 | E102 管程出口阀 | 25 | HV214 | P202 进口阀 |
| 10 | HV110 | R101 壳程排水阀 | 26 | HV215 | R201 出料阀 |
| 11 | HV111 | E101 氮气阀 | 27 | HV218 | R201 放空阀 |
| 12 | HV201 | V201 进料阀 | 28 | HV219 | V201 氮气阀 |
| 13 | HV202 | V201 氮气阀 | 29 | HV223 | V201 放空阀 |
| 14 | HV203 | V201 排水阀 | 30 | TV203 | R201 反应温度调节阀 |
| 15 | HV204 | V201 出料阀 | 31 | FV202 | 蒸汽流量调节阀 |
| 16 | HV205 | P201 进口阀 | 32 | HV301 | 消防蒸汽阀 |

## 三、安防用品

| 序号 | 名称 | 用途 | 序号 | 名称 | 用途 |
|---|---|---|---|---|---|
| 1 | 干粉灭火器 | 消防 | 9 | 防护服 | 身体防护 |
| 2 | 泡沫灭火器 | 消防 | 10 | 手套 | 手部防护 |
| 3 | 氯气捕消器 | 氯气捕消 | 11 | 担架 | 人员急救 |
| 4 | 正压式空气呼吸器 | 气防 | 12 | 心肺复苏模拟人 | 心肺复苏 |
| 5 | 过滤式防毒面具 | 气防 | 13 | 喷淋洗眼器 | 冲洗 |
| 6 | 过滤式防毒口罩 | 气防 | 14 | 静电触摸球 | 消除静电 |
| 7 | 安全帽 | 头部防护 | 15 | 风向标 | 指示风向 |
| 8 | 防护眼镜 | 眼部防护 | 16 | 对讲机 | 内外操交流 |

# 四、仪控检测系统

| 序号 | 仪表位号 | 仪表用途 | 仪表位置 |
|---|---|---|---|
| 1 | TI-101 | 预热前原料温度 | 远传 |
| 2 | TI-102 | 预热后原料温度 | 远传 |
| 3 | TI-103 | 反应后物料温度 | 远传 |
| 4 | TI-104 | 冷却后物料温度 | 远传 |
| 5 | PI-101 | 预热后原料压力 | 远传 |
| 6 | PI-102 | 反应后物料压力 | 远传 |
| 7 | AIA-101 | 有毒气体报警 | 远传 |
| 8 | AIA-103 | 可燃气体报警 | 远传 |
| 9 | LIA-201 | 原料槽液位 | 远传 |
| 10 | LI-202 | 原料槽液位 | 现场 |
| 11 | FIQ-203 | 进料流量 | 远传 |
| 12 | TI-204 | 循环水或蒸汽温度 | 远传 |
| 13 | TI-205 | 反应釜釜内温度 | 远传 |
| 14 | PIA-206 | 反应釜釜内压力 | 现场+远传 |
| 15 | IIA-207 | 反应釜搅拌电机电流 | 远传 |
| 16 | PI-208 | 进料泵出口压力 | 现场 |
| 17 | PI-209 | 循环水泵出口压力 | 现场 |
| 18 | P-101 | 进料泵<br>DCS/现场开关操作 | 现场+远程 |
| 19 | P-102 | 循环水泵<br>DCS/现场开关操作 | 现场+远程 |

# 五、 DCS 控制系统

## 1. DCS 控制系统 I/O 点数

| 序号 | 信号类型 | I/O 点数 |
|---|---|---|
| 1 | 模拟量输出 AO | 8 |
| 2 | 开关量输入 DI | 41 |
| 3 | 开关量输出 DO | 37 |

## 2. DCS 控制站硬件

| 序号 | 设备名称 | 规格型号 | 数量 |
|------|----------|----------|------|
| 1 | 机柜 | XP202X | 1 |
| 2 | I/O 机笼标准套件 | XP211 | 1 |
| 3 | 数据转发卡 | XP233 | 1 |
| 4 | 主控制卡标准套件 | XP243X | 1 |
| 5 | 24V 电源模块 | PW722 | 1 |
| 6 | 5V 电源卡(窄) | XP258-2 | 2 |
| 7 | 4 路模拟量输出卡 | XP322 | 3 |
| 8 | 8 路开关量输出卡 | XP362 | 6 |
| 9 | 8 路开关量输入卡 | XP363 | 5 |
| 10 | 电源指示卡 | XP221 | 1 |
| 11 | 槽位保护卡 | XP000 | 1 |
| 12 | IO 端子板 | XP520 | 7 |

## 3. DCS 工程师站软件

| 序号 | 软件名称 | 规格型号 | 数量 |
|------|----------|----------|------|
| 1 | 实时监控软件 | XP111 | 2 |
| 2 | 系统组态软件 | XP135 | 1 |
| 3 | 故障分析软件 | XP153 | 1 |
| 4 | 工程师站软件狗 | 中控规格 | 1 |
| 5 | 操作站软件狗 | 中控规格 | 1 |

## 4. DCS 工程师站硬件

| 序号 | 设备名称 | 规格型号 | 数量 |
|------|----------|----------|------|
| 1 | Scnet II 网卡 | XP023 | 2 |
| 2 | HUB(系统公用部件) | SUP-2119M | 1 |
| 3 | 豪华三连体 | 中控规格 | 1 |
| 4 | 工程师站 | 中控规格 | 1 |
| 5 | 操作员站 | 中控规格 | 1 |

# 附录3 装置平面布局图

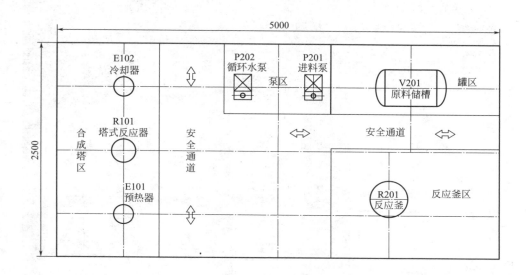

# 附件4 重大危险源安全警示标志

## 一、聚氯乙烯生产装置

## 二、顺丁橡胶生产装置

## 三、丙烯酸树脂生产装置

## 四、氯甲烷生产装置

## 五、氯乙酸生产装置

## 六、氯乙烯生产装置

## 七、柴油加氢生产装置

## 八、甲醇生产装置

## 九、苯胺生产装置

# 附件 5　危险化学品安全周知卡

一、醋酸

## 危险化学品安全周知卡

| 危险性类别 | 品名、英文名及分子式、CC码及CAS号 | 危险性标志 |
|---|---|---|
| **腐蚀** | 醋酸<br>Acetic Acid<br>CH₃COOH<br>CAS号：64-19-7 |  |

| 危险性理化数据 | 危险特性 |
|---|---|
| 熔点 /℃: 16.6<br>沸点 /℃: 117.9 | 能与氧化剂发生强烈反应，与氢氧化钠与氢氧化钾等反应剧烈。稀释后对金属有腐蚀性 |

| 接触后表现 | 现场急救措施 |
|---|---|
| 吸入后对鼻、喉和呼吸道有刺激性。对眼有强烈刺激作用。皮肤接触，轻者出现红斑，重者引起化学灼伤。误服浓醋酸，口腔和消化道可产生糜烂，重者可因休克而致死 | 皮肤接触　皮肤接触先用水冲洗，再用肥皂彻底洗涤<br>眼睛接触　眼睛受刺激用水冲洗，再用干布拭擦，严重的须送医院诊治<br>吸入　若吸入蒸气得使患者脱离污染区，安置休息并保暖<br>食入　误服立即漱口，给予催吐剂催吐，急送医院诊治 |

### 身体防护措施

### 泄漏应急处理

疏散泄漏污染区人员至安全区，禁止无关人员进入污染区，切断火源。建议应急处理人员戴自给正压式呼吸器，穿化学防护服。不要直接接触泄漏物，在确保安全情况下堵漏。喷水雾能减少蒸发但不要使水进入储存容器内。小量泄漏用砂土、干燥石灰或苏打灰吸收，然后收集运至废物处理场所处置。也可以用大量水冲洗，经稀释的洗水放入废水系统。如大量泄漏，利用围堤收容，然后收集、转移、回收或无害处理后废弃

| 浓度 | 当地应急救援单位名称 | 当地应急救援单位电话 |
|---|---|---|
| MAC/(mg/m³): 无 | 消防中心<br>人民医院 | 火警：119<br>急救：120 |

# 二、氢气

## 危险化学品安全周知卡

| 危险性类别 | 品名、英文名及分子式、CC码及CAS号 | 危险性标志 |
|---|---|---|
| **易燃** | 氢气<br>Hydrogen<br>H₂<br>CAS号：133-74-0 |  |

| 危险性理化数据 | 危险特性 |
|---|---|
| 沸点 / ℃：−252.8<br>熔点 / ℃：−259.2<br>相对密度（水=1）：0.07<br>相对密度（空气=1）：0.08 | 与空气混合能形成爆炸性混合物，热或明火即爆炸。气体比空气轻，在室内使用和储存时，漏气上升滞留屋顶不易排出，遇火星会引起爆炸。氢气与氟、氯、溴等卤素会剧烈反应 |

| 接触后表现 | 现场急救措施 |
|---|---|
| 本品在生理学上是惰性气体，仅在高浓度时，由于空气中氧分压降低才引起窒息。在很高的分压下，氢气可呈现出麻醉作用。高浓度缺氧情况下会窒息死亡 | 吸入　迅速脱离现场至空气新鲜处。保持呼吸道通畅。如呼吸困难，给输氧；如呼吸停止，立即进行人工呼吸，就医 |

### 身体防护措施

### 泄漏应急处理

迅速撤离泄漏污染区人员至上风处，并进行隔离，严格限制出入。切断火源。建议应急处理人员戴自给正压式呼吸器，穿消防防护服。尽可能切断泄漏源。合理通风，加速扩散。如有可能，将漏出气用排风机送至空旷地方或装设适当喷头烧掉。漏气容器要妥善处理，修复、检验后再用。灭火方法：切断气源。若不能立即切断气源，则不允许熄灭正在燃烧的气体。喷水冷却容器，可能的话将容器从火场移至空旷处

| 浓度 | 当地应急救援单位名称 | 当地应急救援单位电话 |
|---|---|---|
| MAC/(mg/m³)：无 | 消防中心<br>人民医院 | 火警：119<br>急救：120 |

# 三、一氧化碳

## 危险化学品安全周知卡

| 危险性类别 | 品名、英文名及分子式、CC码及CAS号 | 危险性标志 |
| --- | --- | --- |
| **易燃**<br>**有毒** | 一氧化碳<br>carbon monoxide<br>分子式：CO<br>CAS号：630-08-0 |  |

| 危险性理化数据 | 危险特性 |
| --- | --- |
| 无色、无味、无臭气体。微溶于水。<br>气体相对密度：0.79<br>爆炸极限：12%～74% | 是一种易燃易爆气体。与空气混合能形成爆炸性混合物，遇明火、高热能引起燃烧爆炸 |

| 接触后表现 | 现场急救措施 |
| --- | --- |
| 一氧化碳在血中与血红蛋白结合而造成组织缺氧。急性中毒：轻度中毒者出现头痛、头晕、耳鸣、心悸、恶心、呕吐、无力，血液碳氧血红蛋白浓度可高于10%；中度中毒者除上述症状外，还有皮肤黏膜呈樱红色、脉快、烦躁、步态不稳、浅至中度昏迷，血液碳氧血红蛋白浓度可高于30%；重度患者深度昏迷、瞳孔缩小、肌张力增强、频繁抽搐、大小便失禁、休克、肺水肿、严重心肌损害 等，血液碳氧血红蛋白可高于50%。部分患者昏迷苏醒后，经 2～60d 的症状缓解期后，又可能出现迟发性脑病，以意识精神障碍、锥体系或锥体外系损害 为主。慢性影响：能否造成慢性中毒及对心血管影响无定论 | 吸入　迅速脱离现场至空气新鲜处。保持呼吸道通畅。如呼吸困难，给输氧。呼吸、心跳停止，立即进行心肺复苏术，就医，高压氧治疗 |

### 身体防护措施

### 泄漏应急处理及灭火方式

迅速撤离泄漏污染区人员至上风处，并立即隔离150m，严格限制出入。切断火源。建议应急处理人员戴自给正压式呼吸器，穿防静电工作服。尽可能切断泄漏源。合理通风，加速扩散。喷雾状水稀释、溶解。构筑围堤或挖坑收容产生的大量废水。如有可能，将漏出气用排风机送至空旷地方或装设适当喷头烧掉。也可以用管路导至炉中、凹地焚之。漏气容器要妥善处理，修复、检验后再用。
① 切断气源，若不能切断气源，则不允许熄灭泄漏处的火焰
② 喷雾状水冷却容器
③ 雾状水、泡沫、干粉、二氧化碳

| 浓度 | 当地应急救援单位名称 | 当地应急救援单位电话 |
| --- | --- | --- |
| MAC/(mg/m$^3$)：10 | 消防中心<br>人民医院 | 火警：119<br>急救：120 |

# 四、氯气

## 危险化学品安全周知卡

| 危险性类别 | 品名、英文名及分子式、CC码及CAS号 | 危险性标志 |
|---|---|---|
| **有毒** | 氯气<br>Chlorine<br>Cl₂<br>CAS号：7782-50-5 |  |

| 危险性理化数据 | 危险特性 |
|---|---|
| 熔点 / ℃：-101<br>沸点 / ℃：-34<br>相对密度（水=1）：1.17<br>相对蒸气密度（空气=1）：2.48 | 本品不会燃烧，但可助燃。一般可燃物大都能在氯气中燃烧，一般易燃气体或蒸气也都能与氯气形成爆炸性混合物。氯气能与许多化学品如乙炔、松节油、乙醚、氨、燃料气、烃类、氢气、金属粉末等猛烈反应发生爆炸或生成爆炸性物质 |

| 接触后表现 | 现场急救措施 |
|---|---|
| 吸入后与黏膜和呼吸道的水作用形成氯化氢和新生态氧。新生态氧对组织具有强烈的氧化作用，并可形成具细胞原浆毒作用的臭氧。氯浓度过高或接触时间较久，常可致深部呼吸道病变，使细支气管及肺泡受损，发生细支气管炎、肺炎及中毒性肺水肿。由于刺激作用使局部平滑肌痉挛而加剧通气障碍，加重缺氧状态；高浓度氯吸入后，还可刺激迷走神经引起反射性的心跳停止 | 吸入气体者立即脱离现场至空气新鲜处，保持安静及保暖。眼或皮肤接触液氯时立即用清水彻底冲洗 |

### 身体防护措施

### 泄漏应急处理

处理泄漏物必须穿戴防毒面具和手套。发现漏气应立即关闭漏气阀门，如无法修复，应将漏气钢瓶搬出仓库，在空旷地方浸入石灰乳中以防止中毒事故。对残余废气用氯气捕消器捕灭

| 浓度 | 当地应急救援单位名称 | 当地应急救援单位电话 |
|---|---|---|
| MAC/(mg/m³)：1 | 消防中心<br>人民医院 | 火警：119<br>急救：120 |

## 五、柴油

# 危险化学品安全周知卡

| 危险性类别 | 品名、英文名及分子式、CC码及CAS号 | 危险性标志 |
|---|---|---|
| **易燃** | 柴油<br>Dieselfuel<br>UN NO1992　CN No33648 |  |

| 危险性理化数据 | 危险特性 |
|---|---|
| 闪点：>55℃；<br>馏程：282～338℃；<br>相对密度：0.87～0.9 | 遇明火、高热或与氧化剂接触，有引起燃烧爆炸的危险。若遇高热，容器内压增大，有开裂和爆炸的危险 |

| 接触后表现 | 现场急救措施 |
|---|---|
| 皮肤接触柴油可引起接触性皮炎、油性痤疮，吸入可引起吸入性肺炎。能经胎盘进入胎儿血中。柴油废气可引起眼、鼻刺激症状，头晕及头痛 | 皮肤接触　脱去污染的衣着，用肥皂和大量清水清洗污染皮肤<br>眼睛接触　立即翻开上下眼睑，用流动清水冲洗，至少15min，就医<br>吸入　脱离现场。脱去污染的衣着，至空气新鲜处，就医。防治吸入性肺炎<br>食入　误服者饮牛奶或植物油，洗胃并灌肠，就医 |

### 身体防护措施

### 泄漏应急处理

汛速撤离泄漏污染区人员至安全区，并进行隔离，严格限制出入。切断火源。尽可能切断泄漏源。防止进入下水道、排洪沟等限制性空间。
小量泄漏　用砂土、其他惰性材料吸收。或在保证安全的情况下，就地焚烧
大量泄漏　构筑围堤或挖坑收容；用泡沫覆盖，降低蒸气灾害。用防爆泵转移至槽车或专用收集器内

| 浓度 | 当地应急救援单位名称 | 当地应急救援单位电话 |
|---|---|---|
| 未制订标准 | 消防中心<br>人民医院 | 火警：119<br>急救：120 |

六、甲醇

# 危险化学品安全周知卡

| 危险性类别 | 品名、英文名及分子式、CC码及CAS号 | 危险性标志 |
|---|---|---|
| **有毒**<br>**易燃** | 甲醇<br>methyl alcohol<br>methanol<br>CH₃OH<br>CAS 号：67-56-1 |  |

| 危险性理化数据 | 危险特性 |
|---|---|
| 熔点 /℃：−97.8<br>相对密度( 水=1)：0.79<br>沸点 /℃：64.8<br>饱和蒸气密度（空气=1）：1.11 | 易燃，其蒸气与空气可形成爆炸性混合物，遇明火、高热能引起燃烧爆炸。与氧化剂接触发生化学反应或引起燃烧。在火场中，受热的容器有爆炸危险。其蒸气比空气重，能在较低处扩散到相当远的地方，遇火源会着火回燃 |

| 接触后表现 | 现场急救措施 |
|---|---|
| 对中枢神经系统有麻醉作用；对视神经和视网膜有特殊选择作用，引起病变；可致代射性酸中毒。急性中毒：短时大量吸入出现轻度眼上呼吸道刺激症状（口服有胃肠道刺激症状）；经一段时间潜伏期后出现头痛、头晕、乏力、眩晕、酒醉感、意识朦胧、谵妄，甚至昏迷。视神经及视网膜病变，可有视物模糊、复视等，重者失明 | 皮肤接触　立即脱去被污染的衣着，用甘油、聚乙烯乙二醇或聚乙烯乙二醇和酒精混合液（7：3）抹洗，然后用水彻底清洗。或用大量流动清水冲洗，至少15min，就医<br>眼睛接触　立即提起眼睑，用大量流动清水或生理盐水彻底冲洗至少15min，就医<br>吸入　迅速脱离现场至空气新鲜处，保持呼吸道通畅。如呼吸困难，给输氧 |

**身体防护措施**

**泄漏应急处理**

迅速撤离泄漏污染区人员至安全区，并进行隔离，严格限制出入。切断火源。建议应急处理人员戴自给正压式呼吸器，穿防静电工作服。不要直接接触泄漏物。尽可能切断泄漏源。防止流入下水道、排洪沟等限制性空间
小量泄漏　用砂土或其它不燃材料吸附或吸收。也可以用大量水冲洗，洗水稀释后放入废水系统
大量泄漏　构筑围堤或挖坑收容。用泡沫覆盖，降低蒸气灾害。用防爆泵转移至槽车或专用收集器内，回收或运至废物处理场所处置

| 浓度 | 当地应急救援单位名称 | 当地应急救援单位电话 |
|---|---|---|
| MAC/(mg/m³)：50 | 消防中心<br>人民医院 | 火警：119<br>急救：120 |

## 七、氯乙烯

# 危险化学品安全周知卡

| 危险性类别 | 品名、英文名及分子式、CC码及CAS号 | 危险性标志 |
|---|---|---|
| **有 毒**<br>**刺 激** | 氯乙烯<br>Vinyl chloride<br>$C_2H_3Cl$<br>CAS号：75-01-4 |  |

| 危险性理化数据 | 危险特性 |
|---|---|
| 熔点 / ℃：-159.7<br>沸点 / ℃：-13.9<br>相对密度（水=1）：0.91<br>饱和蒸气压 /kPa：346.53(25℃) | 氯乙烯是有毒物质，肝癌与长期吸入和接触氯乙烯有关。它与空气形成爆炸混合物，爆炸极限4%～22%（体积），在压力下更易爆炸，储运时必须注意容器的密闭及氮封，并应添加少量阻聚剂 |

| 接触后表现 | 现场急救措施 |
|---|---|
| 急性毒性表现为麻醉作用；长期接触可引起氯乙烯病。急性中毒：轻度中毒时病人出现眩晕、胸闷、嗜睡、步态蹒跚等；严重中毒可发生昏迷、抽搐、甚至造成死亡。皮肤接触氯乙烯液体可致红斑、水肿或坏死。慢性中毒：表现为神经衰弱综合征、肝肿大、肝功能异常、消化功能障碍、雷诺氏现象及肢端溶骨症。皮肤可出现干燥、皲裂、脱屑、湿疹等 | 皮肤接触　立即脱去污染的衣着，用肥皂水和清水彻底冲洗皮肤，就医<br>眼睛接触　提起眼睑，用流动清水或生理盐水冲洗，就医<br>吸入　迅速脱离现场至空气新鲜处。保持呼吸道通畅。如呼吸困难，给输氧。如呼吸停止，立即进行人工呼吸，就医 |

**身体防护措施**

**泄漏应急处理**

应急处理：迅速撤离泄漏污染区人员至上风处，并进行隔离，严格限制出入，切断火源。建议应急处理人员戴自给正压式呼吸器，穿防静电工作服。尽可能切断泄漏源。用工业覆盖层或吸附/ 吸收剂盖住泄漏点附近的下水道等地方，防止气体进入。合理通风，加速扩散。喷雾状水稀释、溶解。构筑围堤或挖坑收容产生的大量废水。如有可能，将残余气或漏出气用排风机送至水洗塔或与塔相连的通风橱，漏气容器要妥善处理，修复、检验后再用

| 浓度 | 当地应急救援单位名称 | 当地应急救援单位电话 |
|---|---|---|
| MAC/(mg/m³)：200 | 消防中心<br>人民医院 | 火警：119<br>急救：120 |

## 八、丙烯酸丁酯

# 危险化学品安全周知卡

| 危险性类别 | 品名、英文名及分子式、CC码及CAS号 | 危险性标志 |
|---|---|---|
| **易燃**<br>**有毒** | 丙烯酸丁酯<br>N-butyl acrylate<br>$C_7H_{12}O_2$<br>CAS号：141-32-2 |  |

| 危险性理化数据 | 危险特性 |
|---|---|
| 熔点/℃：-64.6<br>沸点/℃：145.7<br>闪点/℃：37<br>相对密度（水=1）：0.89<br>爆炸极限/%(V/V)：1.2～9.9<br>饱和蒸气压/kPa：1.33(35.5℃) | 易燃，遇明火、高热或与氧化剂接触，有引起燃烧爆炸的危险。容易自聚，聚合反应随着温度的上升而急骤加剧。 |

| 接触后表现 | 现场急救措施 |
|---|---|
| 吸入、口服或经皮肤吸收对身体有害。其蒸气或雾对眼睛、黏膜和呼吸道有刺激作用。<br>中毒表现有烧灼感、喘息、喉炎、气短、头痛、恶心和呕吐 | 皮肤接触　立即脱去污染的衣着，用肥皂水和清水彻底冲洗皮肤<br>眼睛接触　提起眼睑，用流动清水或生理盐水冲洗，就医<br>吸入　迅速脱离现场至空气新鲜处。保持呼吸道通畅。如呼吸困难，给输氧。如呼吸停止，立即进行人工呼吸，就医<br>食入　饮足量温水，催吐，就医 |

### 身体防护措施

### 泄漏应急处理

迅速撤离泄漏污染区人员至安全区，并进行隔离，严格限制出入。切断火源。建议应急处理人员戴自给正压式呼吸器，穿消防防护服。尽可能切断泄漏源。防止进入下水道、排洪沟等限制性空间
小量泄漏　用砂土、干燥石灰或苏打灰混合。也可以用不燃性分散剂制成的乳液刷洗，洗液稀释后放入废水系统
大量泄漏　构筑围堤或挖坑收容。用泡沫覆盖，降低蒸气灾害。用防爆泵转移至槽车或专用收集器内，回收或运至废物处理场所处置

| 浓度 | 当地应急救援单位名称 | 当地应急救援单位电话 |
|---|---|---|
| MAC/(mg/m³)：无 | 消防中心<br>人民医院 | 火警：119<br>急救：120 |

## 九、乙炔

# 危险化学品安全周知卡

| 危险性类别 | 品名、英文名及分子式、CC码及CAS号 | 危险性标志 |
|---|---|---|
| **易燃** | 乙炔<br>Acetylene<br>$C_2H_2$<br>CAS号：74-86-2 |  |

| 危险性理化数据 | 危险特性 |
|---|---|
| 熔点/℃：−81.8/119kPa<br>沸点/℃：−83<br>相对密度（水=1）：0.62<br>饱和蒸气压/kPa：4053（16.8℃） | 与空气混合能形成爆炸性混合物，遇明火、高热能引起燃烧爆炸。与氟、氯等能发生剧烈的化学反应。能与Cu、Ag、Hg等化合物生成爆炸性化合物 |

| 接触后表现 | 现场急救措施 |
|---|---|
| 具有弱麻醉作用。急性中毒：接触10%～20%乙炔，工人可引起不同程度的缺氧症状；吸入高浓度乙炔，初期兴奋、多语、哭笑不安，后眩晕、头痛、恶心和呕吐，共济失调、嗜睡；严重者昏迷、紫绀、瞳孔对光反应消失、脉弱而不齐。停止吸入，症状可迅速消失。目前未见有慢性中毒报告。有时可能有混合气体中毒的问题，如磷化氢，应予注意 | 吸放：迅速脱离现场至空气新鲜处。注意保暖，呼吸困难时给输氧。呼吸停止时，立即进行人工呼吸。就医。皮肤接触：脱去并隔离被污染的衣服和鞋。接触液化气体，接触部位用温水浸泡复温。注意患者保暖并且保持安静。确保医务人员了解该物质相关的个体防护知识，注意自身防护 |

**身体防护措施**

**泄漏应急处理及灭火方式**

迅迅速撤离泄漏污染区人员至上风处，并隔离直至气体散尽，切断火源。建议应急处理人员戴自给式呼吸器，穿一般消防防护服。切断气源，喷雾状水稀释、溶解，抽排(室内)或强力通风(室外)。如有可能，将漏出气用排风机送至空旷地方或装设适当喷头烧掉。漏气容器不能再用，且要经过技术处理以清除可能剩下的气体。
① 切断气源，若不能切断气源，则不允许熄灭泄漏处的火焰
② 喷雾状水冷却容器
③ 雾状水、泡沫、干粉、二氧化碳

| 浓度 | 当地应急救援单位名称 | 当地应急救援单位电话 |
|---|---|---|
| MAC/(mg/m³)：未制订 | 消防中心<br>人民医院 | 火警：119<br>急救：120 |

## 十、甲基丙烯酸

# 危险化学品安全周知卡

| 危险性类别 | 品名、英文名及分子式、CC码及CAS号 | 危险性标志 |
|---|---|---|
| **可 燃**<br>**有 毒**<br>**腐 蚀** | 甲基丙烯酸<br>Methacrylic acid<br>C$_4$H$_6$O$_2$<br>CAS号：79-41-4 |   |

| 危险性理化数据 | 危险特性 |
|---|---|
| 熔点 / ℃：15<br>沸点 / ℃：161<br>闪点 / ℃：68<br>相对密度（水=1）：1.01<br>爆炸极限 / %(V/V)：1.6～8.1<br>饱和蒸气压 / kPa：1.33(60.6℃) | 易燃烧，受热分解放出有毒气体，其蒸气与空气混合可形成爆炸性混合物，遇高热或明火能引起燃烧爆炸。有腐蚀性和刺激性，与氧化剂能发生强烈反应 |

| 接触后表现 | 现场急救措施 |
|---|---|
| 对眼睛和呼吸道有刺激性，高浓度时接触可能引起肺部改变；对皮肤有刺激性，可致灼伤；眼睛接触可致灼伤，造成永久性伤害。可能引起肺、肝、肾损害；对皮肤有致敏性，致敏后，即使接触极低水平的本品，也能引起皮肤刺痒和皮疹 | 皮肤接触　立即脱去所污染的衣服，用大量的流动清水清洗，至少15min，就医<br>眼睛接触　提起眼睑，用流动清水或生理盐水冲洗，至少15min，就医<br>吸入　迅速转移到空气新鲜处，给输氧，就医<br>食入　饮足量温水，催吐，就医 |

**身体防护措施**

**泄漏应急处理**

人员移至安全区，严格限制出入。切断火源。尽可能切断泄漏源。应急处理人员戴防毒呼吸器，穿防护服，构筑围堤或挖坑收容；防止流入下水道、排洪沟等限制性空间。泄漏物用泡沫覆盖，抑制蒸发。用防爆泵转移至槽车或专用收集器内，回收或运至废物处理场所处置

| 浓度 | 当地应急救援单位名称 | 当地应急救援单位电话 |
|---|---|---|
| MAC / (mg/m$^3$)：5 | 消防中心<br>人民医院 | 火警：119<br>急救：120 |

## 十一、氯乙酸

# 危险化学品安全周知卡

| 危险性类别 | 品名、英文名及分子式、CC码及CAS号 | 危险性标志 |
|---|---|---|
| **剧毒**<br>**刺激**<br>**腐蚀** | 氯乙酸<br>Chloroacetic acid<br>$C_2H_3ClO_2$<br>CAS号：79-11-8 | <br>剧毒 |

| 危险性理化数据 | 危险特性 |
|---|---|
| 熔点/℃：63<br>沸点/℃：189<br>相对密度（水=1）：1.58<br>蒸汽相对密度（空气=1）：3.26 | 具腐蚀性、刺激性，可致人体灼伤。遇明火、高热可燃。受高热分解产生有毒的腐蚀性烟气。与强氧化剂接触可发生化学反应。遇潮时对大多数金属有强腐蚀性 |

| 接触后表现 | 现场急救措施 |
|---|---|
| 吸入高浓度本品蒸气或皮肤接触其溶液后，可迅速大量吸收，造成急性中毒。吸入初期为上呼吸道刺激症状。中毒后数小时即可出现心、肺、肝、肾及中枢神经损害，重者呈现严重酸中毒。患者可有抽搐、昏迷、休克、血尿和肾功能衰竭。酸雾可致眼部刺激症状和角膜灼伤。皮肤灼伤可出现水疱，1~2周后水疱吸收。慢性影响：经常接触低浓度本品酸雾，可有头痛、头晕现象 | 皮肤接触　立即脱去污染的衣着，用大量流动清水冲洗至少15min，就医<br>眼睛接触　立即提起眼睑，用大量流动清水或生理盐水彻底冲洗至少15min，就医<br>吸入　迅速脱离现场至空气新鲜处。保持呼吸道通畅。如呼吸困难，给输氧。如呼吸停止，立即进行人工呼吸，就医<br>食入　用水漱口，洗胃。给饮牛奶或蛋清。就医 |

### 身体防护措施

### 泄漏应急处理

隔离泄漏污染区，限制出入。切断火源。建议应急处理人员戴防毒面具（全面罩），穿防酸碱工作服。不要直接接触泄漏物
小量泄漏：避免扬尘，用洁净的铲子收集于干燥、洁净、有盖的容器中。也可以用大量水冲洗，洗水稀释后放入废水系统
大量泄漏：用塑料布、帆布覆盖。然后收集回收或运至废物处理场所处置

| 浓度 | 当地应急救援单位名称 | 当地应急救援单位电话 |
|---|---|---|
| 未制订标准 | 消防中心<br>人民医院 | 火警：119<br>急救：120 |

# 十二、氯化氢

## 危险化学品安全周知卡

| 危险性类别 | 品名、英文名及分子式、CC码及CAS号 | 危险性标志 |
|---|---|---|
| **腐蚀** | 氯化氢<br>hydrogen chloride<br>HCl<br>CAS号：7647-01-0 |  |

### 危险性理化数据

熔点 / ℃：-114.2
沸点 / ℃：-85.
相对密度（水 = 1）：1.19
相对蒸气密度（空气=1）：1.47

### 危险特性

无水氯化氢无腐蚀性，但遇水时有强腐蚀性。能与一些活性金属粉末发生反应，放出氢气。遇氰化物能产生剧毒的氰化氢气体

### 接触后表现

出现头痛、头昏、恶心、眼痛、咳嗽、痰中带血、声音嘶哑、呼吸困难、胸闷、胸痛等。重者发生肺炎、肺水肿、肺不张。眼角膜可见溃疡或混浊。皮肤直接接触可出现大量粟粒样红色小丘疹而呈潮红痛热

### 现场急救措施

皮肤接触　立即脱去被污染的衣着，用大量流动清水冲洗，至少15min，就医
眼睛接触　立即提起眼睑，用大量 流动清水或生理盐水彻底冲洗至少15min，就医
吸入　迅速脱离现场至空气新鲜处。保持呼吸道通畅。如呼吸困难，给输氧；如呼吸停止，立即进行人工呼吸，就医

### 身体防护措施

### 泄漏应急处理

迅速撤离泄漏污染区人员至上风处，并进行隔离，小泄漏时隔离150m，大泄漏时隔离300m，严格限制出入。应急处理人员戴自给正压式呼吸器，穿防毒服。从上风处进入现场。尽可能切断泄漏源。合理通风，加速扩散。喷氨水或其他稀碱液中和。构筑围堤或挖坑收容产生的大量废水

| 浓度 | 当地应急救援单位名称 | 当地应急救援单位电话 |
|---|---|---|
| MAC/(mg/m³)：15 | 消防中心<br>人民医院 | 火警：119<br>急救：120 |

十三、氯甲烷

# 危险化学品安全周知卡

| 危险性类别 | 品名、英文名及分子式、CC码及CAS号 | 危险性标志 |
|---|---|---|
| **易燃** | 氯甲烷<br>chloromethane<br>CH₃Cl<br>CAS号：74-87-3 |  |

| 危险性理化数据 | 危险特性 |
|---|---|
| 熔点/℃：-97.7<br>沸点/℃：-23.7<br>相对密度(水=1)：0.92<br>相对蒸汽密度(空气=1)：1.78 | 与空气混合能形成爆炸性混合物。遇火花或高热能量能引起爆炸，并生成光气。接触铝及其合金能生成自燃性铝化合物 |

| 接触后表现 | 现场急救措施 |
|---|---|
| 主要是对中枢神经系统的刺激和麻醉作用，也可累及肝、肾和睾丸。潜伏期数分钟到数小时。轻者有头痛、头昏、恶心、呕吐、视力模糊、步态蹒跚、精神错乱，一般1~2d可恢复。重者呈现谵妄、躁动、抽搐、震颤、视力障碍、昏迷 | 皮肤接触　若有冻伤，就医治疗<br>眼睛接触　立即提起眼睑，用大量流动清水或生理盐水彻底冲洗。就医<br>吸入　迅速脱离现场至空气新鲜处。保持呼吸道通畅。如呼吸困难，给输氧。如呼吸停止，立即进行人工呼吸，就医 |

### 身体防护措施

### 泄漏应急处理及灭火方式

迅速撤离泄漏污染区人员至上风处，并立即隔离，严格限制出入。切断火源。建议应急处理人员戴自给正压式呼吸器，穿防毒服。尽可能切断泄漏源。合理通风，加速扩散。喷雾状水稀释、溶解。构筑围堤或挖坑收容产生的大量废水。如有可能，将残余气用排风机送至水洗塔或与塔相连的通风橱内。漏气容器要妥善处理，修复、检验后再用。
① 切断气源，若不能切断气源，则不允许熄灭泄漏处的火焰
② 喷雾状水冷却容器
③ 雾状水、泡沫、干粉、二氧化碳

| 浓度 | 当地应急救援单位名称 | 当地应急救援单位电话 |
|---|---|---|
| MAC/(mg/m³)：40 | 消防中心<br>人民医院 | 火警：119<br>急救：120 |

# 十四、丁二烯

## 危险化学品安全周知卡

| 危险性类别 | 品名、英文名及分子式、CC码及CAS号 | 危险性标志 |
|---|---|---|
| **易燃** | 丁二烯<br>butadiene<br>$C_4H_6$<br>CAS号：106-99-0 |  |

| 危险性理化数据 | 危险特性 |
|---|---|
| 外观与性状：无色微弱芳香气味气体。<br>熔点/℃：-108.9<br>相对密度（水=1）：0.62<br>沸点/℃：-4.5<br>相对蒸气密度（空气=1）：1.84 | 环境危害　对环境有危害，对水体、土壤和大气可造成污染<br>燃爆危险　本品易燃，具刺激性 |

| 接触后表现 | 现场急救措施 |
|---|---|
| 健康危害：该品具有麻醉和刺激作用。急性中毒：轻者有头痛、头晕、恶心、咽痛、耳鸣、全身乏力、嗜睡等。重者出现酒醉状态、呼吸困难、脉速等，后转入意识丧失和抽搐，有时也可有烦躁不安、到处乱跑等精神症状。脱离接触后，迅速恢复。头痛和嗜睡有时可持续一段时间。皮肤直接接触丁二烯可发生灼伤或冻伤。慢性影响：长期接触一定浓度的丁二烯可出现头痛、头晕、全身乏力、失眠、多梦、记忆力减退、恶心、心悸等症状。偶见皮炎和多发性神经炎 | 皮肤接触　立即脱去污染的衣着，用大量流动清水冲洗至少15min，就医<br>眼睛接触　提起眼睑，用流动清水或生理盐水冲洗，就医<br>吸入　迅速脱离现场至空气新鲜处。保持呼吸道通畅。如呼吸困难，给输氧。如呼吸停止，立即进行人工呼吸，就医 |

### 身体防护措施

### 泄漏应急处理

应急处理：迅速撤离泄漏污染区人员至上风处，并进行隔离，严格限制出入。切断火源。建议应急处理人员戴自给正压式呼吸器，穿防静电工作服。尽可能切断泄漏源。用工业覆盖层或吸附/吸收剂盖住泄漏点附近的下水道等地方，防止气体进入。合理通风，加速扩散。喷雾状水稀释、溶解。构筑围堤或挖坑收容产生的大量废水。如有可能，将漏出气用排风机送至空旷地方或装设适当喷头烧掉。漏气容器要妥善处理，修复、检验后再用

| 浓度 | 当地应急救援单位名称 | 当地应急救援单位电话 |
|---|---|---|
| MAC/(mg/m³)：未制订 | 消防中心<br>人民医院 | 火警：119<br>急救：120 |

## 十五、硫化氢

# 危险化学品安全周知卡

| 危险性类别 | 品名 英文名及分子式 | CC码及CAS号 | 危险性标志 |
|---|---|---|---|
| **易 燃**<br>**有 毒** | 硫化氢<br>hydrogen sulfide<br>H₂S<br>CAS：7783-06-4 | |  |

| 危险性理化数据 | 危险特性 |
|---|---|
| **外观与性状**：无色、有恶臭的气体<br>**熔点/℃**：-85.5<br>**沸点/℃**：-60.4<br>**相对蒸气密度**(空气=1)：1.19<br>**燃点/℃**：260<br>**爆炸极限**：4%～46% | 易燃，与空气混合能形成爆炸性混合物，遇明火、高热能引起燃烧爆炸。与浓硝酸、发烟硝酸或其它强氧化剂剧烈反应，发生爆炸。气体比空气重，能在较低处扩散到相当远的地方，遇火源会着火回燃。本品是强烈的神经毒物，对粘膜有强烈刺激作用。<br>禁配物：强氧化剂、碱类 |

| 接触后表现 | 现场急救措施 |
|---|---|
| **急性中毒**：短期内吸入高浓度硫化氢后出现流泪、眼痛、眼内异物感、畏光、视物模糊、流涕、咽喉部灼热感、咳嗽、胸闷、头痛、头晕、乏力、意识模糊等。部分患者者可有心肌损害。重者可出现脑水肿、肺水肿。极高浓度(1000mg/m³以上)时可在数秒钟内突然昏迷，呼吸和心跳骤停，发生闪电型死亡。高浓度接触眼结膜发生水肿和角膜溃疡。长期低浓度接触，引起神经衰弱综合征和植物神经功能紊乱 | **皮肤接触**　脱去污染的衣着，用流动清水冲洗至少15min<br>**眼睛接触**　提起眼睑，用流动清水或生理盐水冲洗至少15min，严重者立即就医<br>**吸入**　迅速脱离现场至空气新鲜处。呼吸心跳停止时，立即进行人工呼吸和胸外心脏按压术，就医 |

### 身体防护措施

### 泄漏应急处理

迅速撤离泄漏污染区人员至安全区，并进行隔离，严格限制出入。切断火源。建议应急处理人员戴自给正压式呼吸器，穿防静电工作服。尽可能切断泄漏源，防止流入下水道、排洪沟等限制性空间。小量泄漏：用砂土或其它不燃材料吸附或吸收，也可以用大量水冲洗，洗水稀释后放入废水系统。大量泄漏：构筑围堤或挖坑收容。用泡沫覆盖，降低蒸气灾害，用防爆泵转移至槽车或专用收集器内，回收或运至废物处理场所处置

| 浓度 | 当地应急救援单位名称 | 当地应急救援单位电话 |
|---|---|---|
| **MAC/(mg/m³)：10** | 消防中心<br>人民医院 | 火警：119<br>急救：120 |

# 十六、苯胺

## 危险化学品安全周知卡

| 危险性类别 | 品名、英文名及分子式、CC码及CAS号 | 危险性标志 |
|---|---|---|
| **有毒** | 苯胺<br>Aniline<br>C₆H₅N<br>62-53-3 |  |

| 危险性理化数据 | 危险特性 |
|---|---|
| **外观与性状**：无色或微黄色油状液体，有强烈气味<br>熔点/℃：-6.2<br>相对密度（水=1）：1.02<br>沸点/℃：184.4<br>相对蒸气密度（空气=1）：3.22<br>饱和蒸气压/kPa：2.00(77℃)<br>燃烧热/(kJ/mol)：3389.8 | 眼睛接触　可出现结膜角膜炎<br>皮肤接触　可引起皮炎 |

| 接触后表现 | 现场急救措施 |
|---|---|
| 主要引起高铁血红蛋白血症和肝、肾及皮肤损害。短期内皮肤吸收或吸入大量苯胺者先出现高铁血红蛋白血症，表现为紫绀、舌、唇、指（趾）甲、面颊、耳廓呈蓝褐色、严重时皮肤、黏膜呈铅灰色，并有头晕、头痛、乏力、胸闷、心悸、气急、食欲不振、恶心、呕吐，甚至意识障碍。高铁血红蛋白10%以上，红细胞中出现赫恩兹小体。可在中毒4d左右发生溶血性贫血。中毒后2~7d内发生毒性肝病。口服中毒出上述症状外，胃肠道刺激症状较明显 | 皮肤接触　立即脱去污染的衣着，用肥皂水和清水彻底冲洗皮肤，就医<br>眼睛接触　立即提起眼睑，用大量流动清水或生理盐水彻底冲洗至少15min，就医<br>吸入　迅速脱离现场至空气新鲜处。保持呼吸道通畅。如呼吸困难，给输氧。如呼吸停止，立即进行人工呼吸，就医<br>食入　饮足量温水，催吐，就医 |

### 身体防护措施

### 泄漏应急处理

**应急处理**　迅速撤离泄漏污染区人员至安全区，并进行隔离，严格限制出入，切断火源。建议应急处理人员戴自给正压式呼吸器，穿防毒服。不要直接接触泄漏物。尽可能切断泄漏源。防止流入下水道、排洪沟等限制性空间<br>**小量泄漏**　用砂土或其他不燃材料吸附或吸收<br>**大量泄漏**　构筑围堤或挖坑收容。喷雾状水或泡沫冷却和稀释蒸汽、保护现场人员。用泵转移至槽车或专用收集器内，回收或运至废物处理场所处置

| 浓度 | 当地应急救援单位名称 | 当地应急救援单位电话 |
|---|---|---|
| 未制订标准 | 消防中心<br>人民医院 | 火警：119<br>急救：120 |

# 危险化学品安全周知卡

| 危险性类别 | 品名、英文名及分子式、CC码及CAS号 | 危险性标志 |
|---|---|---|
| 易燃 | 硝基苯<br>Nitrobenzene<br>$C_6H_5NO_2$<br>98-95-3 |  |

| 危险性理化数据 | 危险特性 |
|---|---|
| 相对密度：1.205(15/4℃)<br>熔点：5.7℃<br>沸点：210.9℃<br>闪点：87.78℃<br>自燃点：482.22℃<br>蒸气密度：4.25<br>蒸气压：0.13kPa(1mmHg44.4℃) | 遇明火、高热或与氧化剂接触，有引起燃烧爆炸的危险。与硝酸反应强烈 |

| 接触后表现 | 现场急救措施 |
|---|---|
| 本品为强烈的高铁血红蛋白形成剂。易经皮肤吸收。<br>急性中毒　有头痛、头晕、乏力、皮肤粘膜紫绀、手指麻木等症状；严重时可出现胸闷、呼吸困难、心悸，甚至心律紊乱、昏迷、抽搐、呼吸麻痹。有时中毒后出现溶血性贫血、黄疸、中毒性肝炎<br>慢性中毒　可有神经衰弱综合征；慢性溶血时，可出现贫血、黄疸；还可引起中毒性肝炎 | 皮肤接触　立即脱去被污染的衣着，用肥皂水和清水彻底冲洗皮肤，就医<br>眼睛接触　提起眼睑，用流动清水或生理盐水冲洗，就医<br>吸入　迅速脱离现场至空气新鲜处。保持呼吸道通畅。如呼吸困难，给输氧。如呼吸停止，立即进行人工呼吸，就医<br>食入　饮足量温水，催吐，就医 |

## 身体防护措施

## 泄漏应急处理

迅速撤离泄漏污染区人员至安全区，并进行隔离，严格限制出入。切断火源。建议应急处理人员戴自给正压式呼吸器，穿防毒服。不要直接接触泄漏物。尽可能切断泄漏源。防止进入下水道、排洪沟等限制性空间。当硝基苯洒在地面时，立即用沙土、泥块阻断漏液的漫延，配戴好面具、手套，将漏液或漏物收集在适当的容器内封存，用沙土或其它惰性材料吸收残液，转移到安全地带。立即仔细收集被污染土壤，转移到安全地带。当硝基苯倾倒在水面时，应迅速切断被污染水体的流动，以免污染扩散。中毒人员立即离开现场，到空气新鲜的地方，脱去被沾染的外衣，用大量的水冲洗皮肤，漱口，大量饮水，催吐，即送医院。着火时用大量水和干粉、泡沫、二氧化碳等灭火器灭火。接触硝基苯的人员严禁饮酒，以免加重加速毒性作用。沿地面加强通风，以驱赶硝基苯蒸气

| 浓度 | 当地应急救援单位名称 | 当地应急救援单位电话 |
|---|---|---|
| 最高容许浓度：1mg/m³ | 消防中心<br>人民医院 | 火警：119<br>急救：120 |

## 十八、化学品作业场所安全警示标志